# 尺寸链计算方法及案例详解
## ——计算机辅助公差设计

主　编　刘尚成　周　杰
副主编　陈　锐　常海涛
参　编　(排名不分先后)
　　　　易力力　郭飞鹏　林　伟

U0191124

机械工业出版社

本书结合尺寸链计算工程实践问题，从尺寸链计算的基本原理、尺寸链计算方法、几何公差尺寸链计算、典型结构尺寸链计算技巧、尺寸链计算实际应用案例五方面，系统介绍了尺寸链计算所涉及的相关知识和实践方法。本书共5章，其中第1章和第2章为尺寸链计算基础，主要介绍了尺寸链的基础知识、计算流程、尺寸链绘制及尺寸链计算方法；第3章为几何公差尺寸链计算知识，主要介绍几何公差基础知识、公差原则、几何公差尺寸链计算原理；第4章为尺寸链计算技巧，主要介绍工程实践中典型结构的尺寸链计算技巧；第5章为实践案例详解，主要通过9个工程实践案例的分析思路、计算过程、优化等系统地阐述了如何通过尺寸链计算解决实际工程问题。对于工程师快速提升尺寸链计算能力，解决工程实践中常见的装配干涉、外观质量（间隙、面差）、振动、异响等质量性能问题具有较好的借鉴作用，本书内容系统全面，有很强的实用性和指导性。

本书可供机械设计相关专业的本科和研究生学习尺寸链计算知识和教师教学使用，也可供从事机械设计制造理论研究和工程实践的企业及科研单位科研人员和工程技术人员参考。

**图书在版编目（CIP）数据**

尺寸链计算方法及案例详解：计算机辅助公差设计/刘尚成，周杰主编. —北京：机械工业出版社，2022.9（2024.6重印）

ISBN 978-7-111-71556-6

Ⅰ.①尺… Ⅱ.①刘… ②周… Ⅲ.①尺寸链—计算方法 Ⅳ.①TG801.2

中国版本图书馆CIP数据核字（2022）第165725号

机械工业出版社（北京市百万庄大街22号 邮政编码100037）

策划编辑：王晓洁　　　　责任编辑：王晓洁

责任校对：陈　越　李　婷　封面设计：马若濛

责任印制：邓　博

北京盛通数码印刷有限公司印刷

2024年6月第1版第4次印刷

184mm×260mm · 9印张 · 220千字

标准书号：ISBN 978-7-111-71556-6

定价：39.80元

| 电话服务 | 网络服务 |
| --- | --- |
| 客服电话：010-88361066 | 机　工　官　网：www.cmpbook.com |
| 010-88379833 | 机　工　官　博：weibo.com/cmp1952 |
| 010-68326294 | 金　　书　　网：www.golden-book.com |
| **封底无防伪标均为盗版** | 机工教育服务网：www.cmpedu.com |

# 序

以智能制造为主线的制造业转型升级是全球大势。而智能制造的基础是制造企业的数字化，以及工业软件的大规模应用。工业软件的研发和应用需要大量同时具备工程和计算机知识的复合型人才，这也给院校的工程教育提出了新的挑战。机械制造领域的公差设计是机械产品设计中极为重要的一环，尺寸链计算是公差设计的重要手段，在实际工程中应用十分广泛。机械设计制造是重庆大学的传统优势学科，在尺寸链计算和计算机辅助公差设计方面开展了深入研究，如 20 世纪 90 年代重庆大学的张根保教授曾主持完成了多个尺寸链计算方面的研究项目，提出了并行公差设计理论等。

关于尺寸链计算的详细资料比较少，尤其以实际工程案例为素材的尺寸链计算教材更少。由重庆大学校友、重庆诚智鹏科技创始人刘尚成等和重庆大学机械与运载学院教师周杰、陈锐、易力力合作编著的《尺寸链计算方法及案例详解——计算机辅助公差设计》是一本可以填补这方面需求的教学参考书。刘尚成长期从事尺寸链计算的研究和工程咨询工作，经验丰富，造诣颇高。他带领的团队研发的尺寸链计算及公差分析软件广泛应用于航空、航天、航海、轻重型武器、电子电气等领域，实现了商业化推广。《尺寸链计算方法及案例详解——计算机辅助公差设计》一书的出版，将为我国机械产品设计制造水平的提升作出贡献。

**重庆大学党委常务副书记**

**王时龙**

# 前　言

随着中国制造 2025 国家战略的推进，制造业自主研发设计发展迅猛。在机械设计过程中，精度设计是不可缺少的重要环节，精度设计的质量会直接影响到产品的制造成本、装配质量、外观、性能等。在产品精度设计中，尺寸链计算是必不可少的工作。但目前关于尺寸链计算的学习资料比较零散，而且大多是纯理论或单纯知识讲解，很少有工程实践案例经验的讲解分享。学习资料的匮乏，也成为困扰工程师学习的核心问题，这也导致很多工程师虽然花了很长时间学习尺寸链计算知识，但依然不会解决实际问题。

本书是作者多年从事尺寸链计算研究和工程实践经验的总结，结合重庆诚智鹏科技 20 年的尺寸链计算工程服务经验，将尺寸链计算需要掌握的核心知识和应用方法汇编成书，方便广大工程师快速掌握尺寸链计算技术和应用方法。本书实用性和指导性较强，可供机械设计相关专业的本科或研究生学习尺寸链计算知识和教师教学使用，也可供从事机械设计制造理论研究和工程实践的企业及科研单位科研人员和工程技术人员参考。本书同样适合工艺设计、检具设计、模具设计人员参考。

本书出版之际，衷心感谢在编写过程中给予大力支持和帮助的重庆大学和诚智鹏科技工程师邱林、王雪松、尹直见、香成磊、李瑞、梁文辉等。本书的编写参考了大量文献，我们对所有这些文献的作者表示真诚的谢意。

由于编者水平有限，书中难免有疏漏和不妥之处、敬请读者批评指正。

编　者

# 目　录

# 第 1 章

# 绪　　论

## 1.1　尺寸链概述

据统计，在机械生产制造中有 85% 的质量问题都是由产品的尺寸问题引起的。在产品设计到制造这个过程中，应尽可能减少尺寸误差的累积。公差是设计和制造过程中保障精度要求的桥梁和纽带，合理的公差设计是保证产品以优异的质量、优良的性能和较低的成本进行制造的关键。在新产品的研发和制造过程中尺寸链计算是不可缺少的重要环节，是保证公差设计合理性的基础，也是产品质量问题监控、溯源的重要手段。通过尺寸链计算可以合理地分配公差，分析结构设计的合理性，校验图样，正确地进行尺寸标注，以及基面换算和工序尺寸计算等。

尺寸链计算在机械设计制造领域有极其重要的价值，主要体现在以下 6 个方面。

1）通过尺寸链计算可以有效降低产品的装配成本，提高装配效率。在设计阶段，通过尺寸链计算可以提前暴露出产品在装配过程中由于公差匹配不合理导致的装配干涉、噪声异响、一致性差、运动机构不灵活等质量隐患。通过设计阶段的及时修正，可以大幅降低纠错成本，提高装配效率。有关行业统计显示，通过尺寸链计算可以为企业有效节约综合成本约 10%。

2）通过尺寸链计算可以有效降低零件的制造成本。据大数据统计发现，机械产品的质量性能往往取决于几个关键零件或尺寸，关键零件或尺寸也被称为关重件和关键尺寸。尺寸链计算可以对产品整体公差的匹配性进行分析，找出影响质量性能的关重件和关键尺寸，通过严格控制关重件和关键尺寸的精度，同时适当放宽其他零件和尺寸的精度，最终达到降低整体加工成本的目的。

3）通过尺寸链计算可以提高自动化设备运动机构的运行稳定性。尺寸链计算可以对运动部件运行过程的配合情况进行模拟仿真，并进行优化，可以有效提升设备运转的稳定性和流畅性。

4）通过尺寸链计算可以大幅缩短产品的研发周期。在设计阶段，通过优化零部件的公差匹配性，可以降低零件的加工难度，提高零件的合格率和装配效率，减少返工等问题，从而大幅缩短新产品的研发周期。

5）通过尺寸链计算可以提高零部件的互换性，避免修锉调整。提高产品的一致性和互换性，可降低产品后期的维护成本。

6）通过尺寸链计算可以减少新品研发的试验次数。如通用机械领域的阀门，通常需要进行大量的试验获得最佳密封性的设计，通过尺寸链计算软件的模拟仿真，可以快速缩小最佳设计参数的范围，减少试验次数，降低试验成本。

### 1.1.1 公差的定义

工程师在进行产品设计时，设计模型都是理论尺寸，但在现实生产中由于机器精度、刀具磨损、装夹误差等影响因素，实际加工出来的零件尺寸不可能和理论尺寸完全一致，会存在一定的偏差。因此，设计师在做产品设计时除了要根据功能性要求给出理论尺寸，还要给出相应的偏差允许范围，使实际加工的误差控制在该范围之内，从而保证零件的一致性、互换性和匹配性。这个允许的尺寸误差范围就是公差。

设计的理论尺寸称为公称尺寸⊖，极限尺寸是允许变动的极限值。极限偏差是极限尺寸减去公称尺寸所得的代数值。上极限尺寸和下极限尺寸减去公称尺寸所得的代数差，分别为上极限偏差⊜和下极限偏差⊜，统称为极限偏差。上、下极限偏差分别用字母 *ES*(*es*) 和 *EI*(*ei*) 表示。公差就是上极限偏差减去下极限偏差所得到的代数差。为了更直观地分析，一般采用公差带示意图说明公称尺寸、偏差和公差之间的关系。上、下极限偏差的两条直线之间的区域称为尺寸公差带，如图 1-1 所示。

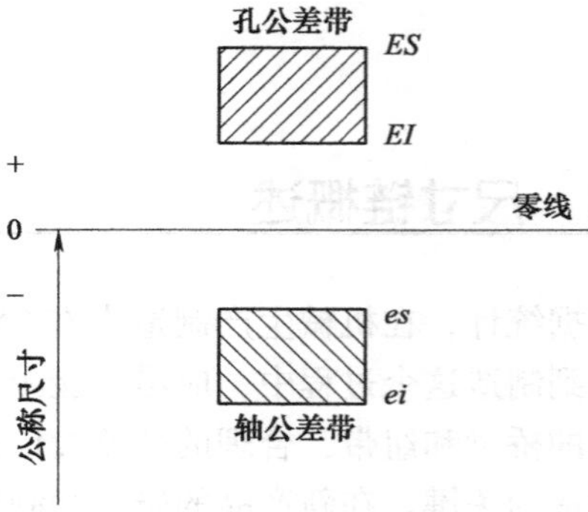


图 1-1 公差带的定义

> **注意：** 公差为绝对值，没有正负的含义。因此，在公差值的前面不应出现“+”号或“−”号。由于加工误差不可避免，从加工的角度看，公称尺寸相同的工件，公差值越大，工件精度越低，加工越容易，加工成本低；反之，公差值越小，工件精度越高，加工越困难，加工成本高。

例如：轴的直径的公称尺寸为 25mm，允许的极限偏差范围为±0.05mm，则

上极限尺寸为：25mm+0.05mm=25.05mm

下极限尺寸为：25mm−0.05mm=24.95mm

上极限偏差（*ES*）：25.05mm−25mm=+0.05mm

下极限偏差（*EI*）：24.95mm−25mm=−0.05mm

公差：0.05mm−(−0.05mm)=0.1mm

在实际的工作中，设计人员和制造人员对待公差的要求是不同的。设计人员在产品设计时主要考虑产品的功能性、性能稳定性、外观质量、客户满意度等因素，所以在设计时往往要求精度较高。而制造人员在生产制造过程中主要考虑产品的制造费用、不良率等，所以要求公差越宽松越好。这就造成了设计部门和制造部门在精度上的意见分歧。此时可通过尺寸链计算，获得满足企业制造能力和质量性能的最经济公差，

⊖ 在 DCC 软件中，“公称尺寸”对应“基本尺寸”。

⊜ 在 DCC 软件中，“上极限偏差”对应“上偏差”。

⊜ 在 DCC 软件中，“下极限偏差”对应“下偏差”。

如图 1-2 所示。

### 1.1.2 尺寸链的定义和分类

1. 尺寸链的定义

在装配或零件加工过程中，相互连接的尺寸所形成的封闭尺寸组称为尺寸链。列入尺寸链中的每个尺寸及公差称为一个环。

**（1）封闭环** 封闭环是尺寸链中最终被间接保证的那个尺寸，它是在装配过程或加工过程中最后形成的一个环。图 1-3 所示的 *Gap* 为封闭环。

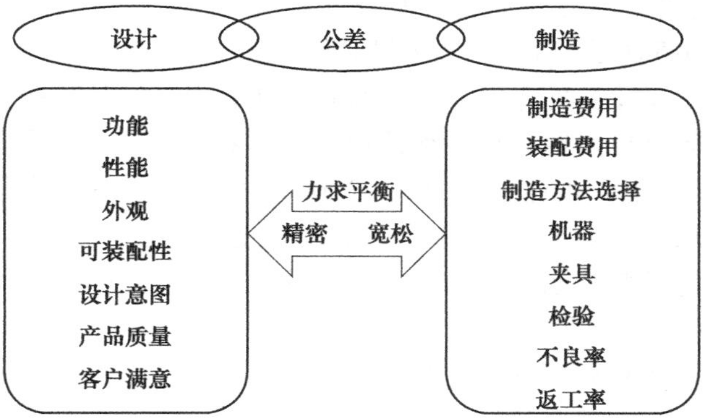


图 1-2 公差的意义

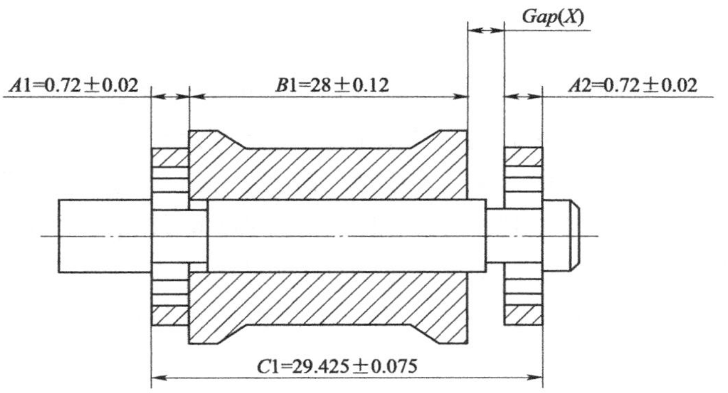


图 1-3 封闭环和组成环（含增环、减环）

**（2）组成环** 组成环是尺寸链中直接形成的各个环，即封闭环形成之前已形成的环。通常组成环为设计中已标注的尺寸。图 1-3 所示的 *A*1、*A*2、*B*1、*C*1 为组成环。

**（3）增环** 当组成环和封闭环同向变动（即组成环增大时封闭环也增大，组成环减小时封闭环也减小）时，此组成环称为增环。图 1-3 所示，*C*1 为增环。

**（4）减环** 当组成环和封闭环反向变动（即组成环增大时闭环减小，组成环减小时闭环增大）时，此组成环称为减环。图 1-3 所示的 *A*1、*A*2、*B*1 为减环。

**（5）补偿环** 尺寸链中预先选定的某一组成环，可以通过改变其大小和位置，使封闭环达到规定的要求，称为补偿环。图 1-4 中的 *L*2 为补偿环。

**（6）过渡环** 为使尺寸链图形

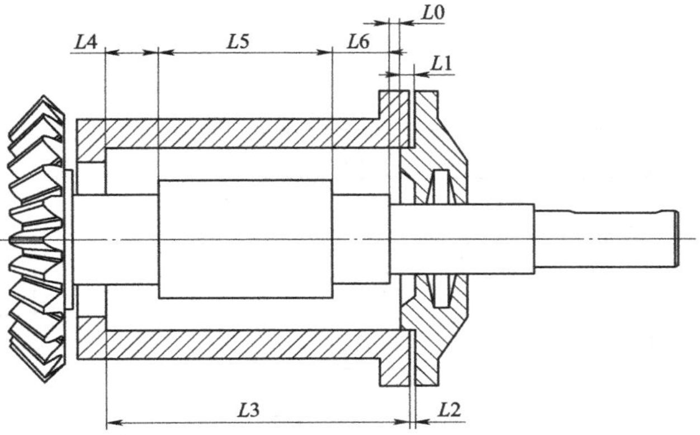


图 1-4 补偿环

成封闭的矢量多边形，而引入的起媒介、连接作用的环称为过渡环（中间环）。图 1-5 所示的 *P*1、*P*2 为过渡环。

尺寸链具有以下两个特征，①尺寸链具有封闭性，它必须是由一系列相互关联的尺寸连接成为一个封闭回路；②尺寸链具有关联性，一个尺寸变化，必将影响其他尺寸的变化，彼此之间具有一定的关联关系。

在 GB/T 5847—2004《尺寸链计算方法》中规定了尺寸链的相关术语、定义和计算方法。本文仅对尺寸链计算中的常用概念进行说明和论述。

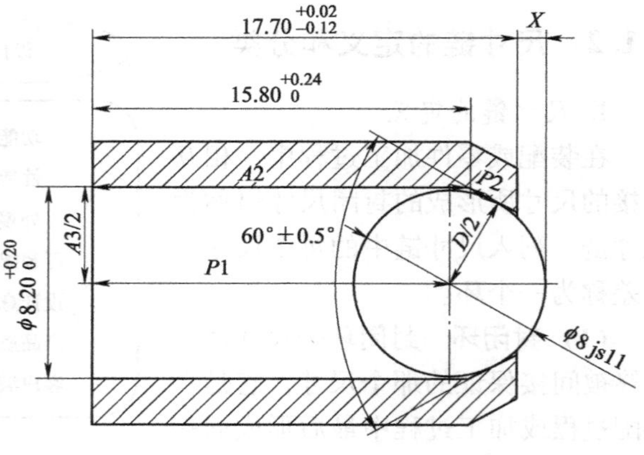

图 1-5　过渡环

2. 传递系数

在机械设计中，工程师需要了解哪个零件对最终的质量性能影响大，也就是哪些零件和尺寸是关重件和关键尺寸，从而通过设计的优化保证设计的可靠性。传递系数就是表示各组成环对封闭环影响大小的系数，传递系数的绝对值越大对封闭环的影响越大，反之，绝对值越小对封闭环的影响就越小。因此，工程师可以通过传递系数来判断关重件和关键尺寸。同时传递系数是通过对尺寸链的函数式进行求导计算而获得的，且对于增环，传递系数为正，减环传递系数为负，因此也可以通过传递系数的符号来判断各组成环的增减性。

3. 尺寸链的分类

尺寸链按照应用场合可以分为装配尺寸链、零件尺寸链和工艺尺寸链。按照结构特征可以分为线性尺寸链、平面尺寸链和空间尺寸链。

**(1) 装配尺寸链**　全部组成环为不同零件的设计尺寸（零件上标注的尺寸）所形成的尺寸链的总称。如图 1-6 所示为定位器钢球装入套筒后各尺寸组成的装配尺寸链。

**(2) 零件尺寸链**　全部组成环为同一零件的设计尺寸所形成的尺寸链的总称，如图 1-7 所示。

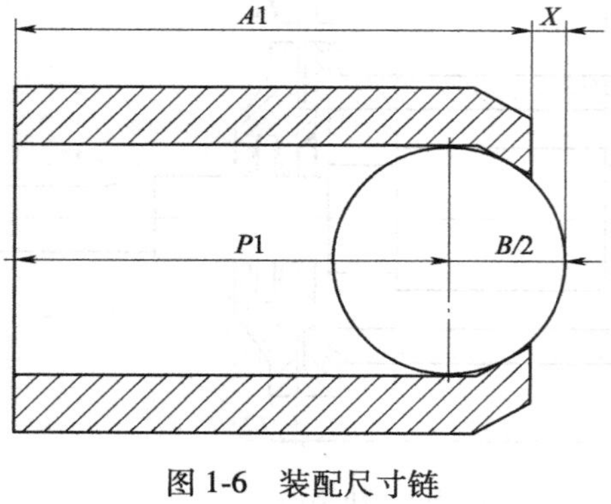

图 1-6　装配尺寸链

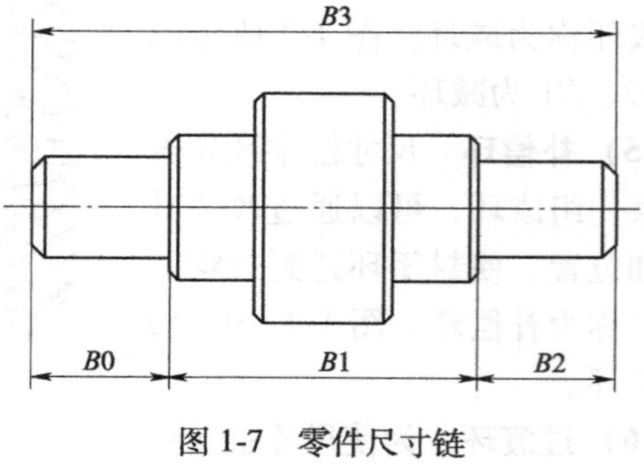

图 1-7　零件尺寸链

**（3）工艺尺寸链** 全部组成环为同一零件的工艺尺寸所形成的尺寸链，如图 1-8 所示。工艺尺寸包含工序尺寸、定位尺寸与测量尺寸。

**（4）线性尺寸链** 全部组成环平行于封闭环的尺寸链（图 1-3、图 1-4、图 1-7、图 1-8）。

**（5）平面尺寸链** 全部组成环位于一个或几个平行平面内，部分组成环不平行于封闭环的尺寸链（图 1-9）。

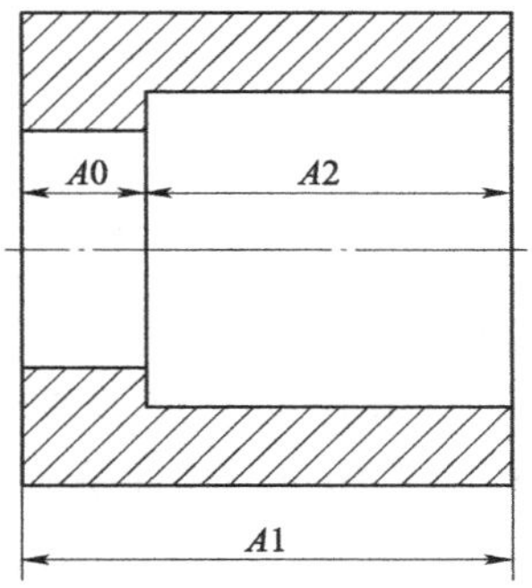


图 1-8 工艺尺寸链

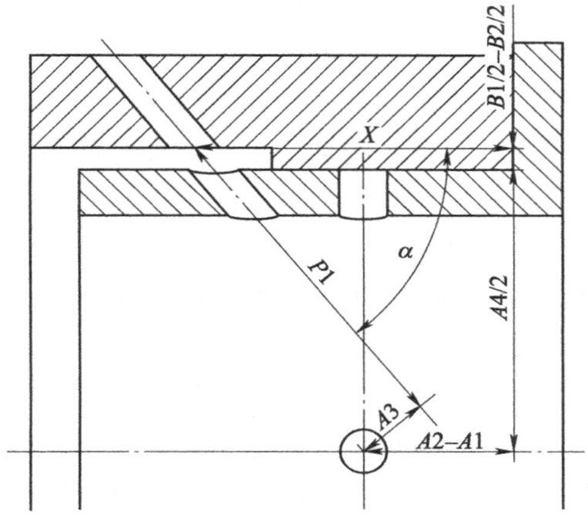


图 1-9 平面尺寸链

**（6）空间尺寸链** 组成环位于几个不平行平面内的尺寸链（图 1-10）。

在进行产品设计时，进行尺寸链计算分析，可以协调零部件装配的相关尺寸，以及零件设计和零件工艺设计的相关尺寸，获得最经济合理的尺寸公差、角度公差、几何公差和装配误差。可以有效避免因为公差匹配不好而导致的合格率低、噪声异响、装配干涉、无法加工等质量问题，并降低综合制造成本。因此在机械设计制造中必须重视尺寸链技术的应用。

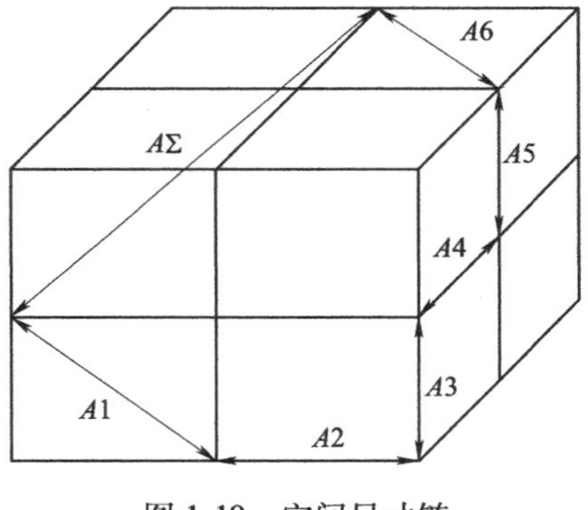


图 1-10 空间尺寸链

## 1.2 计算机辅助尺寸链计算

随着计算机技术的兴起，机械设计制造领域也掀起了信息化的风潮。计算机辅助技术的应用极大提升了机械设计制造的效率和质量。最常见的就是用于模型设计的 CAD（Computer Aided Design）技术，用于结构分析仿真的 CAE（Computer Aided Engineering）技术，以及用于数控加工的 CAM（Computer Aided Manufacturing）技术。经过几十年的应用，广大工程师对 CAD、CAE、CAM 技术已经比较熟悉，但对于机械设计中的精度设计的计算机辅助尺寸链计算（也称为计算机辅助公差设计）（CAT，Computer Aided Tolerance）技术，了解相对较少。杨叔子院士曾指出：公差设计在机械产品设计中占有重要的地位，但公差分析和设计的研究远远落后于CAD/CAPP(Computer Aideel Process Planning)/CAM的研究，使其无法与目前的CAD/CAM集成、CIMS(Computer Integrated Manufacturing Systems)的发展相适应，从而成为制约它们进一步发展的关键所在。国际生产工程学会（CIRP）原主席R. Weill也曾指出：CAD/CAM信息集成主要是公差信息集成，如不加以解决，CAD/CAM集成就难以实现。由此可见，CAT技术不仅对保证产品设计制造质量有重要作用，而且是CAD/CAM集成中的关键技术，是国内外先进制造技术发展中急需解决的问题。

计算机辅助尺寸链计算技术（CAT技术）在设计和制造中的应用主要有以下几个方面：

1）合理地确定零部件的公差。

2）保证产品的可装配性和互换性。

3）使产品具有良好的加工工艺性和经济性。

4）进行工艺尺寸换算和基准转换工序尺寸计算。

5）合理地拟订装配工艺和方法。

6）分析和解决产品生产过程中的质量问题。

7）模拟实际生产阶段的产品合格率，提前暴露公差匹配问题。

我国在CAT商业化方面，重庆诚智鹏科技有限责任公司开发了尺寸链计算软件(Dimension Chain Calculation简称DCC)，可以提供极值、概率、Mento-Carlo仿真三种方法的分析计算，同时拥有一些符合中国制造特点的特色工具如公差分配，智能几何公差等，在军工装备制造领域有较多的应用。本书中所有案例的分析求解，所使用的软件为诚智鹏DCC尺寸链计算及公差分析软件。其软件界面如图1-11所示。

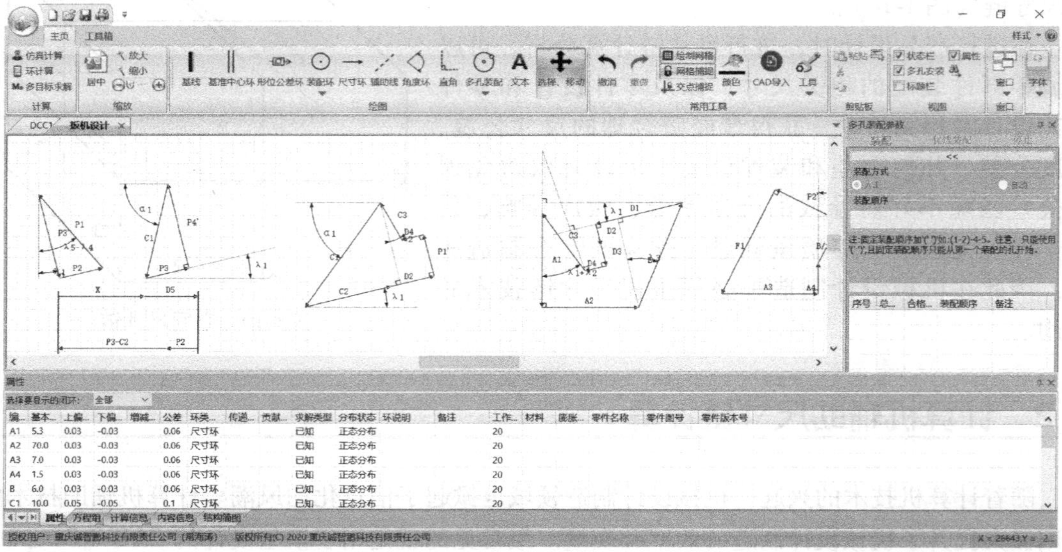

图1-11　尺寸链计算软件界面

CAT技术的特点是贯穿设计、制造、检测的全生命周期，要想做好公差匹配管理必须运用系统化的思维。本书提出了“公差匹配系统工程”的概念，希望工程师可以站在更高的位置去研究和应用CAT技术，从而实现企业利益的最大化。

## 1.3 公差匹配系统工程简介

机械制造企业对产品的质量可靠性和设计稳定性的要求越来越高，单纯从设计或制造过程中来提升产品质量的空间已经越来越小，设计制造协调联动的系统化解决方案成为趋势。CAT 技术也已不再是单纯的尺寸链计算软件的应用，更可发挥 CAT 技术的特性，从公差匹配系统工程的角度提升企业的核心竞争力。无论是汽车领域的尺寸工程，还是航空航天领域的 1mm 工程，都是“公差匹配系统工程”的有益尝试。

1. 公差匹配系统工程解决方案的诞生

目前，通过质量管理提升产品的质量已经成为大家的共识，ISO9001 质量体系认证，6σ 管理已被大部分制造企业所接受，通过多年的实践也取得了良好的效果。但是在实际生产制造中，公差引起的装配问题、质量性能问题依然存在，特别是新产品研发中，问题更是层出不穷。在飞机、汽车制造中表现尤其突出。由此可见，依靠传统的质量管理来改善公差引起的质量性能问题，效果非常有限。企业需要开展针对公差匹配性问题的系统化研究和整体技术解决方案。公差匹配系统工程解决方案（TSME，Tolerance Simulation Matching Engineering）就是在这样的背景下诞生的。

2. 公差匹配系统工程解决方案简介

公差匹配系统工程解决方案兼顾工具系统、人员能力、标准规范三个方面。以公差为切入点，通过数据流和管理流的双向闭环循环，实现从设计、制造到检测的数字化闭环，如图 1-12 所示。通过系统化的方法，提高公差设计的效率和质量，同时实现设计阶段（前端数据）变更和制造阶段（后端数据）变更的快速响应和验证。

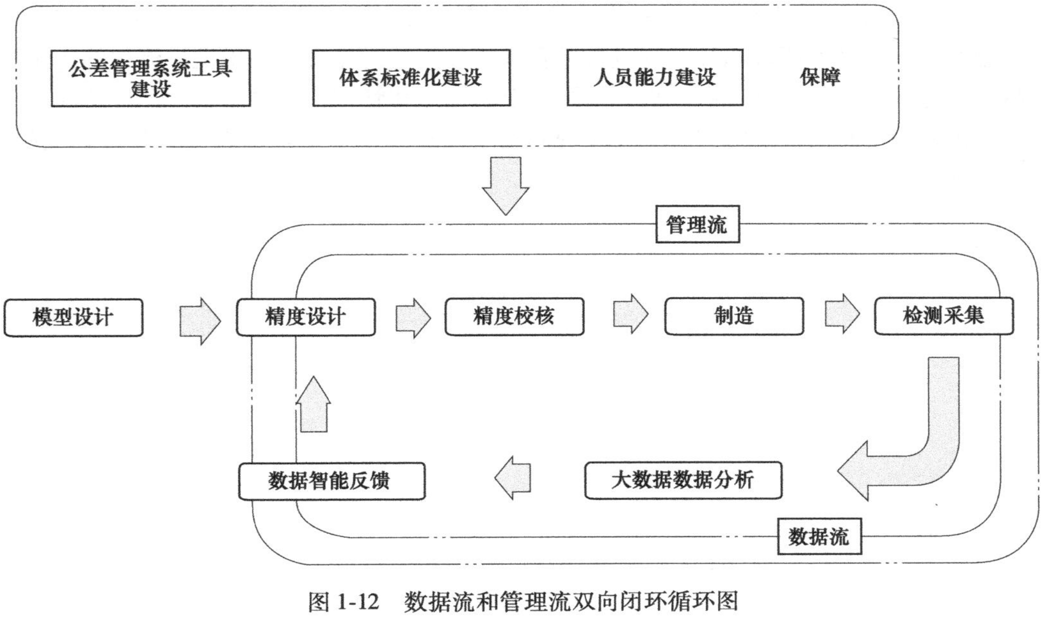


图 1-12 数据流和管理流双向闭环循环图

图 1-13 是公差匹配系统工程的解决方案对产品质量螺旋式迭代流程图。

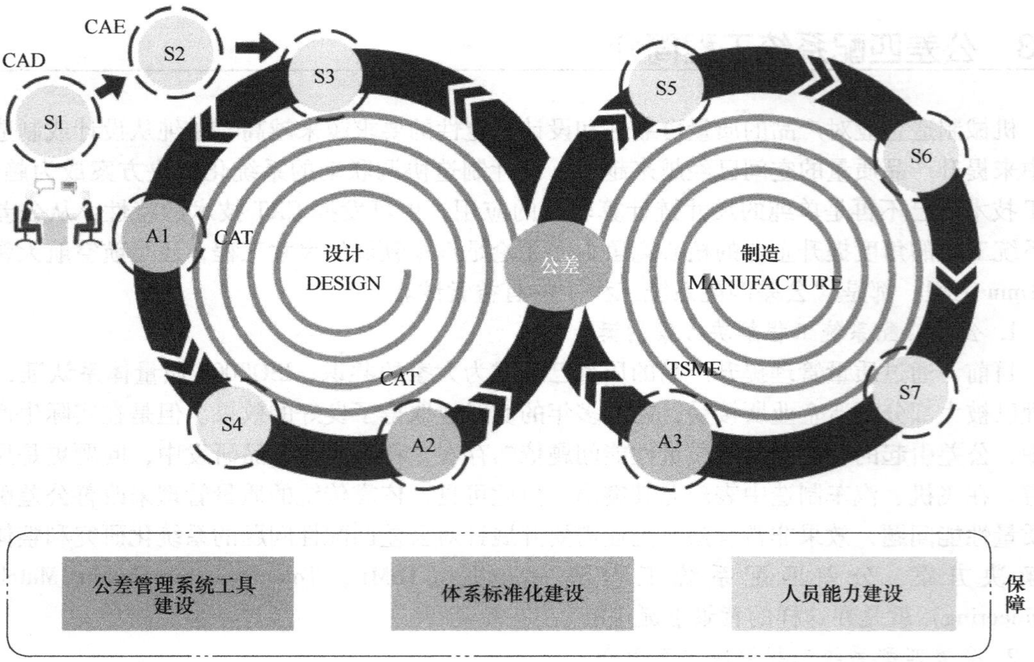


图 1-13　产品质量螺旋式迭代流程图

S1—结构设计　S2—仿真分析　S3—公差设计　S4—工艺设计　S5—零件加工　S6—产品装配　S7—尺寸在线检测
A1—装配公差仿真　A2—工艺公差匹配性检查　A3—数据智能分析匹配系统

通过公差管理系统工具建设、体系标准化建设和人员能力建设为公差匹配系统工程的实现提供支撑。采用 CAT 技术、数据在线采集、大数据分析及智能反馈技术，实现数据流从设计、制造再到设计的闭环循环。通过公差管理标准规范的建设，实现设计流程的优化和重点产品、关键零部件从设计、制造再到检测的全程跟踪和管理，通过持续的循环迭代，不断提升企业公差设计和管理的能力。最终实现制造企业设计制造质量的快速迭代，达到提质、增效、降本的核心目标。

# 第 2 章

# 尺寸链计算方法

## 2.1 尺寸链计算概述

### 2.1.1 尺寸链计算在产品研制中的应用

产品设计制造流程主要包含以下六个阶段：设计任务书、方案设计、结构设计、工艺设计、生产制造及产品装配，在各个阶段均会涉及公差设计与分析，例如：提出设计任务书时，需要确定产品的总体公差要求（间隙、同轴度等基本参数及部分性能指标）；方案设计阶段，会对总体公差要求进行分解，确定零部件的公差要求；结构设计阶段，会依据零件公差设计要求，设计零件的尺寸公差、角度公差、几何公差、表面粗糙度等；工艺设计阶段，会设计工序公差，确保工艺尺寸的正确性及零件加工质量；生产制造阶段会对实测尺寸数据进行统计，并将统计数据反馈给设计部门进行公差的迭代优化；产品装配阶段若出现装配问题，需要通过公差分析查找原因并解决问题，实现公差问题归零。

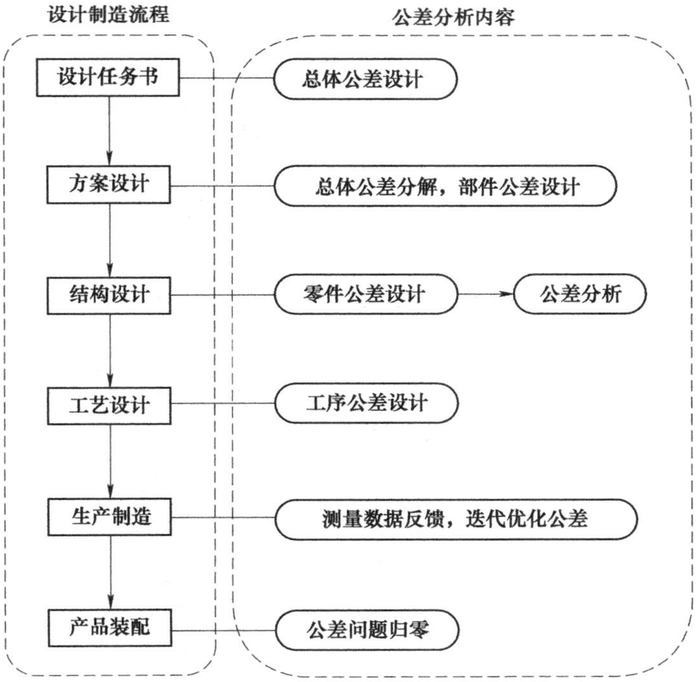


图 2-1　产品研发过程中的公差分析流程

由此可知，“公差”是贯穿产品研发及生产全过程的，在各个阶段均需要通过全面且必要的尺寸链计算来设计合理的公差数据，以保证最终产品的可装配性、互换性及质量性能。如图 2-1 所示，在产品研发过程中只有通过严谨的公差设计分析，才能以较低的成本制造出合格的产品。

在各阶段中一般先通过公差设计获得初始公差，再通过公差分析来校核公差的合理性，如图 2-2 所示。

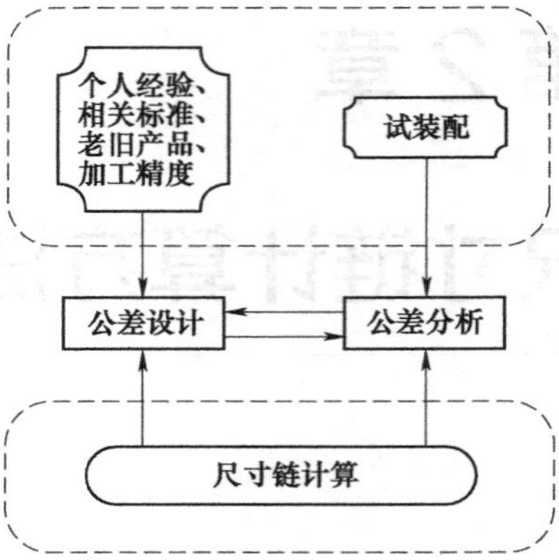


图 2-2　公差设计与公差分析

由图 2-2 可知，目前的公差设计及分析主要有两条途径，一种是传统方式，通过“个人经验、相关标准、老旧产品、加工精度”设计公差，再通过试装配校核公差的合理性；一种是通过尺寸链计算。

第一种方式主要是靠“人”，所以对工程师的要求较高，一般需要 10~15 年以上设计经验的工程师才能设计出匹配性较好的公差数据。对于全新产品的设计，可用于参考的有效数据较少，一般是通过不断的试装配来验证公差的合理性，再对设计进行修改和优化。装配过程中可能会出现零件干涉、装配困难、互换性差、修锉调整等问题。

第二种方式是根据产品结构及装配关系建立尺寸链模型，通过科学计算的方法获得合理的公差数据。同时通过仿真预测产品的质量情况，在设计阶段优化相关公差、尺寸、图样标注、产品结构及装配顺序等，可以减少甚至避免生产过程中出现装配困难、零件干涉、互换性低及修锉调整等问题。

## 2.1.2　尺寸链的计算流程

无论是精度设计环节，还是工艺设计环节，完整的尺寸链计算流程基本类似，都需要经历如图 2-3 所示的过程。首先，在精度设计前，要了解产品结构、明确装配关系（零件之间

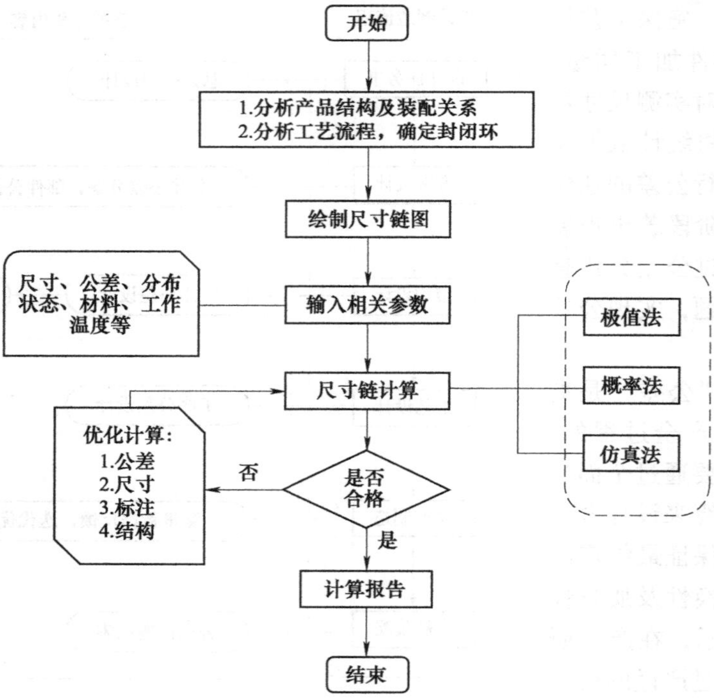


图 2-3　尺寸链计算流程

的接触关系）；工艺设计时，则要先了解工艺流程，确定封闭环。有了以上的准备以后，才能建立尺寸链计算模型（尺寸链图）及相关计算方程。其次，需要输入相关参数（包括：尺寸、公差、各组成环的分布状态、零件材料及工作温度等），通过不同的计算方法（包括：极值法、概率法及仿真法）进行分析，若计算结果不合格，则需要从公差、尺寸、标注及产品结构等方面进行优化，直至计算结果合格。最后，将尺寸链计算过程和分析优化结果生成尺寸链计算报告，整个尺寸链计算过程结束。

### 2.1.3　尺寸链图的绘制方法

尺寸链图是形成尺寸链方程并进行分析计算的基础，所以正确绘制尺寸链图非常重要。一个完整的尺寸链图必须包含一个封闭环和若干与之相关的组成环。在绘制尺寸链图前，首先要确定封闭环，有了封闭环，只需要依据具体的零件结构、装配或者工艺，依次查找与该封闭环相关的组成环，直到形成一个封闭且路径最短的尺寸链。不同应用类型的尺寸链图的绘制方法将在后续章节中详细介绍。

### 2.1.4　尺寸链计算方法及应用

尺寸链计算方法有三种：极值法、概率法及仿真法。极值法是尺寸链计算的基本方法，又称为完全互换法，此时尺寸链的计算过程，是根据组成环的极限值算出封闭环的极限值，而不考虑各环实际尺寸的分布特性。概率法又称为大数互换法，尺寸链计算过程需考虑各组成环实际尺寸的分布特性，通过概率理论计算封闭环尺寸的分布情况。仿真法也是基于概率理论，其尺寸链计算过程是通过对组成环尺寸进行随机抽样来计算封闭环尺寸的分布情况，和概率法类似也需要考虑各环实际尺寸的分布特性。

1. 尺寸链计算基本公式（参见 GB/T 5847—2004《尺寸链　计算方法》，见表 2-1）

**表 2-1　尺寸链计算基本公式**

| | | |
|---|---|---|
| 封闭环公称尺寸 | $L_0 = \sum_{i=1}^{m} \xi_i L_i$ | 注：$\xi_i$ 为每个组成环的传递系数，传递系数表示各组成环对封闭环影响大小的系数，$\xi_i = \frac{\partial L_0}{\partial L_i}$；$L_i$ 为每个组成环公称尺寸；$\Delta_i$ 为每个组成环中间偏差，$\Delta_i = \frac{ES_i + EI_i}{2}$；$e_i$ 为每个组成环相对不对称系数，表示组成环分布曲线不对称程度的系数；$T_i$ 为每个组成环的公差，$T_i = ES_i - EI_i$；$k_0$ 为封闭环的相对分布系数；$k_i$ 为每个组成环的相对分布系数，表示组成环分布曲线分散性的系数；$T_0$ 为封闭环的公差 |
| 封闭环的中间偏差 | $\Delta_0 = \sum_{i=1}^{m} \xi_i \left( \Delta_i + e_i \frac{T_i}{2} \right)$ | |
| 封闭环极值公差 | $T_{0L} = \sum_{i=1}^{m} \lvert \xi_i \rvert T_i$ | |
| 封闭环统计公差 | $T_{0S} = \frac{1}{k_0} \sqrt{\sum_{i=1}^{m} \xi_i^2 k_i^2 T_i^2}$ | |
| 封闭环上极限偏差 | $ES_0 = \Delta_0 + \frac{T_0}{2}$ | |
| 封闭环下极限偏差 | $EI_0 = \Delta_0 - \frac{T_0}{2}$ | |
| 封闭环极限尺寸 | $L_{0\max} = L_0 + ES_0$<br>$L_{0\min} = L_0 + EI_0$ | |

2. 极值法计算过程

极值法是建立在零件 100%互换的基础上，又可称为完全互换法。由于极值法以各组成环的上极限尺寸与下极限尺寸进行尺寸链计算，而不考虑各组成环实际尺寸的出现概率，所以运用极值法进行公差设计，可以保证各个组成环的公差在极限情况下仍然满足互换性，可实现完全互换。

极值法计算尺寸链常用公式见表 2-2。

**表 2-2　极值法计算尺寸链常用公式**

| | | |
|---|---|---|
| 极值法封闭环公称尺寸 | $L_0 = \sum_{i=1}^{m} \xi_i L_i$ | 注：<br>$i=1\sim n$ 表示增环，$i=(n+1)\sim m$ 表示减环<br>封闭环上下极限偏差通过表 2-1 推导获得 |
| 极值法封闭环上极限偏差 | $ES_0 = \sum_{i=1}^{n} \|\xi_i\| ES_i - \sum_{i=n+1}^{m} \|\xi_i\| EI_i$ | |
| 极值法封闭环下极限偏差 | $EI_0 = \sum_{i=1}^{n} \|\xi_i\| EI_i - \sum_{i=n+1}^{m} \|\xi_i\| ES_i$ | |

**例 2-1**　如图 2-4 所示，已知零件 $A$ 的宽度为 $10^{+0.1}_{-0.05}$mm，零件 $B$ 的宽度为 $20^{-0.1}_{-0.2}$mm，零件 $C$ 槽的宽度为 $30^{+0.2}_{+0.1}$mm。将零件 $A$ 右侧面紧靠零件 $B$ 左侧面，同时零件 $B$ 右侧面紧靠零件 $C$ 槽内右侧面进行装配，求解各零件装配完成后，零件 $A$ 左侧面和零件 $C$ 槽内左侧面之间的间隙值为 $X$，要求 $0.1\text{mm} \leqslant X \leqslant 0.3\text{mm}$。

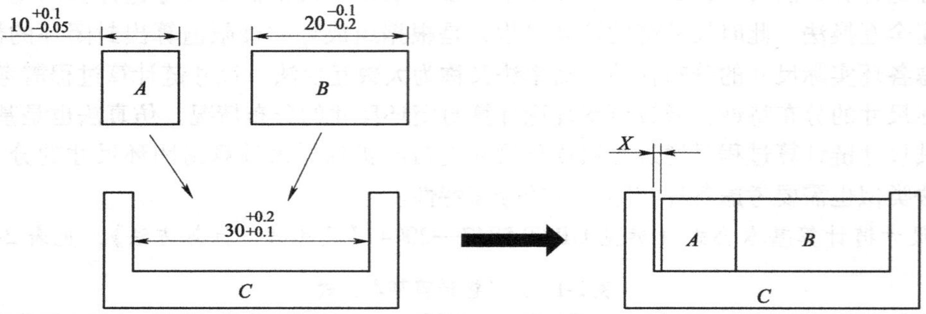


图 2-4　极值法计算示例

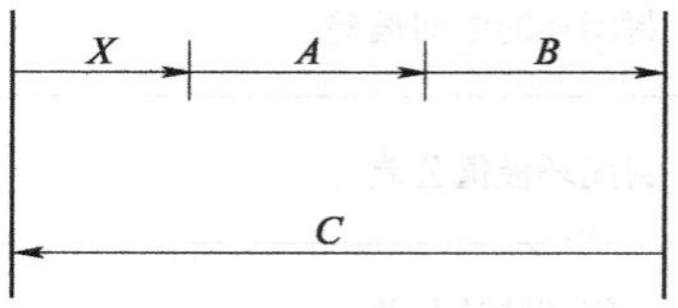


图 2-5　尺寸链图

根据装配关系，绘制尺寸链图如图 2-5 所示。

根据表 2-2 所述的极值法公式进行计算。

根据尺寸链图可知尺寸链方程：$X=C-A-B$。

根据传递系数的概念，各组成环的传递系数绝对值为 1，即 $|\xi_i|=1$，其中 $\xi_A=\xi_B=-1$，$\xi_C=1$，因此得到极值法计算结果如下：

封闭环公称尺寸：$X=30\text{mm}-10\text{mm}-20\text{mm}=0\text{mm}$

封闭环公差：$T=0.15\text{mm}+0.1\text{mm}+0.1\text{mm}=0.35\text{mm}$

封闭环上极限偏差：$ES=0.2\text{mm}-(-0.05\text{mm})-(-0.2\text{mm})=+0.45\text{mm}$

封闭环下极限偏差：$EI=0.1\text{mm}-(-0.1\text{mm})-0.1\text{mm}=+0.1\text{mm}$

综上得到极值法计算结果：$X=0^{+0.45}_{+0.1}$mm。

3. 概率法计算过程

在实际生产过程中，零件的实际尺寸会呈现一定的分布状态，概率法就是以一定置信水平为依据，根据各组成环尺寸的分布状态，按统计公差公式进行计算的方法。由于考虑了零件实际尺寸的分布状态，因此概率法的计算结果相比极值法更接近真实生产情况。

概率法计算封闭环公称尺寸及极限偏差见式（2-1）（由表 2-1 推导出）

$$\sum_{i=1}^{m}\xi_i\left(L_i+\Delta_i+e_i\frac{T_i}{2}\right)\pm\frac{1}{2k_0}\sqrt{\sum_{i=1}^{m}\xi_i^2k_i^2T_i^2} \tag{2-1}$$

概率法以一定置信水平为依据计算，通常，封闭环趋近正态分布，当置信水平 $P=99.73\%$时，相对分布系数 $k_0=1$；在某些生产条件下，要求适当放大组成环公差时，可取较低的 $P$ 值，$P$ 与 $k_0$ 相应数值见表 2-3（参见 GB/T 5847—2004《尺寸链　计算方法》）：

**表 2-3　$k_0$ 与置信水平**

| 置信水平 $P/(\%)$ | 99.73 | 99.5 | 99 | 98 | 95 | 90 |
|---|---|---|---|---|---|---|
| 相对分布系数 $k_0$ | 1 | 1.06 | 1.16 | 1.29 | 1.52 | 1.82 |

组成环的 $e$、$k$ 值与零件分布状态（企业制造能力）的关系见表 2-4。

**表 2-4　$e$、$k$ 值与零件分布状态的关系**

| 分布特征 | 正态分布 | 三角分布 | 均匀分布 | 瑞利分布 | 偏态分布 | |
|---|---|---|---|---|---|---|
| | | | | | 外尺寸 | 内尺寸 |
| 分布曲线 | 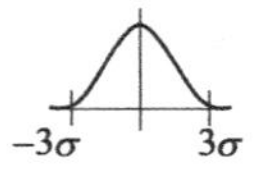 | 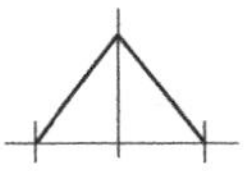 | 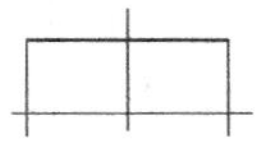 | 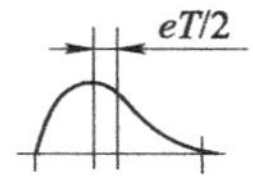 | 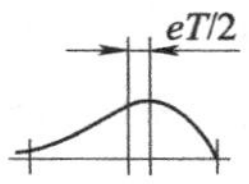 | 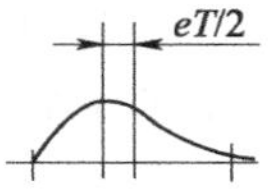 |
| $e$ | 0 | 0 | 0 | −0.28 | 0.26 | −0.26 |
| $k$ | 1 | 1.22 | 1.73 | 1.14 | 1.17 | 1.17 |

不同企业的加工能力不同导致了零件实际尺寸的统计分布状态各有差异，所以零件的分布状态代表了企业的制造能力。建议有能力的企业，对加工出的零件实际尺寸进行统计，如果没有统计数据的，可以参考国家标准，如下（参见 GB/T 5847—2004《尺寸链　计算方法》）。

① 大批量生产条件下，在稳定工艺过程中，工件尺寸趋近正态分布，可取 $e=0$，$k=1$。

② 在不稳定工艺过程中，当尺寸随时间近似线性变动时，形成均匀分布。计算时没有任何参考的统计数据，尺寸与位置误差一般可当作均匀分布，可取 $e=0$，$k=1.73$。

③ 两个分布范围相等的均匀分布相组合，形成三角分布。计算时没有参考的统计数据，尺寸与位置误差亦可当作三角分布。可取 $e=0$，$k=1.22$。

④ 偏心或径向圆跳动趋近瑞利分布，可取 $e=-0.28$，$k=1.14$。偏心在某一方向的分量，可取 $e=0$，$k=1.73$。

⑤ 平行、垂直误差趋近某些偏态分布；单件小批量生产条件下，工件尺寸也可能形成偏态分布，偏向最大实体尺寸这一边，可取 $e=\pm0.26$，$k=1.17$。

图 2-6 为通过 DCC 软件的加工测量数据统计功能对某零件尺寸（20±0.3）mm 的实际加工尺寸数据进行测量统计后的分布结果，该分布状态可以代表企业在一定时间内的制造能力。

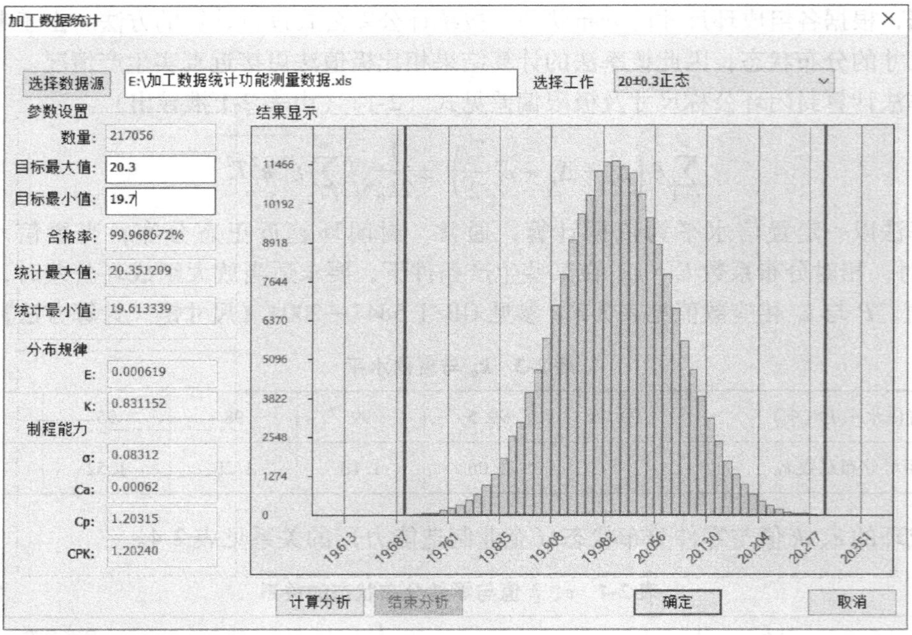


图 2-6 加工测量数据统计

例 2-1 中的结构通过概率法计算间隙 $X$。封闭环 $X$ 的置信水平选择 99.73%，则 $k_0=1$，组成环分布状态选择正态 $3\sigma$[⊖]，则 $k_i=1$，$e_i=0$，计算结果如下：

尺寸链方程：$X=C-A-B$

封闭环公称尺寸：$X=30\text{mm}+0.15\text{mm}-(10+0.025)\text{mm}-(20-0.15)\text{mm}=0.275\text{mm}$

封闭环上、下极限偏差：$\pm\frac{1}{2}\sqrt{0.15^2+0.1^2+0.1^2}\text{mm}=\pm0.103\text{mm}$

综上得到概率法计算结果：$X=(0.275\pm0.103)\text{mm}$

4. 仿真法计算过程

该方法基于蒙特卡洛算法，又可称之为随机抽样法。一般需要计算机辅助分析。本节通过 DCC 尺寸链计算及公差分析软件中的仿真分析功能来阐述计算过程。在仿真计算时用户首先要选择仿真次数，例如选择 5000 次计算，软件依据每个尺寸的分布状态随机抽样 5000 组尺寸数据，然后将这些尺寸数据随机组合，获得 5000 个计算结果，并对计算结果进行统计分析。仿真法能预测产品在实际生产阶段的质量情况，包括合格率、结果数据、分布状态及制程能力等，提前暴露可能存在的设计缺陷及问题。仿真结果采用可视化图形的分布状态，可以比较直观地展示产品的问题区域，为优化提供依据。

例 2-1 中的结构通过 DCC 软件中的仿真法计算间隙 $X$。当组成环分布状态选择正态 $3\sigma$，计算结果如图 2-7 所示。

## 2.1.5 公差设计方法及应用

公差设计是精度设计环节的首要事项，进入精度设计环节后，第一件事就是公差设计，

⊖ DCC 软件中为“3 西格玛”。

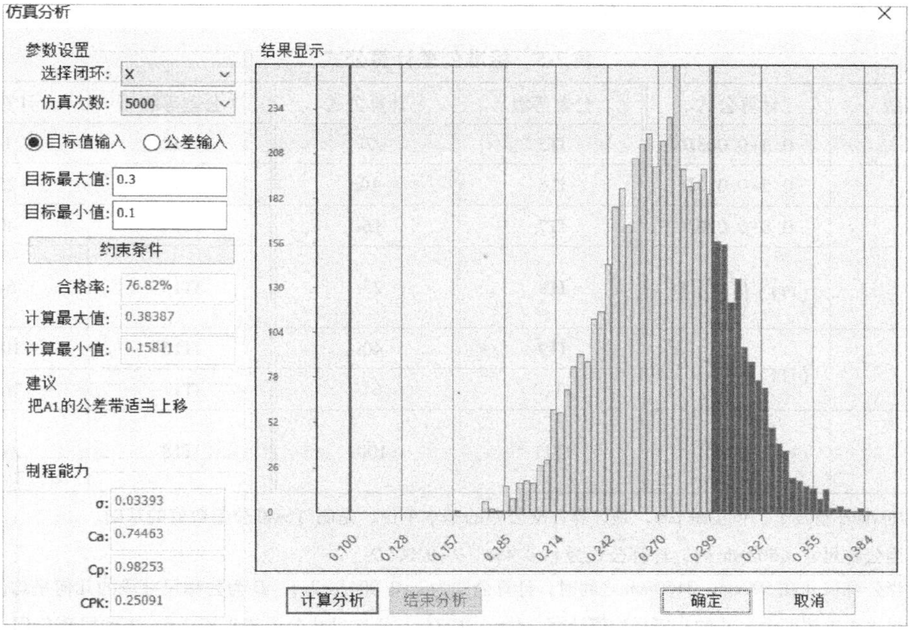


图 2-7　仿真分析结果

包括尺寸公差、角度公差及几何公差。目前众多传统企业都是通过工程师的经验、标准数据、参考老旧产品、生产企业设备的加工精度来设计零件公差的。这些公差设计方式的合理性存在较大问题，设计结果和设计要求缺乏逻辑关联关系，导致设计的公差无法满足设计任务要求及生产要求的情况时有发生。

目前通过计算进行公差设计的方法一般有两种：等公差法和等公差等级法。

等公差设计是各尺寸公差取相同的值，该方法可以同时对尺寸环和角度环进行公差设计，但没有考虑各尺寸的加工难易程度和尺寸大小。计算公式如下（参见 GB/T 5847—2004《尺寸链　计算方法》）。

组成环平均极值公差见式（2-2）

$$T_{\mathrm{aV},L} = \frac{T_0}{\sum_{i=1}^{m} |\xi_i|} \tag{2-2}$$

组成环平均统计公差见式（2-3）

$$T_{\mathrm{aV},S} = \frac{k_0 T_0}{\sqrt{\sum_{i=1}^{m} \xi_i^2 k_i^2}} \tag{2-3}$$

等公差等级设计是各尺寸公差取相同的公差等级，该方法不能对角度环进行公差设计，但可以考虑各尺寸的加工难易程度和尺寸大小。一般通过计算查表，计算公式如下（参见 GB/T 1800. 1—2020 和 GB/T 1800. 2—2020）。

标准公差由标准公差因子 $i$ 乘以公差等级系数 $a$ 得到，见式（2-4）

$$T = ai \tag{2-4}$$

详细的标准公差计算公式见表2-5。

**表2-5　标准公差计算公式**

| 公差等级 | 计算公式 | 公差等级 | 计算公式 | 公差等级 | 计算公式 |
|---|---|---|---|---|---|
| IT01 | 0.3+0.008$D$ | IT5 | 7$i$ | IT12 | 160$i$ |
| IT0 | 0.5+0.012$D$ | IT6 | 10$i$ | IT13 | 250$i$ |
| IT1 | 0.8+0.020$D$ | IT7 | 16$i$ | IT14 | 400$i$ |
| IT2 | $(\mathrm{IT1})\left(\frac{\mathrm{IT5}}{\mathrm{IT1}}\right)^{\frac{1}{4}}$ | IT8 | 25$i$ | IT15 | 640$i$ |
| IT3 | $(\mathrm{IT1})\left(\frac{\mathrm{IT5}}{\mathrm{IT1}}\right)^{\frac{2}{4}}$ | IT9 | 40$i$ | IT16 | 1000$i$ |
| | | IT10 | 64$i$ | IT17 | 1600$i$ |
| IT4 | $(\mathrm{IT1})\left(\frac{\mathrm{IT5}}{\mathrm{IT1}}\right)^{\frac{3}{4}}$ | IT11 | 100$i$ | IT18 | 2500$i$ |

注：$i$为标准公差因子，单位是μm，是计算标准公差的基本单位，是制订标准公差数值的基础。

1. 当公称尺寸≤500mm时，计算公式为$i=0.45\times\sqrt[3]{D}+0.001D$；
2. 当公称尺寸在500mm~3150mm之间时，计算公式为$i=0.004D+2.1$。$D$为公称尺寸段的几何平均值，用每一尺寸段首尾两个尺寸的几何平均值计算，$D=\sqrt{D_1D_2}$，公称尺寸分段表见表2-6，中间段落仅用于计算尺寸至500mm的轴的基本偏差a~c及r~zc或孔的基本偏差A~C及R~ZC和计算尺寸为500mm~3150mm的轴的基本偏差r至u及孔的基本偏差R至U，对小于或等于3mm的公称尺寸段，用1和3的几何平均值计算。

**表2-6　公称尺寸分段**　　（单位：mm）

| 主段落 | | 中间段落 | |
|---|---|---|---|
| 大于 | 至 | 大于 | 至 |
| — | 3 | 无细分段 | |
| 3 | 6 | | |
| 6 | 10 | | |
| 10 | 18 | 10 | 14 |
| | | 14 | 18 |
| 18 | 30 | 18 | 24 |
| | | 24 | 30 |
| 30 | 50 | 30 | 40 |
| | | 40 | 50 |
| 50 | 80 | 50 | 65 |
| | | 65 | 80 |
| 80 | 120 | 80 | 100 |
| | | 100 | 120 |
| 120 | 180 | 120 | 140 |
| | | 140 | 160 |
| | | 160 | 180 |
| 180 | 250 | 180 | 200 |
| | | 200 | 225 |
| | | 225 | 250 |

| 主段落 | | 中间段落 | |
|---|---|---|---|
| 大于 | 至 | 大于 | 至 |
| 250 | 315 | 250 | 280 |
| | | 280 | 315 |
| 315 | 400 | 315 | 355 |
| | | 355 | 400 |
| 400 | 500 | 400 | 450 |
| | | 450 | 500 |
| 500 | 630 | 500 | 560 |
| | | 560 | 630 |
| 630 | 800 | 630 | 710 |
| | | 710 | 800 |
| 800 | 1000 | 800 | 900 |
| | | 900 | 1000 |
| 1000 | 1250 | 1000 | 1120 |
| | | 1120 | 1250 |
| 1250 | 1600 | 1250 | 1400 |
| | | 1400 | 1600 |
| 1600 | 2000 | 1600 | 1800 |
| | | 1800 | 2000 |
| 2000 | 2500 | 2000 | 2240 |
| | | 2240 | 2500 |
| 2500 | 3150 | 2500 | 2800 |
| | | 2800 | 3150 |

当已知封闭环的公差数值时，可以由以上公式进行计算，得到共同的公差等级，然后在依据表 2-7 的标准公差数值查得每个尺寸的公差大小。

**表 2-7　公称尺寸小于 3150mm 的标准公差数值**

| 公称尺寸/mm | | 标准公差等级 | | | | | | | | | | | | | | | | | | | |
|---|---|---|---|---|---|---|---|---|---|---|---|---|---|---|---|---|---|---|---|---|---|
| | | IT01 | IT0 | IT1 | IT2 | IT3 | IT4 | IT5 | IT6 | IT7 | IT8 | IT9 | IT10 | IT11 | IT12 | IT13 | IT14 | IT15 | IT16 | IT17 | IT18 |
| 大于 | 至 | 标准公差值 | | | | | | | | | | | | | | | | | | | |
| | | μm | | | | | | | | | | | | | mm | | | | | | |
| — | 3 | 0.3 | 0.5 | 0.8 | 1.2 | 2 | 3 | 4 | 6 | 10 | 14 | 25 | 40 | 60 | 0.1 | 0.14 | 0.25 | 0.4 | 0.6 | 1 | 1.4 |
| 3 | 6 | 0.4 | 0.6 | 1 | 1.5 | 2.5 | 4 | 5 | 8 | 12 | 18 | 30 | 48 | 75 | 0.12 | 0.18 | 0.3 | 0.48 | 0.75 | 1.2 | 1.8 |
| 6 | 10 | 0.4 | 0.6 | 1 | 1.5 | 2.5 | 4 | 6 | 9 | 15 | 22 | 36 | 58 | 90 | 0.15 | 0.22 | 0.36 | 0.58 | 0.9 | 1.5 | 2.2 |
| 10 | 18 | 0.5 | 0.8 | 1.2 | 2 | 3 | 5 | 8 | 11 | 18 | 27 | 43 | 70 | 110 | 0.18 | 0.27 | 0.43 | 0.7 | 1.1 | 1.8 | 2.7 |
| 18 | 30 | 0.6 | 1 | 1.5 | 2.5 | 4 | 6 | 9 | 13 | 21 | 33 | 52 | 84 | 130 | 0.21 | 0.33 | 0.52 | 0.84 | 1.3 | 2.1 | 3.3 |
| 30 | 50 | 0.6 | 1 | 1.5 | 2.5 | 4 | 7 | 11 | 16 | 25 | 39 | 62 | 100 | 160 | 0.25 | 0.39 | 0.62 | 1 | 1.6 | 2.5 | 3.9 |
| 50 | 80 | 0.8 | 1.2 | 2 | 3 | 5 | 8 | 13 | 19 | 30 | 46 | 74 | 120 | 190 | 0.3 | 0.45 | 0.74 | 1.2 | 1.9 | 3 | 4.6 |
| 80 | 120 | 1 | 1.5 | 2.5 | 4 | 6 | 10 | 15 | 22 | 35 | 54 | 87 | 140 | 220 | 0.35 | 0.54 | 0.87 | 1.4 | 2.2 | 3.5 | 5.4 |
| 120 | 180 | 1.2 | 2 | 3.5 | 5 | 8 | 12 | 18 | 25 | 40 | 63 | 100 | 160 | 250 | 0.4 | 0.63 | 1 | 1.6 | 2.5 | 4 | 6.3 |
| 180 | 250 | 2 | 3 | 4.5 | 7 | 10 | 14 | 20 | 29 | 46 | 72 | 115 | 185 | 290 | 0.46 | 0.72 | 1.15 | 1.85 | 2.9 | 4.6 | 7.2 |
| 250 | 315 | 2.5 | 4 | 6 | 8 | 12 | 16 | 23 | 32 | 52 | 81 | 130 | 210 | 320 | 0.52 | 0.81 | 1.3 | 2.1 | 3.2 | 5.2 | 8.1 |
| 315 | 400 | 3 | 5 | 7 | 9 | 13 | 18 | 25 | 36 | 57 | 89 | 140 | 230 | 360 | 0.57 | 0.89 | 1.4 | 2.3 | 3.6 | 5.7 | 8.9 |
| 400 | 500 | 4 | 6 | 8 | 10 | 15 | 20 | 27 | 40 | 63 | 97 | 155 | 250 | 400 | 0.63 | 0.97 | 1.55 | 2.5 | 4 | 6.3 | 9.7 |
| 500 | 630 | | | 9 | 11 | 16 | 22 | 32 | 44 | 70 | 110 | 175 | 280 | 440 | 0.7 | 1.1 | 1.75 | 2.8 | 4.4 | 7 | 11 |
| 630 | 800 | | | 10 | 13 | 18 | 25 | 36 | 50 | 80 | 125 | 200 | 320 | 500 | 0.8 | 1.25 | 2 | 3.2 | 5 | 8 | 12.5 |
| 800 | 1000 | | | 11 | 15 | 21 | 28 | 40 | 56 | 90 | 140 | 230 | 360 | 560 | 0.9 | 1.4 | 2.3 | 3.6 | 5.6 | 9 | 14 |
| 1000 | 1250 | | | 13 | 18 | 24 | 33 | 47 | 66 | 105 | 165 | 260 | 420 | 660 | 1.05 | 1.65 | 2.6 | 4.2 | 6.6 | 10.5 | 16.5 |
| 1250 | 1600 | | | 15 | 21 | 29 | 39 | 55 | 78 | 125 | 195 | 310 | 500 | 780 | 1.25 | 1.95 | 3.1 | 5 | 7.8 | 12.5 | 19.5 |
| 1600 | 2000 | | | 18 | 25 | 35 | 46 | 65 | 92 | 150 | 230 | 370 | 600 | 920 | 1.5 | 2.3 | 3.7 | 6 | 9.2 | 15 | 23 |
| 2000 | 2500 | | | 22 | 30 | 41 | 55 | 78 | 110 | 175 | 280 | 440 | 700 | 1100 | 1.75 | 2.8 | 4.4 | 7 | 11 | 17.5 | 28 |
| 2500 | 3150 | | | 26 | 36 | 50 | 68 | 96 | 135 | 210 | 330 | 540 | 860 | 1350 | 2.1 | 3.3 | 5.4 | 8.6 | 13.5 | 21 | 33 |

**例 2-2**　如图 2-8 所示，零件 $A$、$B$ 要装配进零件 $C$，要求间隙 $X$ 为 0.05~0.3mm，用极值法计算，通过等公差等级的方法来分配零件 $A$、$B$、$C$ 的公差。

① 封闭环总公差为 $T_0=(0.3-0.05)\text{mm}=0.25\text{mm}$，

② 通过查询公称尺寸分段表 2-6 可得：$D_A=\sqrt{6\times10}\text{mm}=7.746\text{mm}$，$D_B=D_C=$

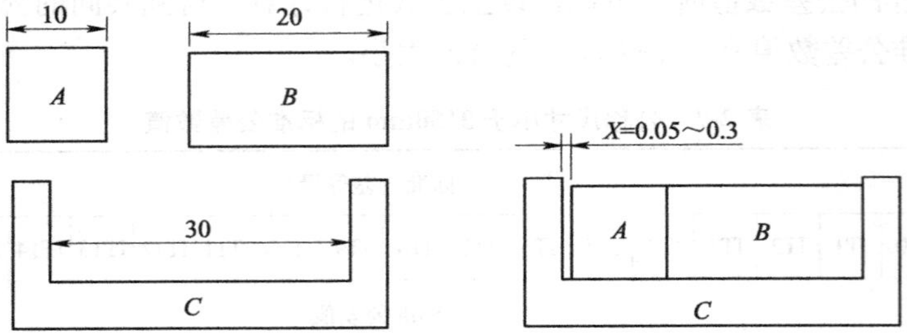


图 2-8　零件尺寸

$\sqrt{18 \times 30}\,\text{mm} = 23.238\text{mm}$

③ 因为尺寸 10mm、20mm、30mm 均不大于 500mm，所以 $i_A = (0.45 \times \sqrt[3]{7.746} + 0.001 \times 7.746)\,\mu\text{m} = 0.898\mu\text{m}$；$i_B = i_C = (0.45 \times \sqrt[3]{23.238} + 0.001 \times 23.238)\,\mu\text{m} = 1.307\mu\text{m}$

④ 依据表 2-1 和式（2-4）可得：$T_0 = T_A + T_B + T_C = ai_A + ai_B + ai_C = a \times (0.898 + 1.307 + 1.307)\,\mu\text{m} = a \times 3.512\mu\text{m} = 250\mu\text{m}$

⑤ 则 $a = 71$，通过查询标准公差计算公式表 2-5，选用 IT10 级公差。通过查询标准公差数值表 2-7，可知 $A$ 的公差为 0.058mm，$B$ 的公差为 0.084mm，$C$ 的公差为 0.084mm。结合尺寸的增减性可得：$A$ 为减环，公差设计为 $A = 10^{-0.05}_{-0.108}\,\text{mm}$，$B$ 为减环，公差设计为 $B = 20^{\ 0}_{-0.084}\,\text{mm}$，$C$ 为增环，公差设计为 $C = 30^{+0.084}_{\ \ 0}\,\text{mm}$。

也可以用 DCC 尺寸链计算及公差分析软件的公差分配功能进行高效的公差设计，如图 2-9 所示。

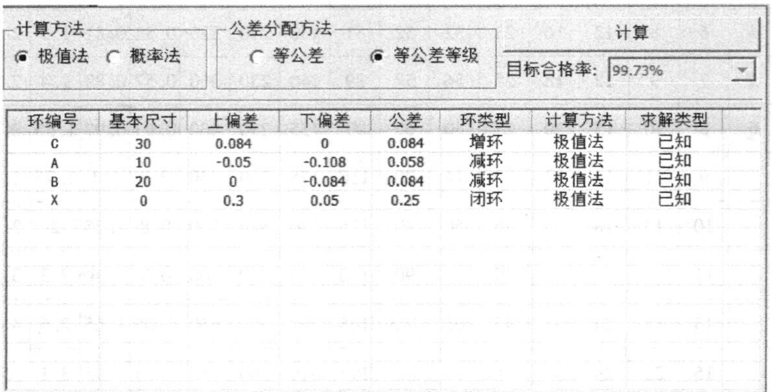
计算方法
极值法　概率法
公差分配方法
等公差　等公差等级
计算
目标合格率: 99.73%
环编号 基本尺寸 上偏差 下偏差 公差 环类型 计算方法 求解类型
C 30 0.084 0 0.084 增环 极值法 已知
A 10 -0.05 -0.108 0.058 减环 极值法 已知
B 20 0 -0.084 0.084 减环 极值法 已知
X 0 0.3 0.05 0.25 闭环 极值法 已知
完成
取消

图 2-9　DCC 软件公差分配

**注意：**按实际可行性设计零件公差，先按等公差值或等公差等级的分配方法求出各组成环所能分配到的公差，再依据加工难易程度、设计要求及尺寸特性等具体情况，通过软件计算调整各组成环的公差带大小及位置。

在进行产品公差分析及设计时，极值法、概率法及仿真法的计算方法各有优劣，我们需要掌握每种计算方法的特点，结合具体情况综合使用。表 2-8 为三种计算方法的对比。

**表 2-8　三种计算方法对比**

| 计算方法 | 极值法 | 概率法 | 仿真法 |
| --- | --- | --- | --- |
| 优点 | 若计算结果合格，则能保证 100%的互换性 | 1. 结合企业制造能力进行计算分析，计算结果接近真实生产情况<br>2. 设计的零件公差较大，降低了零件加工难度和成本 | 1. 通过蒙特卡洛法可以模拟实际生产装配情况<br>2. 能准确预测产品的一次性合格率 |
| 缺点 | 设计的零件公差非常小，增加了零件的加工难度和成本 | 存在少量不合格情况，需要通过二次装配，以保证最终产品的 100%合格 | 存在少量不合格情况，需要通过二次装配，以保证最终产品的 100%合格 |
| 风险 | 装配时零件同时取极值的概率非常低，计算结果和实际生产情况吻合度低，很难有效指导生产 | 如果企业制造能力评估失效，则计算结果的可靠性降低 | 如果企业制造能力评估失效，则计算结果的可靠性降低 |
| 应用场合 | 1. 组成环个数少于 5 个<br>2. 工艺尺寸链计算 | 1. 组成环个数大于或等于 5 个<br>2. 公差要求偏严而感到不经济 | 任意场合 |

## 2.2　装配尺寸链计算

### 2.2.1　装配尺寸链的特点

1. 装配尺寸链的特点

**（1）封闭性**　尺寸链必须是一组相关尺寸按顺序首尾相接而形成的封闭轮廓。

**（2）关联性**　尺寸链内间接保证的尺寸大小和变化范围（即精度），是受该尺寸链内直接获得的尺寸大小和变化范围所制约的，彼此间具有特定的函数关系，这种函数关系即为尺寸链方程组。

> **注意：**要求解的环不一定就是封闭环。某一个组成环，在尺寸链中多次出现时，不能只根据其所在的某一个尺寸链判断其是增环或减环。

2. 装配尺寸链分类

**（1）线性尺寸链**　各环位于同一平面内，且互相平行。

**（2）平面尺寸链**　各环位于同一平面内，但其中有些环彼此不平行（存在一定的夹角关系）。

**（3）空间尺寸链**　各环不在同一平面内，且互不平行。

### 2.2.2 装配尺寸链的封闭环及画法

**(1) 装配尺寸链封闭环** 装配尺寸链封闭环是在一个完整的产品或零件中，由各个零件装配后最终形成的间隙、过盈、位置精度等技术要求。

**(2) 装配尺寸链画法** 对于装配尺寸链，其重点和难点是绘制尺寸链图。绘制装配尺寸链图的首要条件是对产品结构和装配关系清晰，这也是作为一个合格机械设计工程师的必要条件，所以尺寸链图的本质是对产品结构原理及装配关系的解析。

绘制尺寸链图的过程一般为：第一步是查找封闭环，第二步是查找与该封闭环相关的所有组成环，第三步是形成尺寸链图。

1）查找封闭环。装配尺寸链的封闭环是由多个零件装配后“间接形成”的一个尺寸，该尺寸可以是装配间隙、过盈、同轴度等产品技术要求。

2）查找与该封闭环相关的其他组成环。

① 从封闭环的一端依次查找相关联的组成环直到封闭环的另一端。

② 若尺寸链中有多个未知尺寸，需按第一条的方法继续查找和未知尺寸相关的其他尺寸。

③ 线性尺寸链中有 $n$ 个未知尺寸，则需要查找与 $n$ 个未知尺寸相关的其他尺寸；非线性尺寸链中有 $n$ 个未知尺寸，则需要查找与 $n$-1 个未知尺寸相关的其他尺寸，且非线性尺寸链中有 $m$ 个尺寸环时，需要确定 $m$-1 个角度关系。

④ 在查询组成环的过程中，务必遵循“尺寸链最短原则”，减少冗余误差，提高产品质量。

3）形成尺寸链图。在查询完成一个尺寸封闭系统后，即可按产品结构原理及装配关系绘制一个尺寸链图，直至和封闭环相关的所有尺寸链图绘制完成。

### 2.2.3 装配尺寸链计算示例

计算如图 2-10 所示的装配体左盖内侧面与轴左端面的间隙 $X$，要求 $X$=(0.8±0.2)mm。

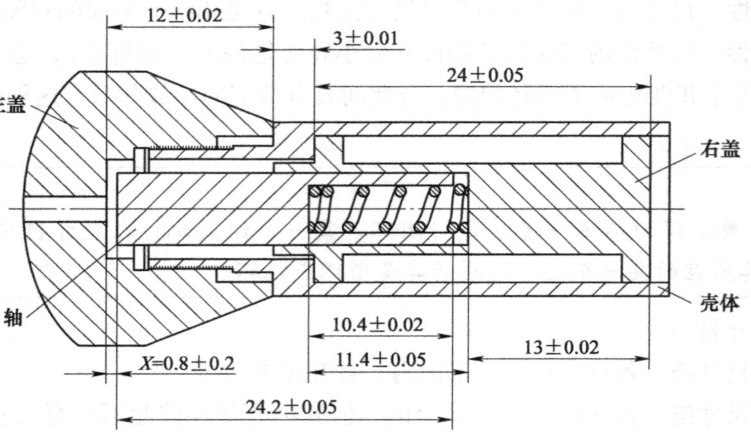


图 2-10 装配体

确定封闭环为装配体的左盖内侧面与轴左端面形成的间隙 $X$，从 $X$ 的右端依次查找与 $X$ 有关的零件尺寸，包括：轴长度 24. 2mm（减环 $A1$）、轴孔深度 10. 4mm（增环 $A2$），弹簧长度 11. 4mm（减环 $B$）、右盖长度 13mm（减环 $C1$）、右盖长度 24mm（增环 $C2$）、壳体台阶厚度 3mm（增环 $D$）、左盖孔深 12mm（增环 $E$），最终获得尺寸链图如图 2-11 所示。

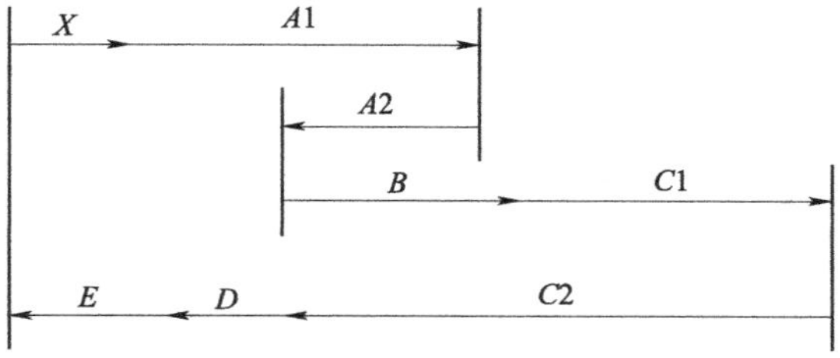


图 2-11　尺寸链图

此尺寸链的计算如下：

计算方程：$X=A2+C2+D+E-A1-B-C1$

极值法结果：

$X$ 公称尺寸 $=(10.4+24+3+12-24.2-11.4-13)\text{mm}=0.8\text{mm}$

$X$ 上极限偏差 $=[0.02+0.05+0.01+0.02-(-0.05)-(-0.05)-(-0.02)]\text{mm}=+0.22\text{mm}$

$X$ 下极限偏差 $=[(-0.02)+(-0.05)+(-0.01)+(-0.02)-0.05-0.05-0.02]\text{mm}=-0.22\text{mm}$

概率法结果：

封闭环 $X$ 的置信水平选择 99. 73%，则 $k_0=1$，组成环分布状态选择正态 3 西格玛，则 $k_i=1$，$e_i=0$。

$X$ 公称尺寸 $=(10.4+24+3+12-24.2-11.4-13)\text{mm}=0.8\text{mm}$

$$X\text{ 上、下极限偏差}=\pm\frac{1}{2}\sqrt{0.04^2+0.1^2+0.02^2+0.04^2+0.1^2+0.1^2+0.04^2}\text{mm}=0.09381\text{mm}$$

通过 DCC 软件进行极值法、概率法及仿真法计算的结果如图 2-12、图 2-13、图 2-14 所示。

| 编 | 基本尺寸 | 上偏差 | 下偏差 | 增减性 | 公差 | 环类型名 | 传递系数 | 贡献率 | 求解类型 | 分布状态 | 环说明 | 工作温度 | 材料 | 膨胀系数 |
|---|---|---|---|---|---|---|---|---|---|---|---|---|---|---|
| C2 | 24 | 0.05 | -0.05 | 增环 | 0.1 | 尺寸环 | 1.00000 | 22.72... | 已知 | 正态_3西... | | 20 | | 0.0 |
| C1 | 13 | 0.02 | -0.02 | 减环 | 0.04 | 尺寸环 | -1.000... | 9.091% | 已知 | 正态_3西... | | 20 | | 0.0 |
| A2 | 10.4 | 0.02 | -0.02 | 增环 | 0.04 | 尺寸环 | 1.00000 | 9.091% | 已知 | 正态_3西... | | 20 | | 0.0 |
| A1 | 24.2 | 0.05 | -0.05 | 减环 | 0.1 | 尺寸环 | -1.000... | 22.72... | 已知 | 正态_3西... | | 20 | | 0.0 |
| X | 0.8 | 0.22 | -0.22 | 闭环 | 0.44 | 尺寸环 | | | 求解值 | 正态_3西... | | 20 | | 0.0 |
| E | 12 | 0.02 | -0.02 | 增环 | 0.04 | 尺寸环 | 1.00000 | 9.091% | 已知 | 正态_3西... | | 20 | | 0.0 |
| D | 3 | 0.01 | -0.01 | 增环 | 0.02 | 尺寸环 | 1.00000 | 4.545% | 已知 | 正态_3西... | | 20 | | 0.0 |
| B | 11.4 | 0.05 | -0.05 | 减环 | 0.1 | 尺寸环 | -1.000... | 22.72... | 已知 | 正态_3西... | | 20 | | 0.0 |

图 2-12　极值法结果

| 编 | 基本尺寸 | 上偏差 | 下偏差 | 增减性 | 公差 | 环类型名 | 传递系数 | 贡献率 | 求解类型 | 分布状态 | 环说明 | 工作温度 | 材料 | 膨胀系数 |
|---|---|---|---|---|---|---|---|---|---|---|---|---|---|---|
| C2 | 24 | 0.05 | -0.05 | 增环 | 0.1 | 尺寸环 | 1.00000 | 28.40... | 已知 | 正态_3西... | | 20 | | 0.0 |
| C1 | 13 | 0.02 | -0.02 | 减环 | 0.04 | 尺寸环 | -1.000... | 4.545% | 已知 | 正态_3西... | | 20 | | 0.0 |
| A2 | 10.4 | 0.02 | -0.02 | 增环 | 0.04 | 尺寸环 | 1.00000 | 4.545% | 已知 | 正态_3西... | | 20 | | 0.0 |
| A1 | 24.2 | 0.05 | -0.05 | 减环 | 0.1 | 尺寸环 | -1.000... | 28.40... | 已知 | 正态_3西... | | 20 | | 0.0 |
| X | 0.8 | 0.09381 | -0.09381 | 闭环 | 0.18762 | 尺寸环 | | | 求解值 | 正态_3西... | | 20 | | 0.0 |
| E | 12 | 0.02 | -0.02 | 增环 | 0.04 | 尺寸环 | 1.00000 | 4.545% | 已知 | 正态_3西... | | 20 | | 0.0 |
| D | 3 | 0.01 | -0.01 | 增环 | 0.02 | 尺寸环 | 1.00000 | 1.136% | 已知 | 正态_3西... | | 20 | | 0.0 |
| B | 11.4 | 0.05 | -0.05 | 减环 | 0.1 | 尺寸环 | -1.000... | 28.40... | 已知 | 正态_3西... | | 20 | | 0.0 |

图 2-13　概率法结果

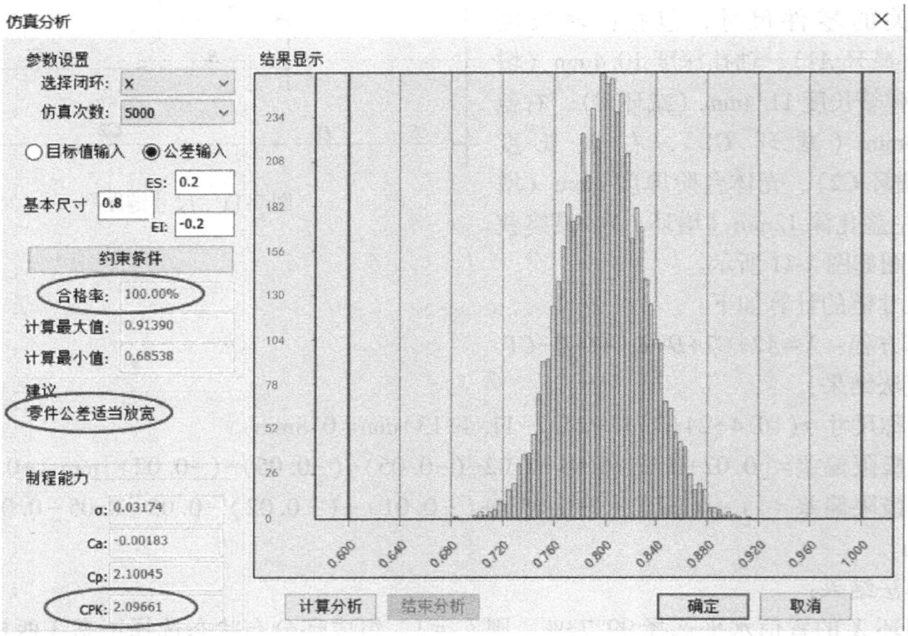


图 2-14　仿真法结果

## 2.3　零件尺寸链计算

### 2.3.1　零件尺寸链的特点

零件尺寸链的特点主要有：

**（1）封闭性**　尺寸链必须是一组相关尺寸按顺序首尾相接而形成的封闭轮廓。

**（2）关联性**　尺寸链内间接保证的尺寸大小和变化范围（即精度），是受该尺寸链内直接获得的尺寸大小和变化范围所制约的，彼此间具有特定的函数关系，这种函数关系即为尺寸链方程组。

### 2.3.2　零件尺寸链的封闭环及画法

零件尺寸链中的封闭环一般为零件中的未注尺寸，尺寸链图的画法是从封闭环的一端依次查找相关联的组成环直到封闭环的另一端，最终形成完整尺寸链。

### 2.3.3　零件尺寸链计算示例

计算图 2-15 中的 $X$。

$X$ 为零件图中的未注尺寸，为本计算中的封闭环，从 $X$ 的右端依次查找与 $X$ 相关联的尺寸为：总长 90mm（增环 $B$）、大端长度 50mm（减环 $A$），尺寸链图如图 2-16 所示。

此尺寸链的计算如下：

计算方程：$X=B-A$。

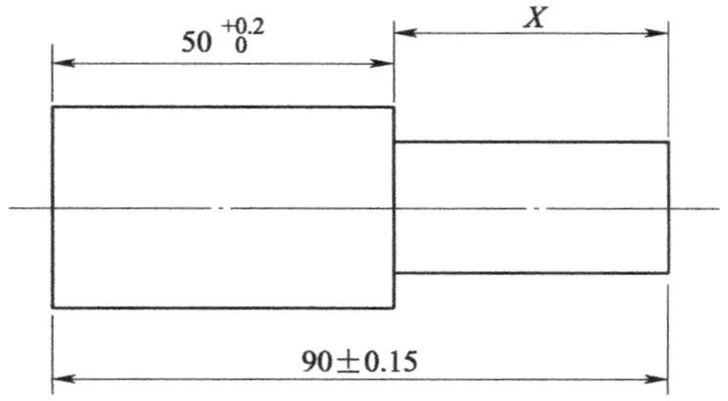


图 2-15　零件图

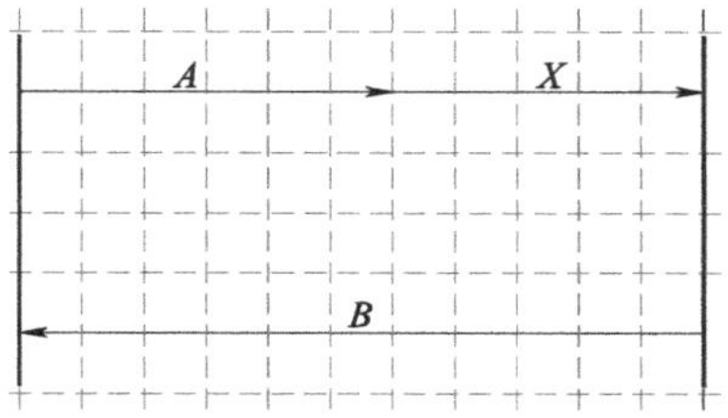


图 2-16　尺寸链图

极值法结果：

$X$ 公称尺寸=(90−50)mm=40mm

$X$ 上极限偏差=(+0.15−0)mm=+0.15mm

$X$ 下极限偏差=(−0.15−0.2)mm=−0.35mm

概率法计算结果：

封闭环 $X$ 的置信水平选择 99.73%，则 $k_0=1$，组成环分布状态选择正态 3 西格玛，则 $k_i=1$，$e_i=0$。

$X$ 公称尺寸=[90−(50+0.1)]mm=39.9mm

$$X\text{上、下极限偏差}=\pm\frac{1}{2}\sqrt{0.3^2+0.2^2}\text{ mm}=\pm0.18028\text{mm}$$

通过 DCC 软件进行极值法、概率法及仿真法的计算结果如图 2-17、图 2-18、图 2-19 所示。

| 编 / | 基本尺寸 | 上偏差 | 下偏差 | 增减性 | 公差 | 环类型名 | 传递系数 | 贡献率 | 求解类型 | 分布状态 |
|---|---|---|---|---|---|---|---|---|---|---|
| A | 50 | 0.2 | 0 | 减环 | 0.2 | 尺寸环 | -1.000000 | 40.000000% | 已知 | 正态_3西格玛 |
| B | 90 | 0.15 | -0.15 | 增环 | 0.3 | 尺寸环 | 1.000000 | 60.000000% | 已知 | 正态_3西格玛 |
| X | 40 | 0.15 | -0.35 | 闭环 | 0.5 | 尺寸环 | | | 求解值 | 正态_3西格玛 |

图 2-17　极值法结果

| 编 / | 基本尺寸 | 上偏差 | 下偏差 | 增减性 | 公差 | 环类型名 | 传递系数 | 贡献率 | 求解类型 | 分布状态 |
|---|---|---|---|---|---|---|---|---|---|---|
| A | 50 | 0.2 | 0 | 减环 | 0.2 | 尺寸环 | -1.000000 | 30.769% | 已知 | 正态_3西格玛 |
| B | 90 | 0.15 | -0.15 | 增环 | 0.3 | 尺寸环 | 1.000000 | 69.231% | 已知 | 正态_3西格玛 |
| X | 39.9 | 0.18028 | -0.18028 | 闭环 | 0.36056 | 尺寸环 | | | 求解值 | 正态_3西格玛 |

图 2-18　概率法结果

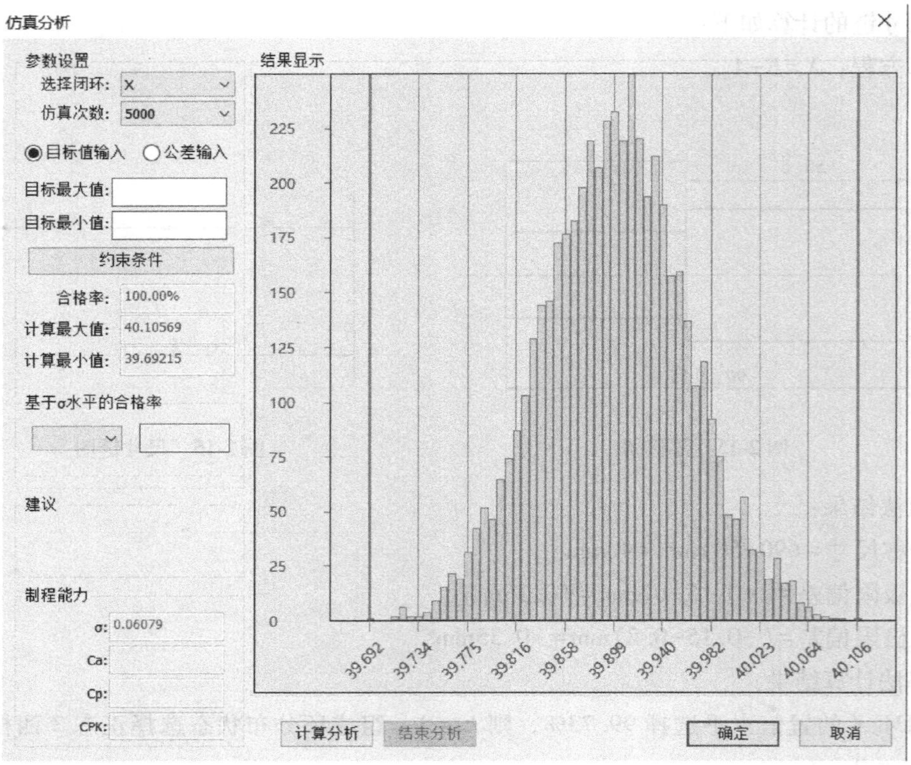


图 2-19　仿真法结果

## 2.4　工艺尺寸链计算

### 2.4.1　工艺尺寸链的特点

工艺尺寸链除了具备装配尺寸链和零件尺寸链的封闭性和关联性的特点外，其计算方法也比较特殊，一般用“极值法”进行运算。只有在大批量生产中，由于工序尺寸公差要求偏严而感到不经济时，才用“概率法”进行计算。

### 2.4.2　工艺尺寸链的封闭环及画法

工艺尺寸链的封闭环是加工过程中间接得到的尺寸，它可以是零件设计尺寸、工序尺寸或加工余量，而组成环则是加工中直接保证的尺寸，通常为工序尺寸或设计尺寸。

1. 工艺尺寸链封闭环查找办法

对于工艺尺寸链，其重点和难点是查找封闭环，以下从五个方面来讨论在各类工艺过程中如何确定封闭环。

**(1) 加工基准和设计基准不重合时的封闭环查找**　加工基准与设计基准不重合时，加工表面到加工基准的尺寸为工序尺寸，加工表面到设计基准的尺寸为封闭环。

如图 2-20 所示，*A*1、*A*2、*A*3 为零件尺寸，工序 1：以 *A* 平面为加工基准来镗孔 $\phi$40mm

和尺寸 A3；工序 2：以 B 平面为基准来加工尺寸 A2，此时 A0 为工序尺寸，A1 为加工完成后间接得到的零件尺寸，所以 A1 为工艺尺寸链中的封闭环。尺寸链图如图 2-21 所示。

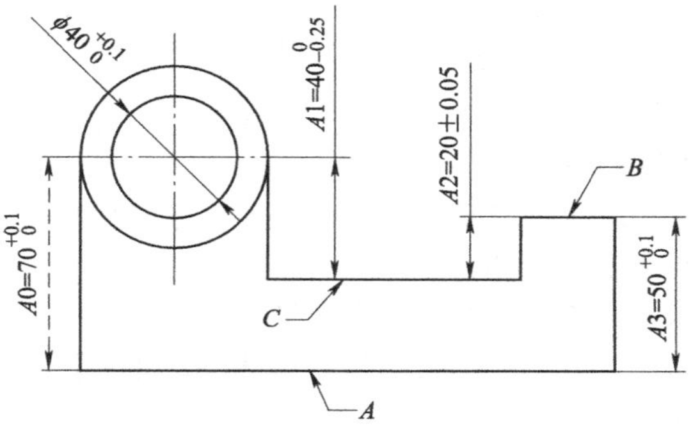


图 2-20　工艺尺寸链零件图

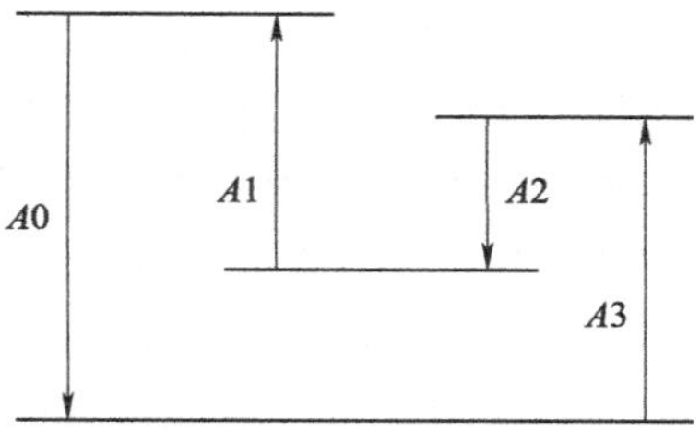


图 2-21　尺寸链图

**（2）测量基准与设计基准不重合时的封闭环查找**　测量表面到设计基准的尺寸是封闭环；测量表面到测量基准的尺寸是工序尺寸。

如图 2-22 所示，零件是在车床上加工内孔。A0、A1 均为零件尺寸，加工完成后 A0 不易测量，常用通过测量 A2 来控制 A0。此时 A0 为封闭环。尺寸链图如图 2-23 所示。

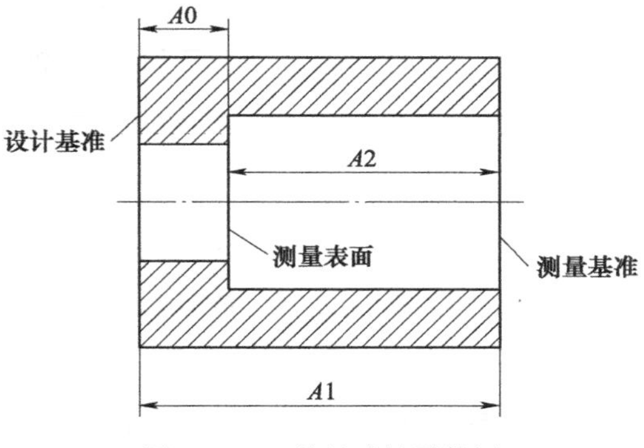


图 2-22　工艺尺寸链零件图

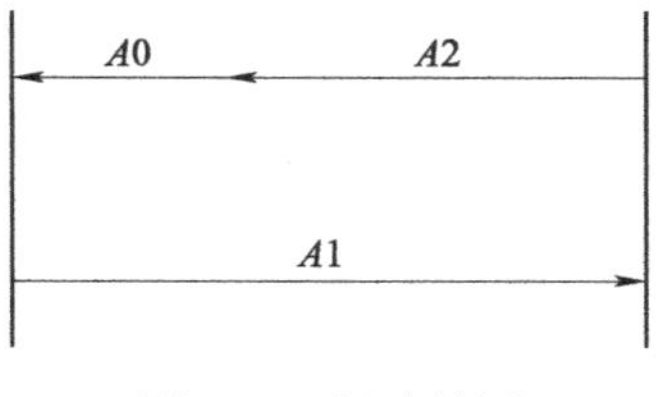


图 2-23　尺寸链图

**（3）中间工序封闭环查找**　在待加工的表面标注工序尺寸时，设计基准到加工前的表面的尺寸是工序尺寸，设计基准到加工后的表面的尺寸是封闭环。

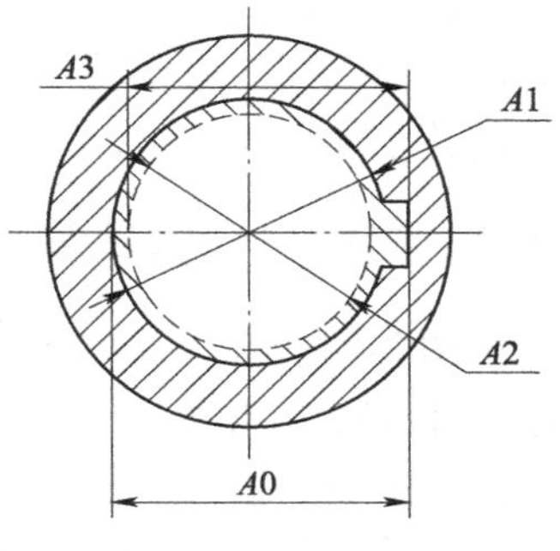


图 2-24　工艺尺寸链零件图

如图 2-24 所示，A0、A1 为零件尺寸，工艺步骤为：①镗孔至尺寸 A2；②插键槽，保证工序尺寸 A3；③热处理；④磨内孔至尺寸 A1。此时封闭环为 A0。尺寸链图如图 2-25 所示。

**（4）表面处理时封闭环的查找**

1）渗入层处理，一般工序为在最终加工前使渗入层控制在一定的厚度，再进行最终的加工，以保证加工后能获得设计要求的渗入层厚度，因直接测量的是加工尺寸。显然，设计要求的渗入层厚度是最后形成的尺寸，即封闭环。

2）镀层处理，一般工序为工件表面镀层后不需要再进行加工，镀层厚度是可以通过控制电镀工艺条件直接获得的。这时，镀层厚度是组成环，而电镀后的零件尺寸是最后自然形成的尺寸，即封闭环。

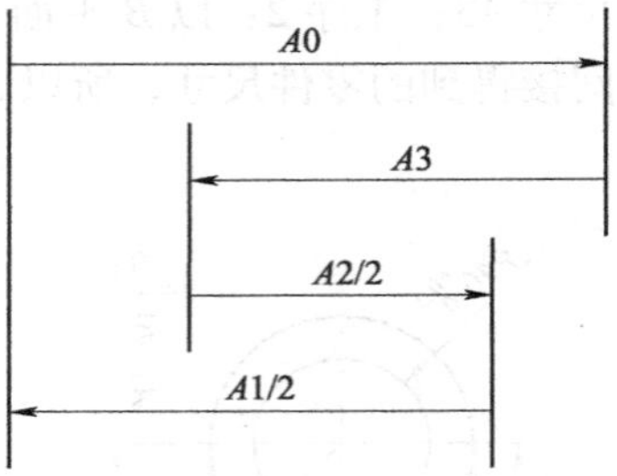

图 2-25　尺寸链图

**(5) 粗、精加工工序中的封闭环查找**

1）设计基准与加工基准统一，前后工序包括最后所达到的图样要求尺寸都是直接控制加工而得到的，这时余量是按前后两工序尺寸加工后自然形成的，即间接形成的，而前后加工尺寸的误差累积在余量上，形成余量偏差。此时，加工余量为封闭环。

如图 2-26 所示，加工基准在左端，先粗加工 $A1$，再精加工 $A2$。$A1$ 和 $A2$ 是前后两工序直接加工形成的，$A0$ 是间接形成的，此时 $A0$ 为封闭环。

2）设计基准与加工基准不统一，后工序（精加工工序）包括最后所达到的图样要求尺寸是间接得到的，这时余量是以前工序尺寸为基准直接加工形成的，此时，加工余量为组成环，后工序精加工间接获得的尺寸为封闭环。

如图 2-27 所示，先粗加工 $A1$，再以零件右端为加工基准精加工尺寸 $A0$。$A1$ 和 $A0$ 是前后两工序直接加工形成，$A2$ 是间接形成的，此时 $A2$ 为封闭环。

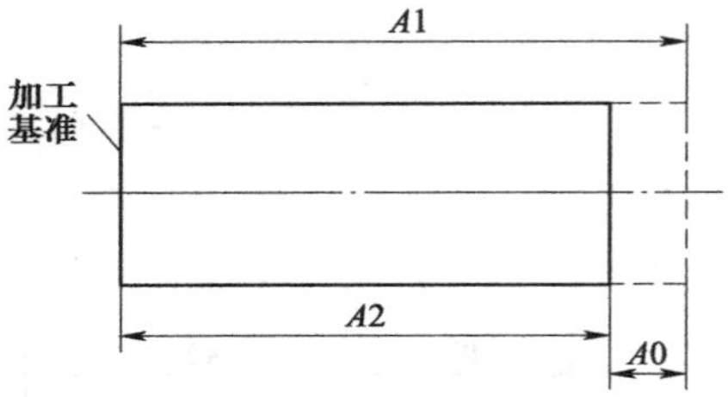

图 2-26　工艺尺寸链零件图（1）

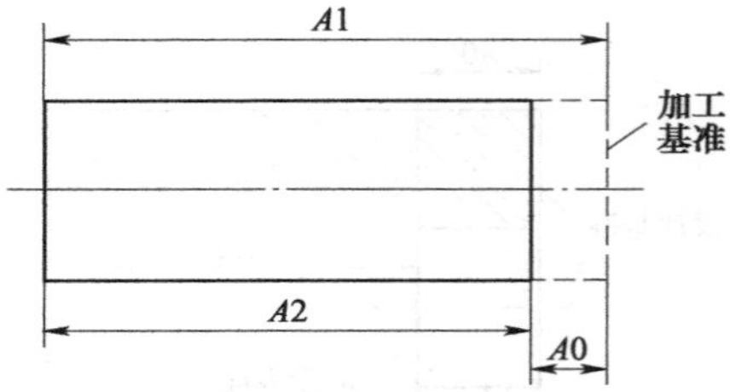

图 2-27　工艺尺寸链零件图（2）

2. 工艺尺寸链画法

绘制工艺尺寸链的首要条件是对产品加工工艺流程清晰，这也是作为一个合格工艺工程师的必要条件。

工艺尺寸链的画法与装配尺寸链类似，第一步是查找封闭环，第二步是查找与该封闭环相关的其他工序的组成环，第三步是建立尺寸链模型。单个工艺尺寸链相对比较简单，但在零件的整个加工工艺中，工艺尺寸链计算的数量相对较多。

## 2.4.3　工艺尺寸链计算示例

如图 2-28 所示，$A0$、$A1$ 为零件尺寸，工艺步骤为：①镗孔至尺寸 $A2$；②插键槽，保证工序尺寸 $A3$；③热处理；④磨内孔至尺寸 $A1$。求解工序 2 中的工序尺寸 $A3$。

依据上一节中“中间工序封闭环查找”的内容，可以确定封闭环为 $A0$，依次查找与该封闭环相关的其他工序的组成环，最终形成尺寸链图如图 2-29 所示。

此尺寸链的计算如下：

计算方程：$A3=A0-A1/2+A2/2$

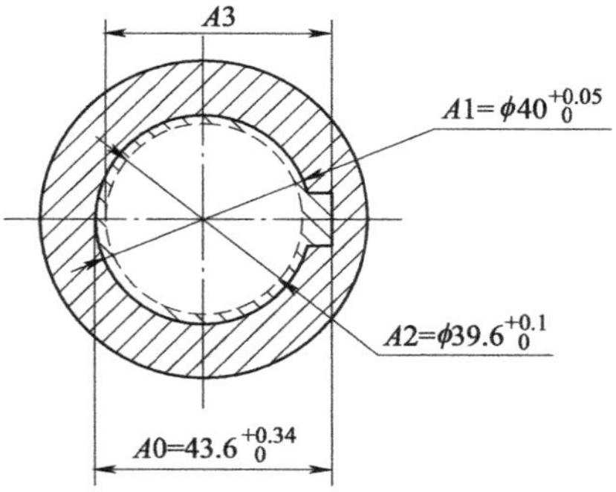


图 2-28　工艺尺寸链零件图

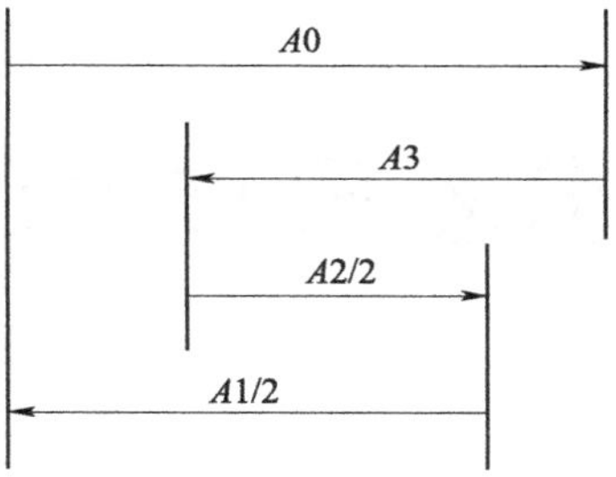


图 2-29　工艺尺寸链图

A3 公称尺寸=(43.6−40/2+39.6/2)mm=43.4mm

A3 上极限偏差=(+0.34−0.05/2+0)mm=+0.315mm

A3 下极限偏差=(0−0+0.1/2)mm=+0.05mm

通过 DCC 软件进行极值法计算结果如图 2-30 所示。

| 编号 | 基本... | 上偏差 | 下偏差 | 增减性 | 公差 | 环类型名 | 传递系数 | 贡献率 | 求解类型 | 分布状态 |
|---|---|---|---|---|---|---|---|---|---|---|
| A1 | 40 | 0.05 | 0 | 增环 | 0.05 | 尺寸环 | 0.50000 | 7.352941% | 已知 | 正态_3西格玛 |
| A2 | 39.6 | 0.1 | 0 | 减环 | 0.1 | 尺寸环 | -0.50000 | 14.705882% | 已知 | 正态_3西格玛 |
| A3 | 43.4 | 0.315 | 0.05 | 增环 | 0.265 | 尺寸环 | 1.00000 | 77.941176% | 求解值 | 正态_3西格玛 |
| A0 | 43.6 | 0.34 | 0 | 闭环 | 0.34 | 尺寸环 | | | 已知 | 正态_3西格玛 |

图 2-30　极值法结果

# 第 3 章

# 几何公差尺寸链计算

## 3.1　几何误差的产生及影响

为保证零件的装配要求和产品的工作性能，通常需要对机械零件的几何要素规定合理的形状、位置、方向等精度（简称几何精度）要求，用以限制其形状、位置和方向等误差。图 3-1a 中给出的零件都是没有误差的理想几何体，但是，由于在加工中机床夹具、刀具和工件所组成的工艺系统本身存在各种误差，以及加工过程中出现受力变形、振动、磨损等各种干扰，致使加工后的零件实际形状和相互位置，与理想几何体的规定形状和线、面相互位置存在差异，这种形状上的差异就是形状误差，而相互位置的差异就是位置误差，统称为几何误差。允许几何误差的极限值称为几何公差⊖。

图 3-1a 为阶梯轴图样，要求 $\phi d_1$ 表面为理想圆柱面，$\phi d_1$ 轴线应与 $\phi d_2$ 左端面相垂直。图 3-1b 为完工后的实际零件，$\phi d_1$ 表面不是一个标准圆柱，$\phi d_1$ 轴线与端面也不垂直，前者称为形状误差，后者称为方向误差。

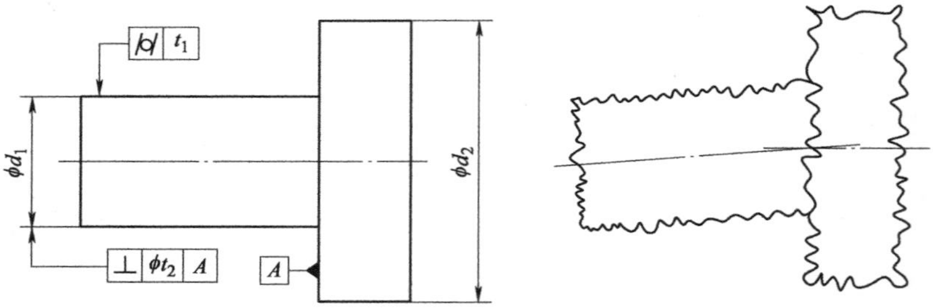


a) 零件理想轮廓　　　　b) 零件实际轮廓

图 3-1　零件的几何误差

零件的几何公差对零件使用性能的影响可归纳为以下三个方面。

1）影响零件的功能要求。例如机床导轨表面的直线度、平面度不好，将影响机床刀架的运动精度。齿轮箱上各轴承孔的位置误差，将影响齿轮传动的齿面接触精度和齿侧间隙。

2）影响零件的配合性质。例如圆柱结合的间隙配合，圆柱表面的形状误差会使间隙大

⊖ 在 DCC 软件中，“几何公差”对应“形位公差”。

小分布不均，当配合件有相对转动时，磨损加快，降低零件的工作寿命和运动精度。

3）影响零件的自由装配性。例如轴承盖上各螺钉孔的位置不正确，在用螺栓紧固时，就有可能影响其自由装配。

总之，零件的几何公差对其工作性能的影响不容忽视，它是衡量机器、设备产品质量的重要指标。因此，尺寸链计算过程中，必须分析零件几何公差的影响，否则，计算结果将不能反映机器、设备装配及运行的实际状况。

## 3.2　几何公差的分类及标注

几何公差的特征、符号见表 3-1。几何公差可分为形状公差、方向公差、位置公差和跳动公差。其中形状公差是对单一要素提出的要求。因此，无基准要求。方向公差、位置公差是对关联要素提出的要求，因此，在大多数情况下有基准要求。

**表 3-1　几何公差的特征、符号**（摘自 GB/T 1182—2018）

| 公差类型 | 几何特征 | 符号 | 有无基准 |
|---|---|---|---|
| 形状公差 | 直线度 | ⏤ | 无 |
| | 平面度 | ⏥ | 无 |
| | 圆度 | ○ | 无 |
| | 圆柱度 | ⌭ | 无 |
| | 线轮廓度 | ⌒ | 无 |
| | 面轮廓度 | ⌓ | 无 |
| 方向公差 | 平行度 | // | 有 |
| | 垂直度 | ⊥ | 有 |
| | 倾斜度 | ∠ | 有 |
| | 线轮廓度 | ⌒ | 有 |
| | 面轮廓度 | ⌓ | 有 |
| 位置公差 | 位置度 | ⌖ | 有或无 |
| | 同轴度 | ◎ | 有 |
| | 同心度 | ◎ | 有 |
| | 对称度 | ⌯ | 有 |
| | 线轮廓度 | ⌒ | 有 |
| | 面轮廓度 | ⌓ | 有 |
| 跳动公差 | 圆跳动 | ↗ | 有 |
| | 全跳动 | ⌰ | 有 |

## 3.3　公差原则与公差要求

零件的同一被测要素既有尺寸公差要求，又有几何公差要求，处理两者之间关系的原则，称为公差原则。按几何公差和尺寸公差有无关系，将公差原则分为独立原则和相关要求，相关要求包含包容要求（Ⓔ）、最大实体要求（Ⓜ）、最大实体可逆要求（ⓂⓇ）、最小实体要求（Ⓛ）和最小实体可逆要求（ⓁⓇ）。

### 3.3.1 独立原则

独立原则是尺寸公差和几何公差相互关系遵循的基本原则。图样上给定的尺寸公差与几何公差的要求是相互独立的，应分别满足要求。

图 3-2 为独立原则的示例，轴的尺寸公差仅控制轴的局部实际尺寸，不控制轴的形状误差。轴的局部实际尺寸应在上极限尺寸与下极限尺寸之间，即 $\phi149.96\sim\phi150$mm，采用两点法测量（卡尺法）；轴的素线直线度误差不得超过 0.02mm，轴的圆度误差不得超过 0.015mm。

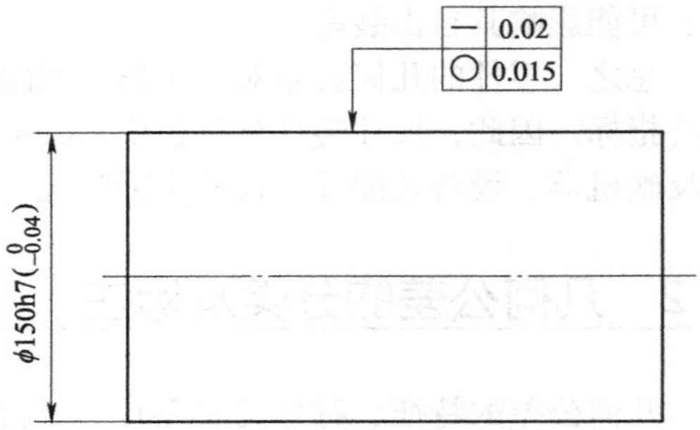


图 3-2 独立原则

独立原则一般用于对零件的几何公差有独特功能要求的场合。例如，机床导轨的直线度公差、平行度公差，检验平板的平面度公差等。

### 3.3.2 包容要求

包容要求适用于单一要素，如圆柱表面或两平行表面。采用包容要求的单一要素，应在极限偏差或尺寸公差带代号之后加注符号Ⓔ，如图 3-3 所示。包容要求表示提取组成要素不得超越其最大实体边界（MMB），其局部实际尺寸不得超出最小实体尺寸（LMS）。

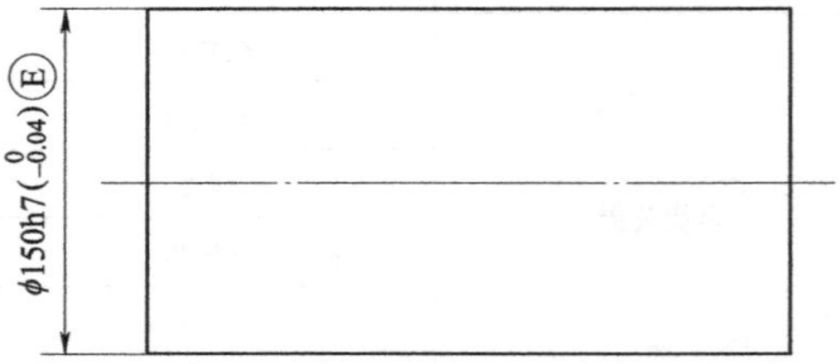


图 3-3 包容要求

包容要求常常用于精密装配中有配合性质要求的场合，若配合的轴、孔均采用包容要求，则不会因为轴、孔的形状误差影响配合。

### 3.3.3 最大实体要求

最大实体要求适用于中心要素有几何公差要求的情况。它是控制被测要素的实际轮廓处于其最大实体实效边界（即尺寸为最大实体实效尺寸的边界）之内的一种公差要求。当其实际尺寸偏离最大实体尺寸时，允许其中心要素的几何误差值超出给出的公差值。最大实体要求既适用于被测要素也适用于基准要素，此时应在图样上标注符号Ⓜ。

如图 3-4 与图 3-5 所示的零件相配合，而且要求轴装入孔内时两基准面接触。

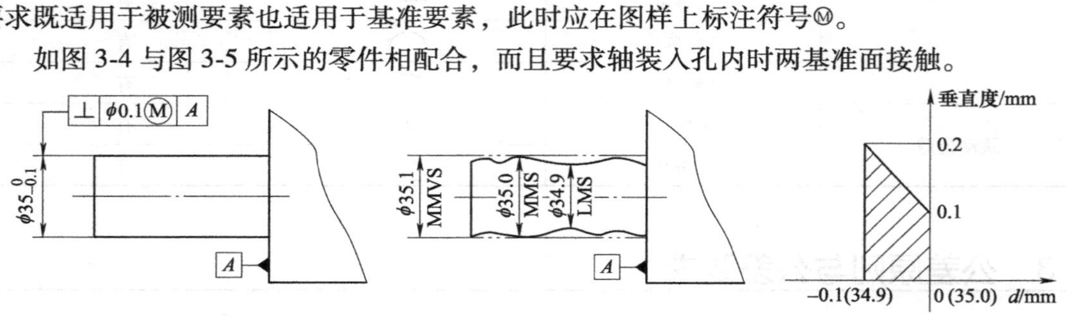


a) 图样标注　　b) 解释　　c) 动态图

图 3-4 轴类尺寸最大实体要求示例

图样解读：图中轴线的垂直度公差是在轴实际（组成）要素为其最大实体状态（MMC）时给定的，当轴实际（组成）要素为最小实体状态（LMC）时，其轴线垂直度误差允许达到的最大值可为图中给定的轴线垂直度（$\phi$0.1mm）与该轴的尺寸公差（0.1mm）之和，即0.2mm；若该轴处于最大实体状态（MMC）与最小实体状态（LMC）之间，其垂直度公差在 $\phi$0.1 ~ $\phi$0.2mm 之间变化。

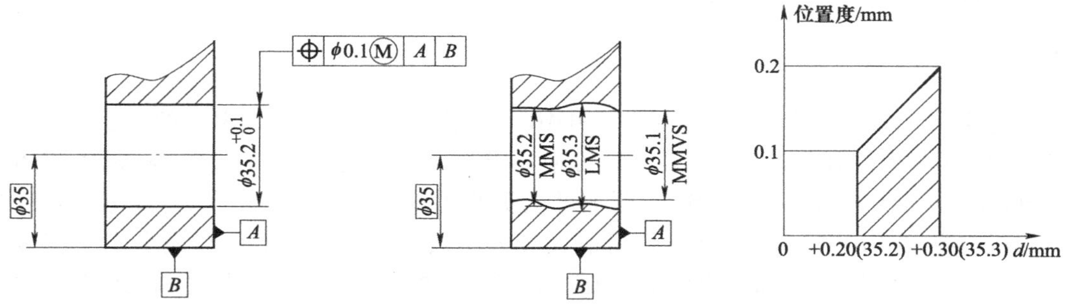

a) 图样标注　　b) 解释　　c) 动态图

图 3-5　孔类尺寸最大实体要求示例

图样解读：图中轴线的位置度公差在轴实际（组成）要素为最大实体状态（MMC）时给定的，在孔实际（组成）要素为最小实体状态（LMC）时，其轴线位置度误差允许达到的最大值可为图中给定的轴线位置度（$\phi$0.1mm）与该孔的尺寸公差（0.1mm）之和，即0.2mm；若该孔处于最大实体状态（MMC）与最小实体状态（LMC）之间，其位置度公差在 $\phi$0.1 ~ $\phi$0.2mm 之间变化。

## 3.3.4　最小实体要求

最小实体要求适用于中心要素有几何公差要求的情况。最小实体要求是控制被测要素的实际轮廓处于其最小实体实效边界之内的一种公差要求。当其实际尺寸偏离最小实体尺寸时，允许其几何误差值超出给出的公差值。

如图 3-6 所示，图中示例只为更好理解最小实体要求的规则（图中标注不全，不能控制

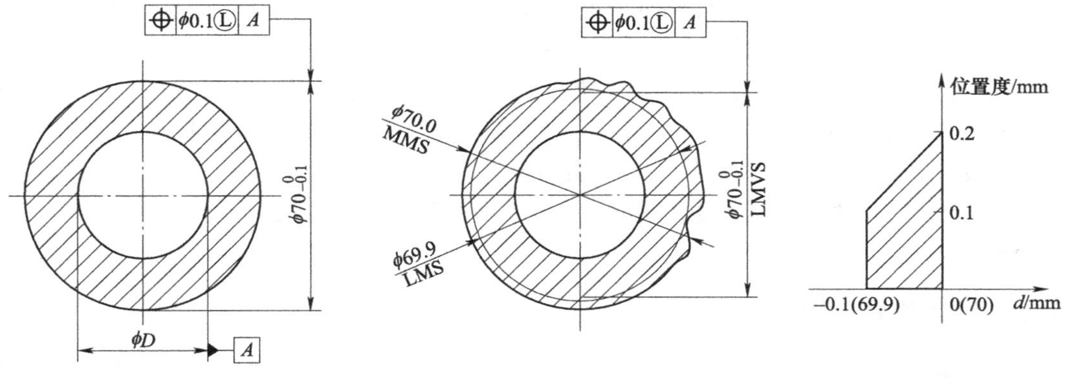

a) 图样标注　　b) 解释　　c) 动态图

图 3-6　轴、孔类尺寸最小实体要求示例

最小壁厚)，对图中标注最小实体要求的理解如下：图中轴线的位置度公差是该轴尺寸为最小实体状态（LMC）时给定的，轴线的位置度公差规定为零，即该尺寸要素为最小实体状态（LMC）时，不允许有轴线位置度误差；若该轴为最大实体（MMC）状态时，其轴线位置度误差允许达到的最大值可为图中给定的轴线直线度公差（$\phi$0.1mm）与该轴的尺寸公差（0.1mm）之和，即 0.2mm；若该轴处于最大实体状态（MMC）与最小实体状态（LMC）之间时，其位置度公差在 $\phi$0~$\phi$0.2mm 之间变化。

### 3.3.5 可逆要求

可逆要求（RPR）是最大实体要求（MMR）或最小实体要求（LMR）的附加要求，在图样上用符号Ⓡ标注在Ⓜ或Ⓛ之后表示。可逆要求仅用于注有公差的要素。在最大实体要求（MMR）或最小实体要求（LMR）附加可逆要求（RPR）后，改变了尺寸要素的尺寸公差。用可逆要求（RPR）可以充分利用最大实体实效状态（MMVC）和最小实体实效状态（LMVC）的尺寸。在制造可能性的基础上，可逆要求（RPR）允许尺寸和几何公差之间互相补偿。

## 3.4 几何公差计算原理

尺寸链计算时，假定参与尺寸链计算的零件上的点、线、面是刚性的，且尺寸链通过刚性接触传递。由于几何公差反映的是零件几何特征的点、线、面的实际形状或相互位置与理想几何体的形状和相互位置之间的差异，那这些差异就会影响尺寸链中的相互位置关系，即影响产品质量及性能。尺寸链计算时，几何公差的影响体现在以下五个方面。

1）独立位置公差确定零件接触的实际边界，即尺寸链传递中的点、线、面，在尺寸链计算过程处理方式为独立位置公差修正理论接触界限。如“理论尺寸+位置度”、“理论尺寸+轮廓度”的标注方式等。

2）形状公差、方向公差导致接触面交错入体。交错入体导致两零件接触面重叠，即一个零件插入到另外一个零件内部，在尺寸链计算时重叠量由相应的形状公差、方向公差的大小确定。

3）两个零件装配后，其零件特征有相对角度（或方向）要求时，在对该角度（或方向）进行尺寸链计算时，需要考虑零件上相关的方向公差。

4）尺寸链计算中，实体要求可能导致相关被测要素的等效尺寸边界发生变化，其中，等效尺寸边界可根据实体要求的相关规则进行计算。如被测要素有实体要求会导致尺寸检测范围发生变化，导出要素（基准尺寸）有实体要求时尺寸的基准可能会允许发生偏移。

5）对于面轮廓度、线轮廓度、跳动、全跳动等几何公差，应根据不同要求，按 1)~4) 分别处理。

### 3.4.1 独立位置公差

独立原则下的位置公差是通过位置公差来限定目标要素的相对位置，当尺寸链从基准要素传递到目标要素时，此时的位置公差将决定目标要素的相对位置。

如图 3-7 所示，上侧盖板与下侧底座通过孔轴（凸台）配合定位，孔轴（凸台）配合性质为间隙配合。求装配后的最大间隙。

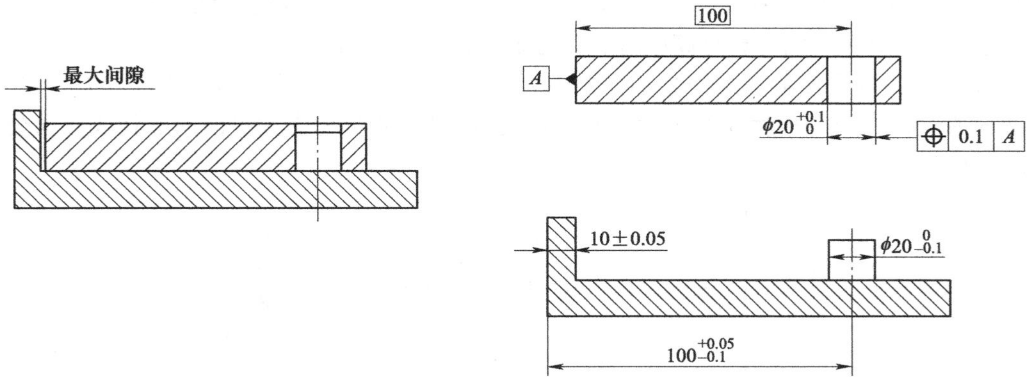


图 3-7　独立位置公差案例

分析：① 最大间隙应理解为“最大间隙状态”下的间隙，图 3-7 中最大间隙状态应为盖板“右移”到极限状态，即盖板孔左边界与凸台左边界接触。

② 盖板孔中心的位置度（0. 1mm）可等效表示为（100±0. 05）mm。

③ 独立原则下，位置公差也可作为尺寸链计算中独立的一个组成环，如图 3-8 所示。

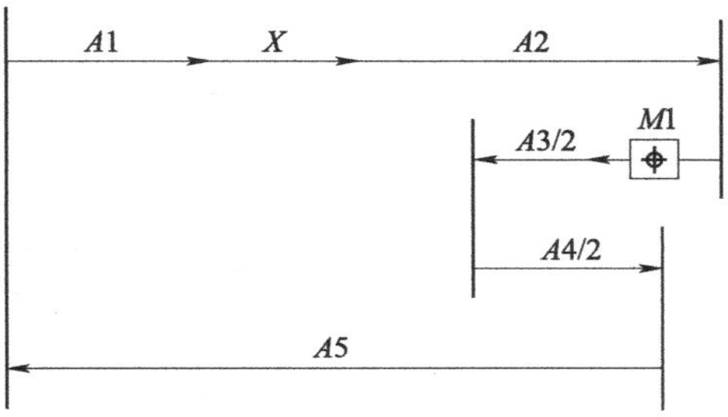


图 3-8　位置公差作为独立组成环示例

### 3. 4. 2　形状、方向公差入体

由于形状公差、方向公差的影响，零件表面总是凹凸不平，凸出部分可认为是高点，凹入部分可认为是低点。当不同零件通过平面接触装配时，它们通常不是最高点接触，而是高低点相互交错接触。但是，对于接触的两平面，尺寸链传入尺寸和传出尺寸往往使用零件的外尺寸，即测量时使用的是各自的高点尺寸，这就导致尺寸链模型和实际接触模型存在差异。对于这一差异，若产品装配精度要求较低时，无需对零件表面形状及方向公差提出要求，尺寸链计算时可忽略；若产品装配精度要求较高时，需对零件表面形状及方向公差提出相应要求，尺寸链计算时可通过方向公差、形状公差“入体”的方式，来修正尺寸链模型和实际接触模型存在的差异。方向公差、形状公差“入体”的判定规则如下。

原则一（通过规则）：

如图 3-9 所示，零件一的 *B* 面与零件二的 *C* 面接触装配，此时：

① 若 *A*、*B*、*C*、*D* 面均有平面度要求，则计算总高度时，仅考虑 *B* 面或 *C* 面的形状和方向

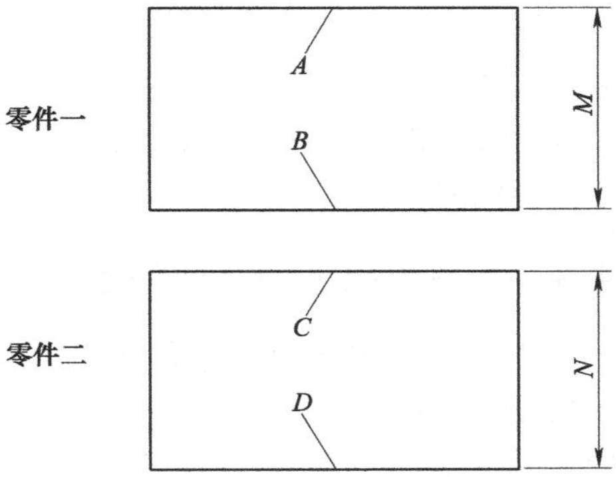


图 3-9　装配示意图

公差。

② 若 $A$、$B$、$D$ 面有平面度要求，则计算总高度时，仅考虑 $B$ 的形状和方向公差；若 $A$、$C$、$D$ 有平面度要求，则计算总高度时，仅考虑 $C$ 的形状及方向公差。

原则二：当两个接触面面积大小异差不大时，“入体”考虑较小的形状或方向公差，如图 3-10a 所示；当两个接触面面积大小差异较大时，“入体”考虑大平面的形状或方向公差，如图 3-10b 所示。

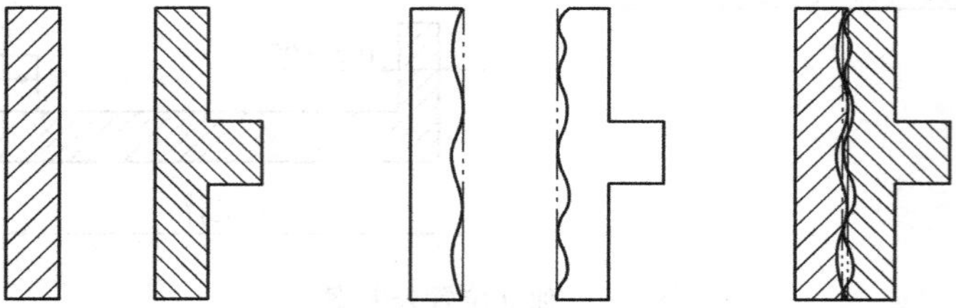

a) 面积相等零件表面凹凸相错接触

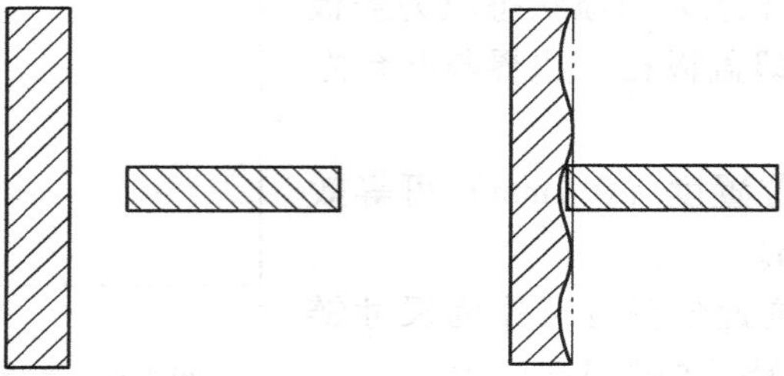

b) 面积差异较大零件表面凹凸相错接触

图 3-10　平面接触示意图

### 3.4.3　方向公差影响角度目标

如图 3-11 所示，某型号燃气轮机的多级叶轮之间通过如下图中的结构配合完成装配，装配完成后，需控制后级叶轮相对于前级叶轮的跳动度，以保证燃气轮机的性能要求。

如图 3-12 所示，每一级叶轮的两侧端面相对于轴向都有垂直度要求，装配后，前后级叶轮的端面贴紧后，端面的垂直度误差会造成后级叶轮轴线偏离前级叶轮轴线，即两级叶轮轴线存在一定的角度偏离。

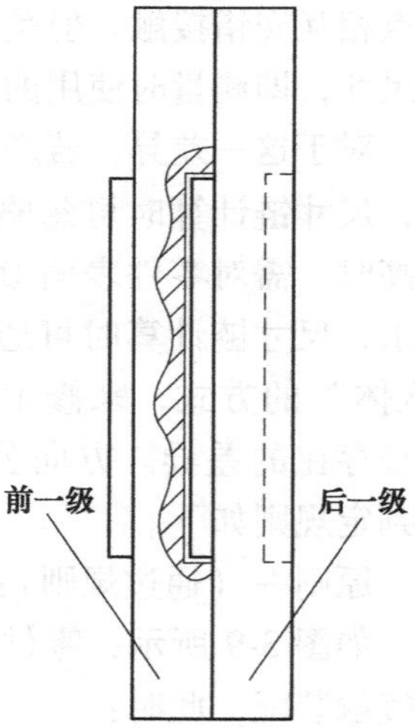


图 3-11　燃气轮机叶轮配合示意图

### 3.4.4　相关要求下的几何公差

1）当尺寸链从基准要素传递到注有公差的要素时，若注有公差的要素上的几何公差标注有相关要求，应结合注有公差的要素的导出尺寸对几何公差进行综合处理。

如图 3-13a 所示，分析零件边缘小孔与外圆形成的壁厚，零件尺寸标注如图 3-13b 所示。

对零件结构进行分析，尺寸链传递示意图如图 3-14 所示。其中 $\phi$100mm 孔轴线与 $\phi$16mm 孔轴线之间允许的偏移量由 $\phi$100mm 孔的位置度控制，尺寸链计算时，该偏移量应与组成环 1（$\phi$100mm 孔半径）综合处理；同理 $\phi$8mm 孔理论中心与实际中心的偏移量应与组成环 3（$\phi$8mm 孔半径）综合处理。

2）当尺寸链从零件一个要素传递到另外一个要素，且这两个要素同基准时，若任一要素上的几何公差标注有相关要求，均应结合该要素的导出尺寸和几何公差进行综合处理。

同时，若两个要素同基准体系，它们之间不存在基准偏移；若两个要素不同基准体系，它们之间存在基准偏移。

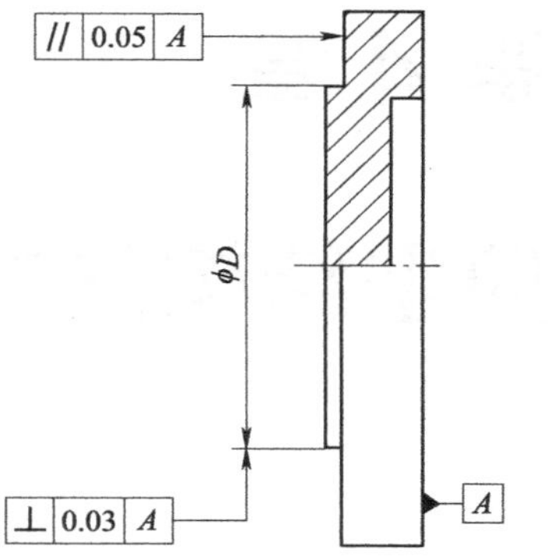


图 3-12　每一级叶轮的几何公差要求

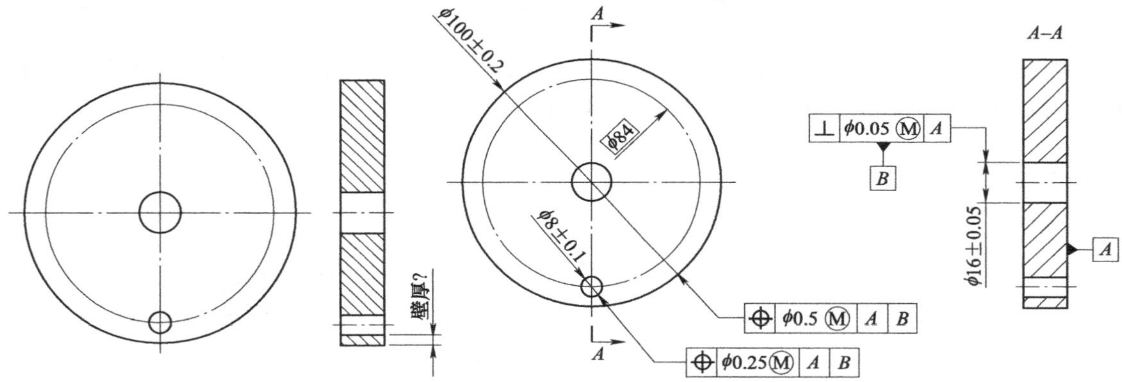


图 3-13　相关要求示意

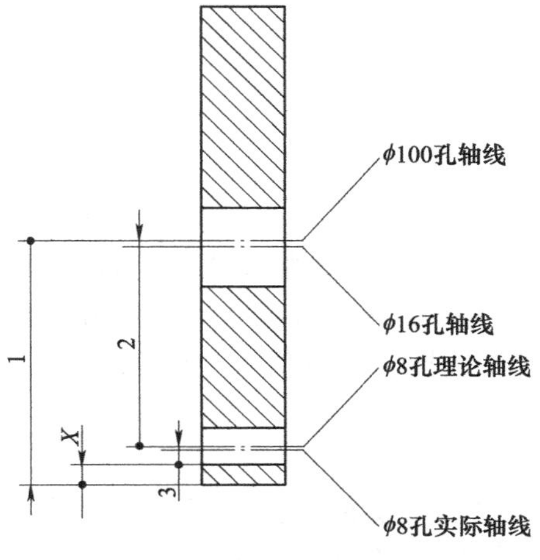


图 3-14　尺寸链传递示意图

# 第 4 章 典型结构尺寸链计算技巧

04

## 4.1 球面相切结构尺寸链计算

如图 4-1 所示定位器，滚珠在弹簧力作用下紧靠右侧（图中未画出弹簧），能否保证滚珠突出套筒端面的距离 $X$ 在 1.3~1.6mm 范围内？

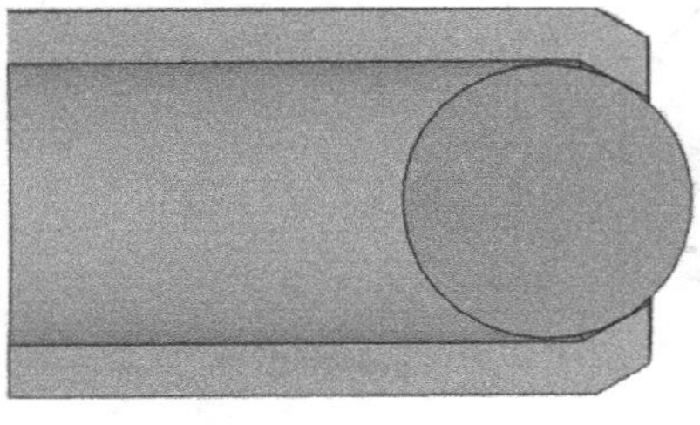

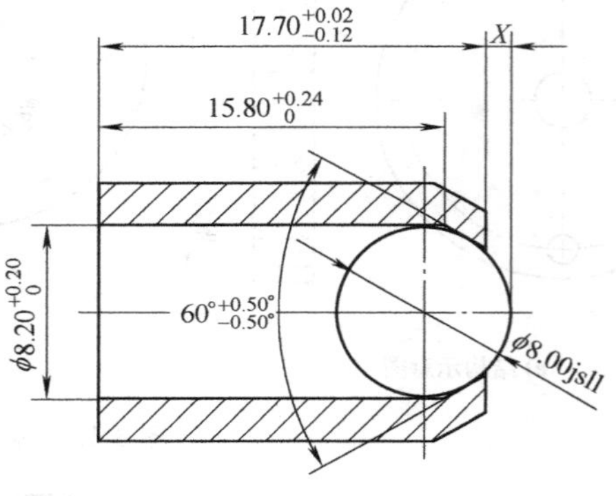


图 4-1　装配示意图

### 分析计算

1. 确定闭环

滚珠凸出套筒右端面距离（设为 $X$）为此尺寸链中的封闭环。单击 DCC 软件中的“尺寸环”，在绘图区域绘制一个尺寸环，双击该尺寸环，弹出尺寸环对话框如图 4-2 所示，在“表达”中输入“$X$”，求解类型选择“求解值”，在环属性中选择“闭环”，单击“确定”即可。

2. 查找组成环，画尺寸链图

① 从 $X$ 左端查找组成环，先找到套筒总长度 17.7mm，单击“尺寸环”，接着封闭环 $X$ 左端点绘制一个尺寸环，双击该尺寸环弹出尺寸环对话框如图 4-3 所示，“表达”中输入 A1，“基本尺寸”输入 17.7mm，“上偏差”输入 0.02(mm)，“下偏差”输入−0.12(mm)，单击“确定”。

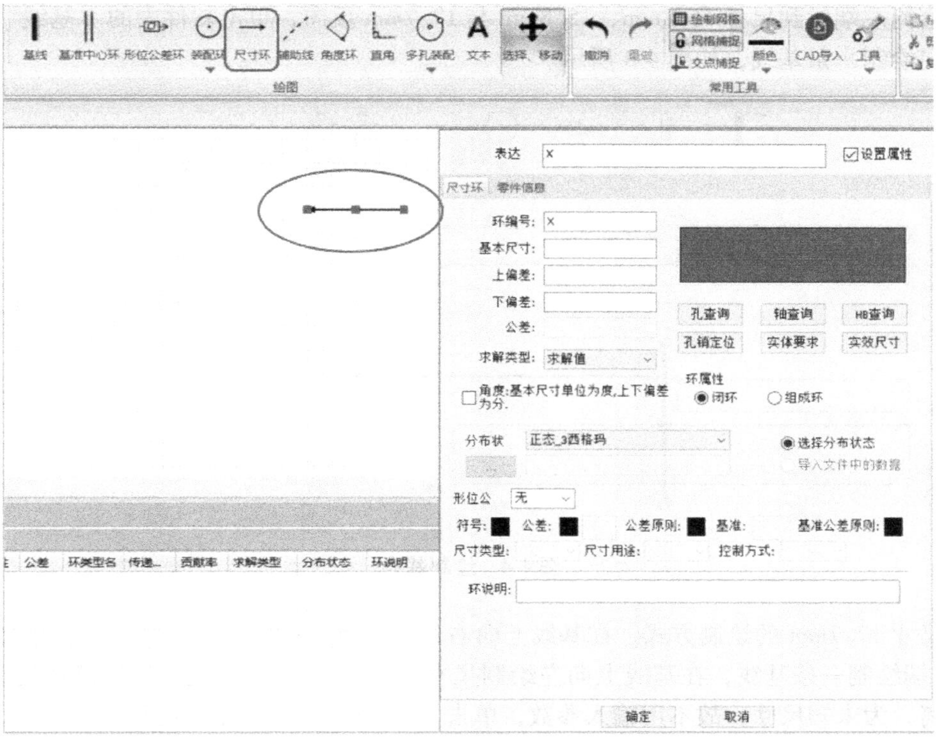


图 4-2　绘制闭环

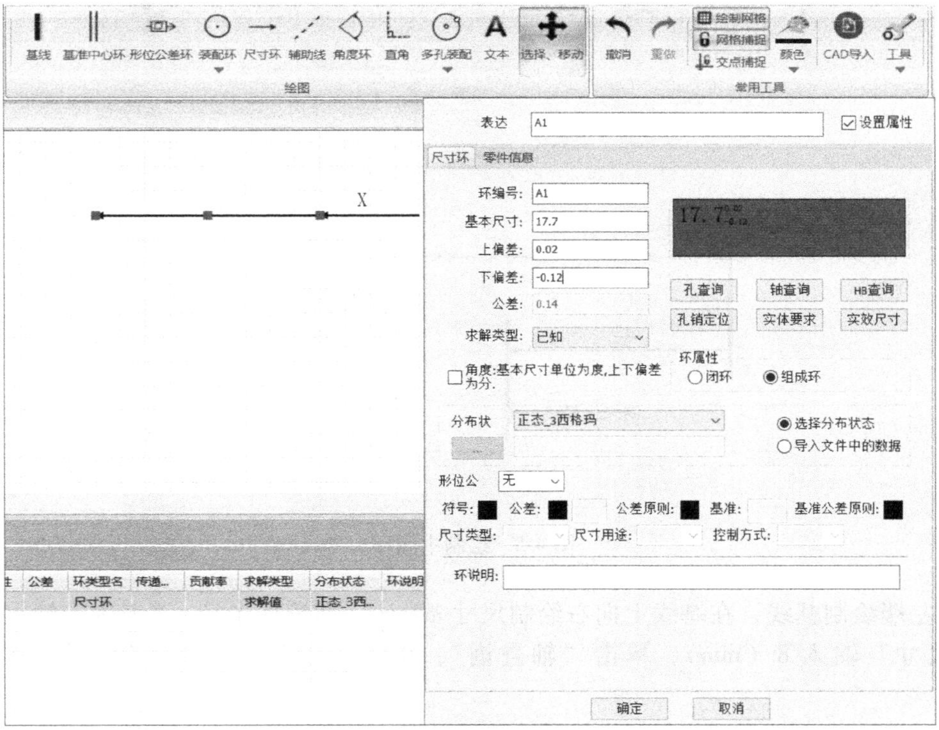


图 4-3　绘制尺寸环

从套筒左端找到尺寸15.8mm，15.8mm与17.7mm反向，单击软件中的“基线”，在*A*1左端竖向绘制一条基线，如图4-4所示。

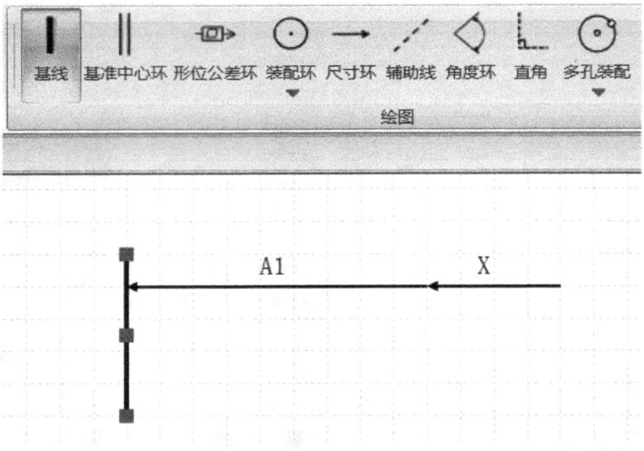


图4-4　绘制基线

按尺寸17.7mm的绘制方式，在基线上向右绘制尺寸15.8(mm)，“表达”命名为*A*2。在*A*2右端绘制一条基线，在基线上向左绘制尺寸环*P*1，*P*1为套筒起锥点沿轴向至滚珠球心的距离，为未知尺寸，故不用输入参数，单击〈Enter〉即可，如图4-5所示。

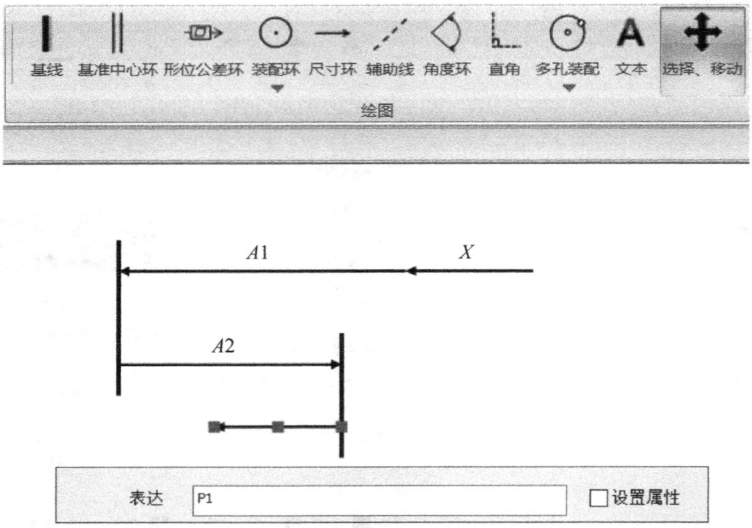


图4-5　绘制中间环

*P*1左端绘制基线，在基线上向右绘制尺寸$\phi$4mm，即滚珠半径，“表达”输入*D*1/2，“基本尺寸”输入8（mm），单击“轴查询”，单击“js11”，单击“确定”，如图4-6所示。

在尺寸环*D*1/2的右端绘制基线将尺寸链图封闭，形成封闭的尺寸链图，如图4-7所示。

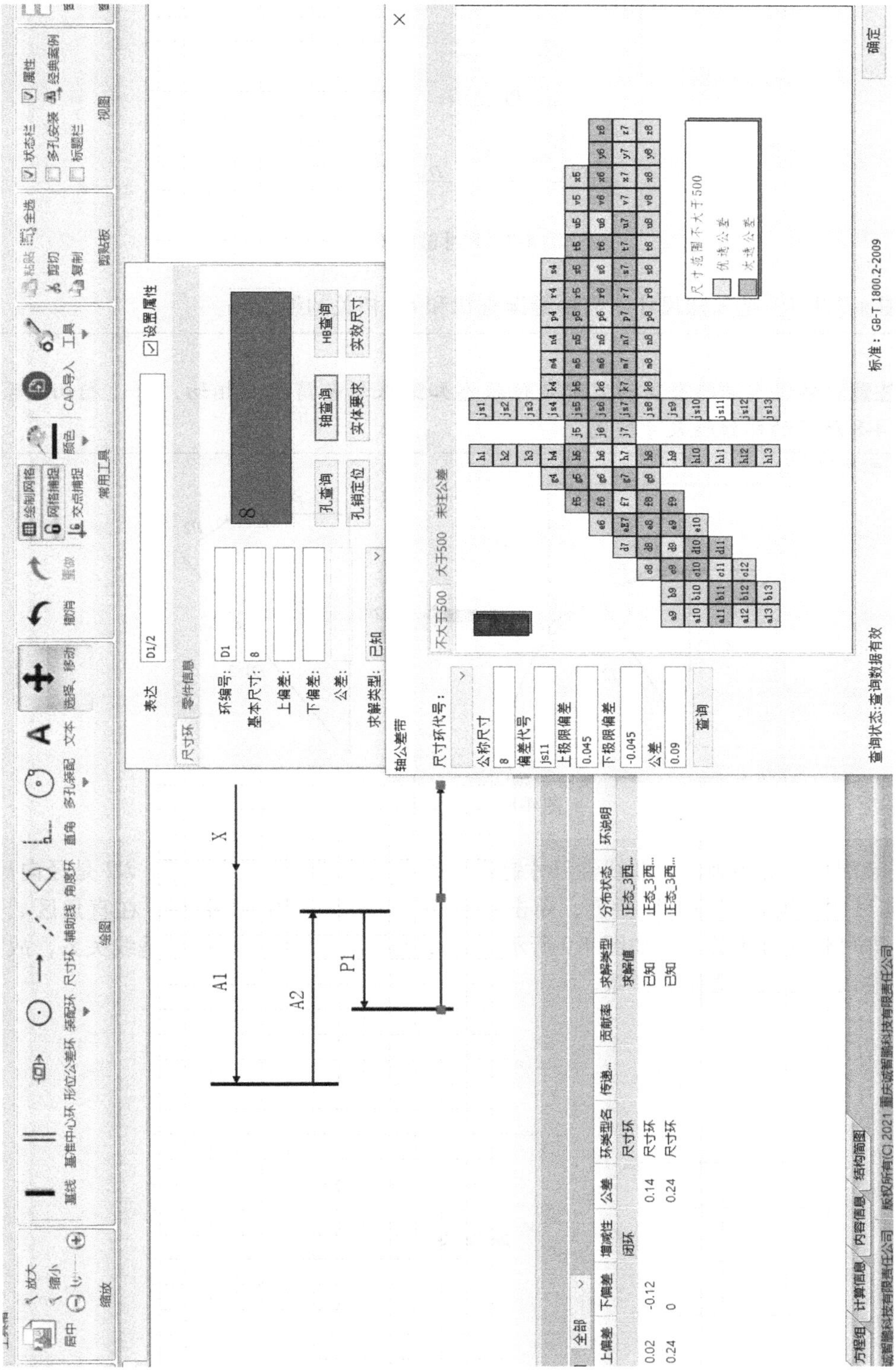

图 4-6　公差查询

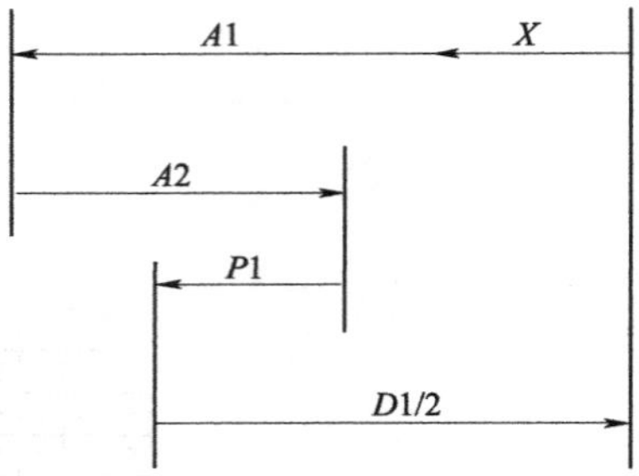


图 4-7　尺寸链图 1

② 图 4-7 中 P1 是未知尺寸，需要继续查找和 P1 相关的组成环。

> **注意：** 依据滚珠与套筒的装配定位状态知滚珠与套筒锥面相切，通过相切关系得到如图 4-8 所示的非线性尺寸链图。

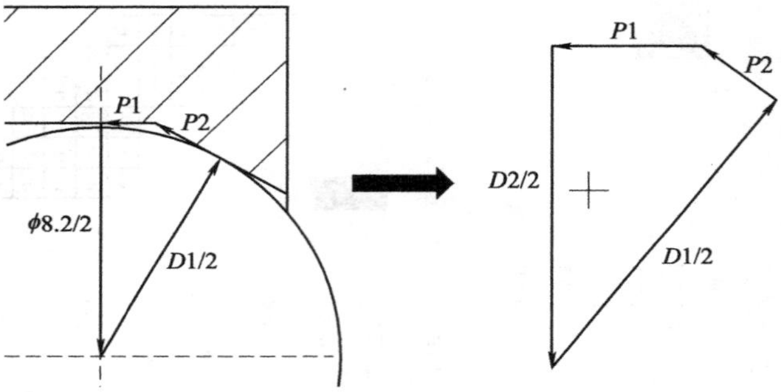


图 4-8　尺寸链图 2

依据装配尺寸链的画法，非线性尺寸链需要确定尺寸环间的角度关系，D2 是径向尺寸，P1 是轴向尺寸，故 D2/2 和 P1 垂直，单击“直角”，再点选 P1 和 D2/2，在直角区域内单击鼠标，即可建立直角关系，如图 4-9 所示。D1/2 与 P2 之间输入圆的切垂线关系，故两者也垂直，按以上方式建立垂直关系。

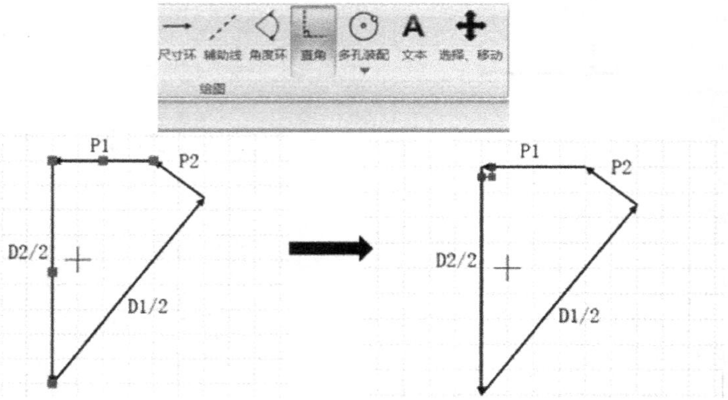


图 4-9　非线性尺寸链图

*P*2 与水平线之间的角度为 60°/2，单击“辅助线”按绘制尺寸环的方式绘制一条水平辅助线，如图 4-10 所示。

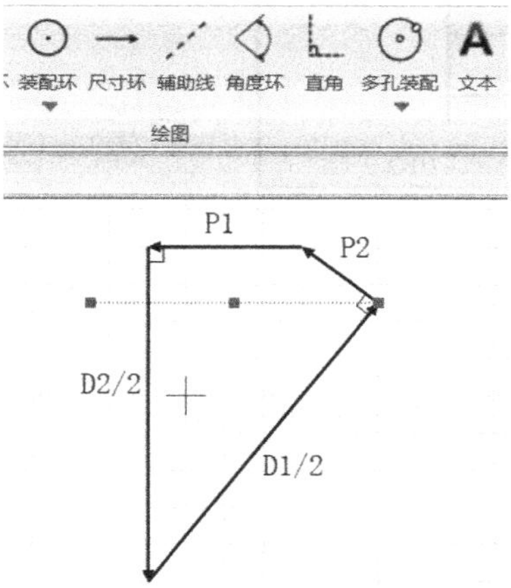


图 4-10　尺寸链图

单击“角度环”，按绘制直角关系的方式在 *P*2 和水平辅助线之间绘制一个角度，双击绘制的角度环，弹出角度环对话框，按图 4-11 输入参数，单击“确定”。

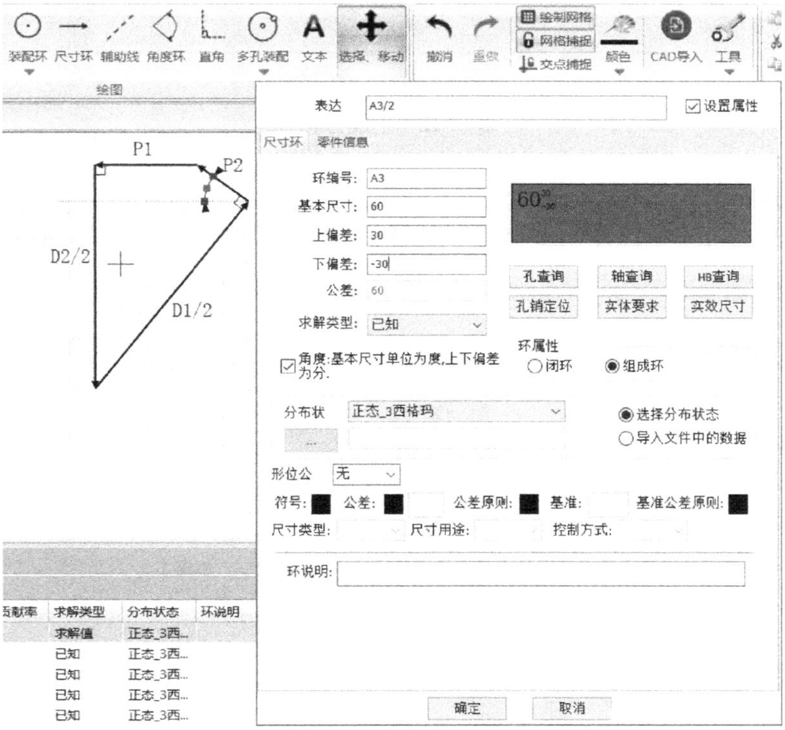


图 4-11　角度输入

3. 生成方程

在绘图区域右击鼠标，选择“生成所有方程组”，弹出对话框，单击执行，再单击关闭，如图 4-12 所示。

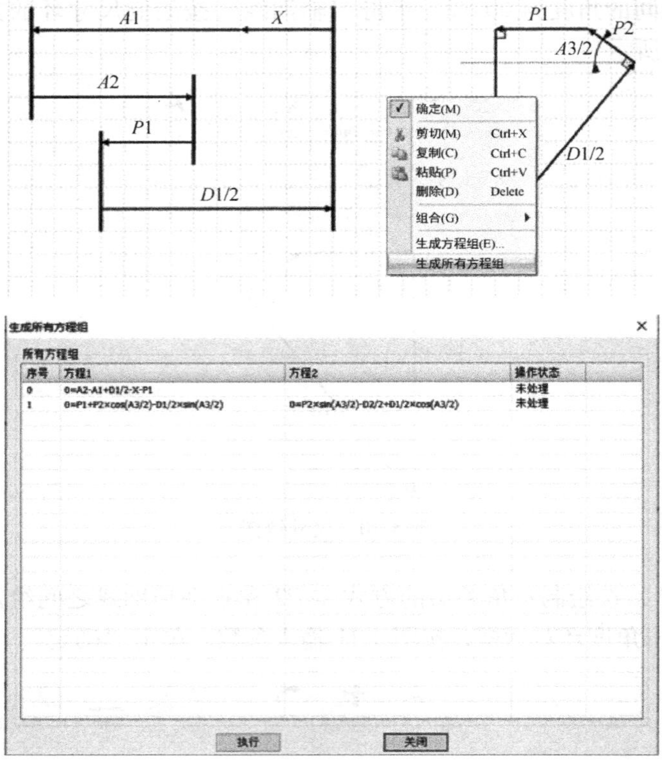


图 4-12　生成方程

4. 选择计算方法

单击软件左上角“环计算” 环计算 ，选择极值法、概率法进行计算，如图 4-13 所示。

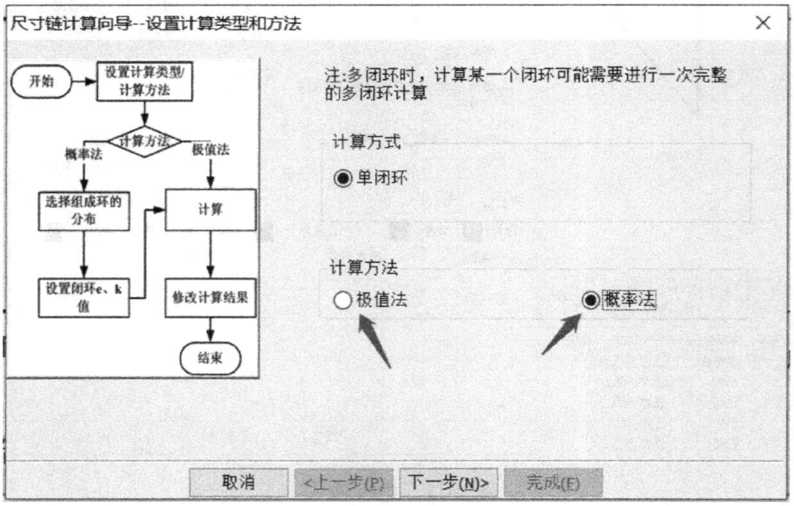


图 4-13　计算方法

极值法、概率法及仿真法的计算结果图 4-14 和图 4-15 所示。

| 编 / | 基本尺寸 | 上偏差 | 下偏差 | 增减性 | 公差 | 环类型名 | 传递系数 | 贡献率 | 求解类型 | 分布状态 |
|---|---|---|---|---|---|---|---|---|---|---|
| X | 1.20141 | 0.56891 | -0.05325 | 闭环 | 0.62217 | 尺寸环 | | | 求解值 | 正态_3西格玛 |
| A1 | 17.7 | 0.02 | -0.12 | 减环 | 0.14 | 尺寸环 | -1.000000 | 22.566% | 已知 | 正态_3西格玛 |
| A2 | 15.8 | 0.24 | 0 | 增环 | 0.24 | 尺寸环 | 1.000000 | 38.685% | 已知 | 正态_3西格玛 |
| A3 | 60 | 30 | -30 | 减环 | 60 | 角度环 | -0.022197 | 3.578% | 已知 | 正态_3西格玛 |
| D1 | 8 | 0.045 | -0.045 | 减环 | 0.09 | 尺寸环 | -0.500000 | 7.253% | 已知 | 正态_3西格玛 |
| D2 | 8.2 | 0.2 | 0 | 增环 | 0.2 | 尺寸环 | 0.866030 | 27.918% | 已知 | 正态_3西格玛 |

图 4-14　极值法结果

| 编 / | 基本尺寸 | 上偏差 | 下偏差 | 增减性 | 公差 | 环类型名 | 传递系数 | 贡献率 | 求解类型 | 分布状态 |
|---|---|---|---|---|---|---|---|---|---|---|
| X | 1.45801 | 0.16568 | -0.16568 | 闭环 | 0.33136 | 尺寸环 | | | 求解值 | 正态_3西格玛 |
| A1 | 17.7 | 0.02 | -0.12 | 减环 | 0.14 | 尺寸环 | -1.000000 | 17.851% | 已知 | 正态_3西格玛 |
| A2 | 15.8 | 0.24 | 0 | 增环 | 0.24 | 尺寸环 | 1.000000 | 52.460% | 已知 | 正态_3西格玛 |
| A3 | 60 | 30 | -30 | 减环 | 60 | 角度环 | -0.023942 | 0.522% | 已知 | 正态_3西格玛 |
| D1 | 8 | 0.045 | -0.045 | 减环 | 0.09 | 尺寸环 | -0.500000 | 1.844% | 已知 | 正态_3西格玛 |
| D2 | 8.2 | 0.2 | 0 | 增环 | 0.2 | 尺寸环 | 0.866030 | 27.323% | 已知 | 正态_3西格玛 |

图 4-15　概率法结果

单击左上角“仿真分析” 仿真计算 ，计算现有设计的合格率情况，仿真结果如图 4-16 所示。

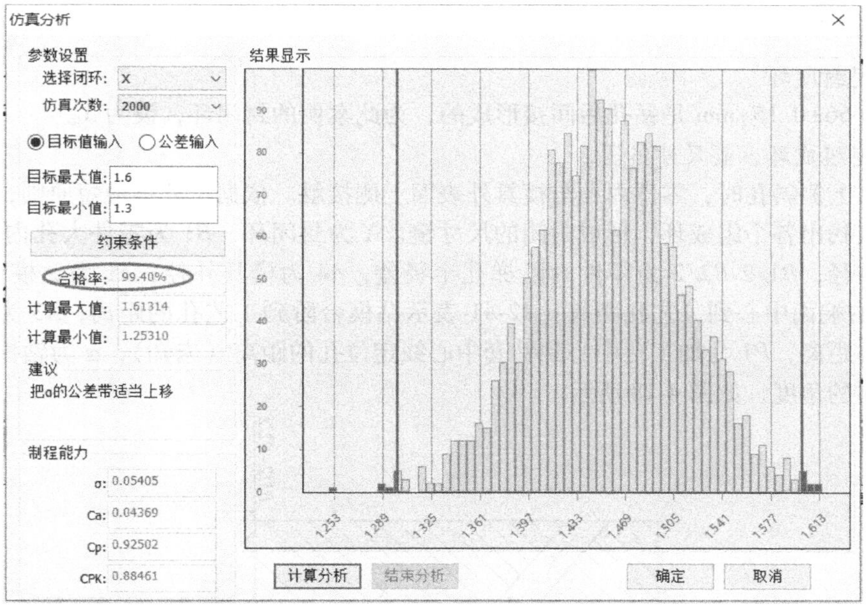


图 4-16　仿真法结果

综上可知极值法结果稍有超差，概率法和仿真法结果基本满足产品的技术要求。因此，在实际生产中可能会出现超差，但出现的概率极低。

## 4.2　模具尺寸公差分配

本案例关于模具设计，是一个典型的平面尺寸链计算和公差设计案例。

如图 4-17 所示是参数设计钻模具结构图，用来加工零件内壁斜孔，判断零件内壁斜孔中心到端面距离能否满足（66±0.15）mm 的技术要求。

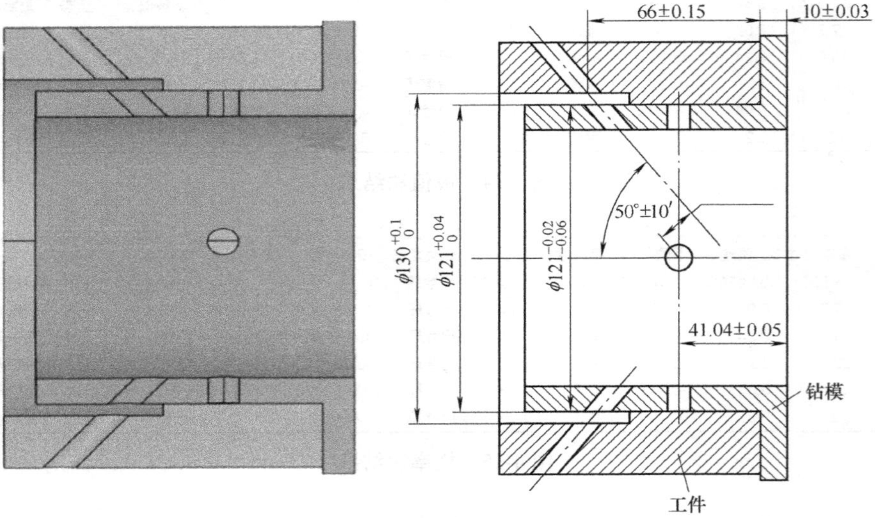


图 4-17　参数设计钻模具结构图

## 分析计算

1. 确定封闭环

尺寸（66±0.15）mm 是钻孔后间接形成的，为此案例的封闭环，设为 $X$。

2. 确定组成环，画尺寸链图。

在加工上侧斜孔时，零件内孔与模具外表面上侧接触。依据尺寸链最短原则，沿着闭环的一端依次找出各个组成环，形成封闭的尺寸链。$X$ 为封闭环，$B1$ 为零件大孔内径，$B2$ 为零件小孔内径，$B1/2$-$B2/2$ 为零件内阶梯孔半径差，$A4$ 为模具外径，$A1$ 为钻模台阶厚度，$A2$ 为钻模右端面中心到工艺孔距离，$A2$-$A1$ 表示钻模台阶到工艺孔的距离，$A3$ 为工艺孔到钻套孔中心距离，$P1$ 为加工孔中心到钻套中心线定位孔的距离（未知），$\alpha$ 为钻模孔中心线与水平方向的角度，如图 4-18 所示。

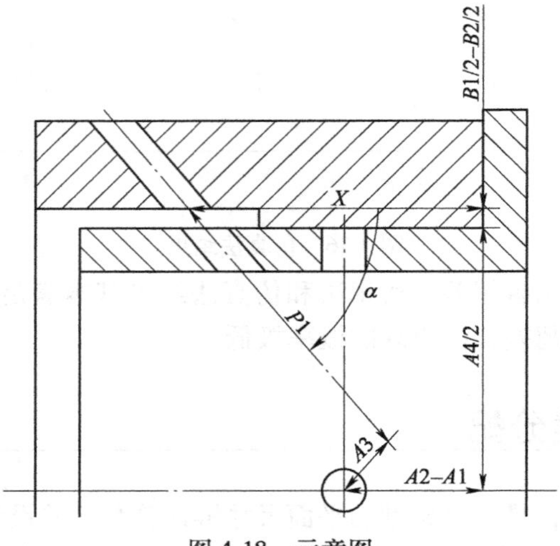


图 4-18　示意图

参照上个案例的操作方式绘制尺寸链图（图 4-19），且各环属性的设置如图 4-20 所示。

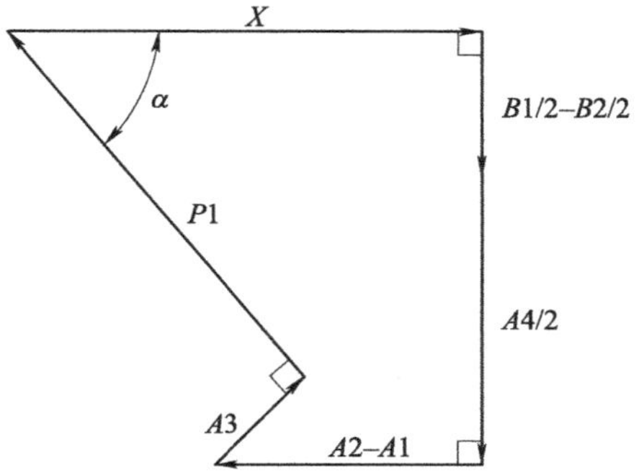


图 4-19　尺寸链图

| 编号 | 基本尺寸 | 上偏差 | 下偏差 | 增减性 | 公差 | 环类型名 | 传递系数 | 贡献率 | 求解类型 | 分布状态 |
|---|---|---|---|---|---|---|---|---|---|---|
| A1 | 10 | 0.03 | -0.03 | | 0.06 | 尺寸环 | | | 已知 | 正态_3西格玛 |
| A2 | 41.05 | 0.05 | -0.05 | | 0.1 | 尺寸环 | | | 已知 | 正态_3西格玛 |
| A3 | 15 | 0.05 | -0.05 | | 0.1 | 尺寸环 | | | 已知 | 正态_3西格玛 |
| α | 50.0 | 10 | -10 | | 20 | 角度环 | | | 已知 | 正态_3西格玛 |
| B1 | 130.0 | 0.1 | 0.0 | | 0.1 | 尺寸环 | | | 已知 | 正态_3西格玛 |
| B2 | 121.0 | 0.04 | 0.0 | | 0.04 | 尺寸环 | | | 已知 | 正态_3西格玛 |
| A4 | 121.0 | -0.02 | -0.06 | | 0.04 | 尺寸环 | | | 已知 | 正态_3西格玛 |

图 4-20　环属性

3. 分析结果

分析计算得到极值法、概率法及仿真法的结果分别如图 4-21、图 4-22 和图 4-23 所示。

| 编号 | 基本尺寸 | 上偏差 | 下偏差 | 增减性 | 公差 | 环类型名 | 传递系数 | 贡献率 | 求解类型 | 分布状态 |
|---|---|---|---|---|---|---|---|---|---|---|
| A2 | 41.05 | 0.05 | -0.05 | 增环 | 0.1 | 尺寸环 | 1.00000 | 10.93... | 已知 | 正态_3西格玛 |
| A3 | 15 | 0.05 | -0.05 | 减环 | 0.1 | 尺寸环 | -1.30541 | 14.26... | 已知 | 正态_3西格玛 |
| α | 50.0 | 10 | -10 | 减环 | 20 | 角度环 | -94.328... | 59.98... | 已知 | 正态_3西格玛 |
| A1 | 10 | 0.03 | -0.03 | 减环 | 0.06 | 尺寸环 | -1.00000 | 6.559% | 已知 | 正态_3西格玛 |
| B1 | 130.0 | 0.1 | 0.0 | 增环 | 0.1 | 尺寸环 | 0.41955 | 4.586% | 已知 | 正态_3西格玛 |
| B2 | 121.0 | 0.04 | 0.0 | 减环 | 0.04 | 尺寸环 | -0.41955 | 1.834% | 已知 | 正态_3西格玛 |
| A4 | 121.0 | -0.02 | -0.06 | 增环 | 0.04 | 尺寸环 | 0.41955 | 1.834% | 已知 | 正态_3西格玛 |
| X | 66.01037 | 0.45419 | -0.46064 | 闭环 | 0.91... | 尺寸环 | | | 求解值 | 正态_3西格玛 |

图 4-21　极值法结果

| 编号 | 基本尺寸 | 上偏差 | 下偏差 | 增减性 | 公差 | 环类型名 | 传递系数 | 贡献率 | 求解类型 | 分布状态 |
|---|---|---|---|---|---|---|---|---|---|---|
| A2 | 41.05 | 0.05 | -0.05 | 增环 | 0.1 | 尺寸环 | 1.00000 | 2.993% | 已知 | 正态_3西格玛 |
| A3 | 15 | 0.05 | -0.05 | 减环 | 0.1 | 尺寸环 | -1.30541 | 5.101% | 已知 | 正态_3西格玛 |
| α | 50.0 | 10 | -10 | 减环 | 20 | 角度环 | -94.319... | 90.13... | 已知 | 正态_3西格玛 |
| A1 | 10 | 0.03 | -0.03 | 减环 | 0.06 | 尺寸环 | -1.00000 | 1.078% | 已知 | 正态_3西格玛 |
| B1 | 130.0 | 0.1 | 0.0 | 增环 | 0.1 | 尺寸环 | 0.41955 | 0.527% | 已知 | 正态_3西格玛 |
| B2 | 121.0 | 0.04 | 0.0 | 减环 | 0.04 | 尺寸环 | -0.41955 | 0.084% | 已知 | 正态_3西格玛 |
| A4 | 121.0 | -0.02 | -0.06 | 增环 | 0.04 | 尺寸环 | 0.41955 | 0.084% | 已知 | 正态_3西格玛 |
| X | 66.00617 | 0.28899 | -0.28899 | 闭环 | 0.57... | 尺寸环 | | | 求解值 | 正态_3西格玛 |

图 4-22　概率法结果

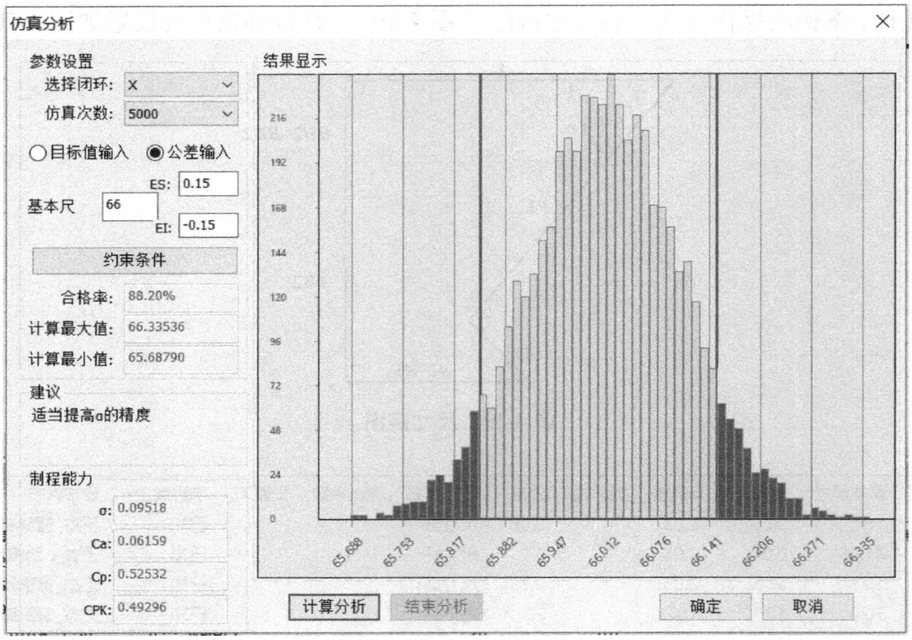


图 4-23　仿真法结果

可以看到目前的设计不能保证（66±0. 15）mm 的技术尺寸，装配合格率为：88. 2%。

4. 公差优化

重新进行公差设计优化，在确定（66±0. 15）mm 的技术要求的情况下，对模具尺寸 $A1$、$A2$、$A3$ 及 $\alpha$ 设计公差（公差分配）。

如图 4-24 所示，在属性栏选择 $X$，单击鼠标选择“修改环”。

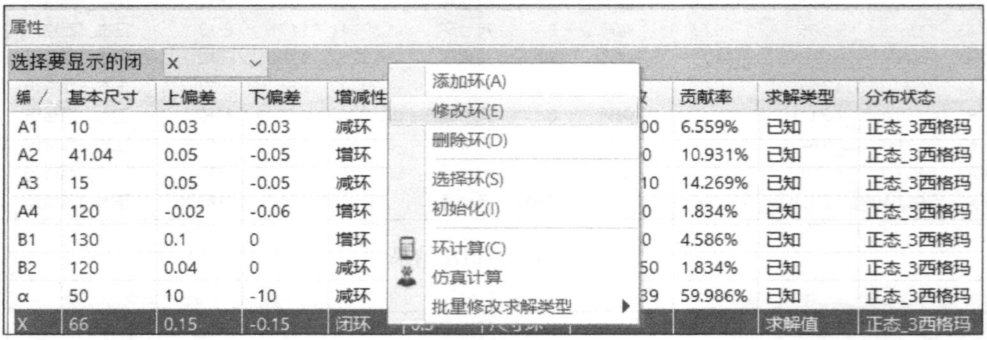
属性
选择要显示的闭 X
添加环(A)
修改环(E)
删除环(D)
选择环(S)
初始化(I)
环计算(C)
仿真计算
批量修改求解类型
编 / 基本尺寸 上偏差 下偏差 增减性 贡献率 求解类型 分布状态
A1 10 0.03 -0.03 减环 6.559% 已知 正态_3西格玛
A2 41.04 0.05 -0.05 增环 10.931% 已知 正态_3西格玛
A3 15 0.05 -0.05 减环 14.269% 已知 正态_3西格玛
A4 120 -0.02 -0.06 增环 1.834% 已知 正态_3西格玛
B1 130 0.1 0 增环 4.586% 已知 正态_3西格玛
B2 120 0.04 0 减环 1.834% 已知 正态_3西格玛
α 50 10 -10 减环 59.986% 已知 正态_3西格玛
X 66 0.15 -0.15 闭环 求解值 正态_3西格玛

图 4-24　属性栏修改环

弹出 $X$ 的对话框，如图 4-25 所示，将封闭环 $X$ 的参数设置为（66±0. 15）mm，求解类型为“已知”。

如图 4-26 所示，将 $A1$、$A2$、$A3$、$\alpha$ 四个尺寸环求解类型调整为“分配公差”。

5. 尺寸链计算向导设置

单击软件左上角“环计算”，在计算方法上可选择“极值法”或“概率法”，分配公差

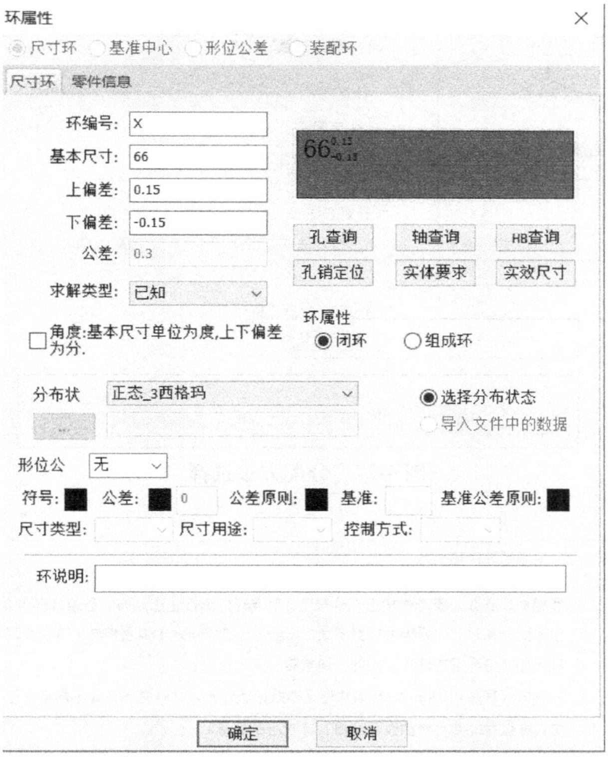


图 4-25　设置封闭环

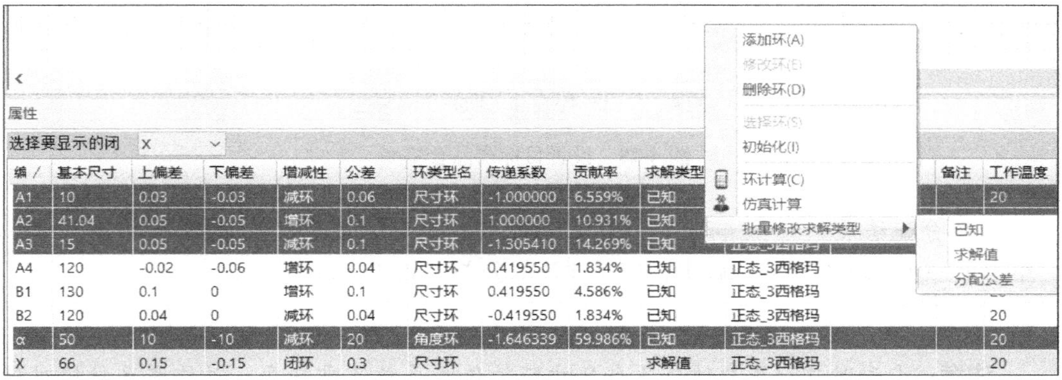
属性
选择要显示的闭 X
添加环(A)
修改环(E)
删除环(D)
选择环(S)
初始化(I)
环计算(C)
仿真计算
批量修改求解类型
已知
求解值
分配公差
编号 基本尺寸 上偏差 下偏差 增减性 公差 环类型名 传递系数 贡献率 求解类型 备注 工作温度
A1 10 0.03 -0.03 减环 0.06 尺寸环 -1.000000 6.559% 已知 20
A2 41.04 0.05 -0.05 增环 0.1 尺寸环 1.000000 10.931% 已知
A3 15 0.05 -0.05 减环 0.1 尺寸环 -1.305410 14.269% 已知
A4 120 -0.02 -0.06 增环 0.04 尺寸环 0.419550 1.834% 已知 正态_3西格玛
B1 130 0.1 0 增环 0.1 尺寸环 0.419550 4.586% 已知 正态_3西格玛
B2 120 0.04 0 减环 0.04 尺寸环 -0.419550 1.834% 已知 正态_3西格玛 20
α 50 10 -10 减环 20 角度环 -1.646339 59.986% 已知 正态_3西格玛 20
X 66 0.15 -0.15 闭环 0.3 尺寸环 求解值 正态_3西格玛 20

图 4-26　分配公差属性栏

时可选择等公差、等公差等级分配两种方式。本案例选择“概率法”“等公差”，如图 4-27 所示。

单击下一步，在选择概率法时，还需进一步设置封闭环 $X$ 的目标产品合格率（置信水平），用户可根据实际技术要求进行选择，本案例选择 99. 73%的合格率，如图 4-28 所示。

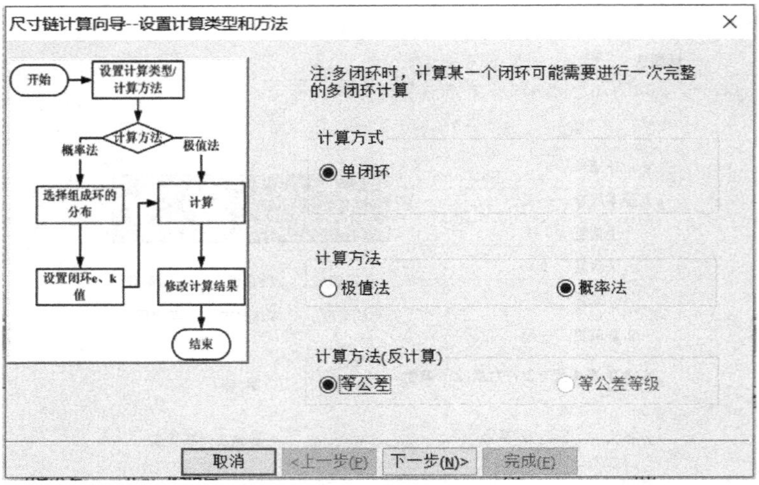


图 4-27　分配方法选择

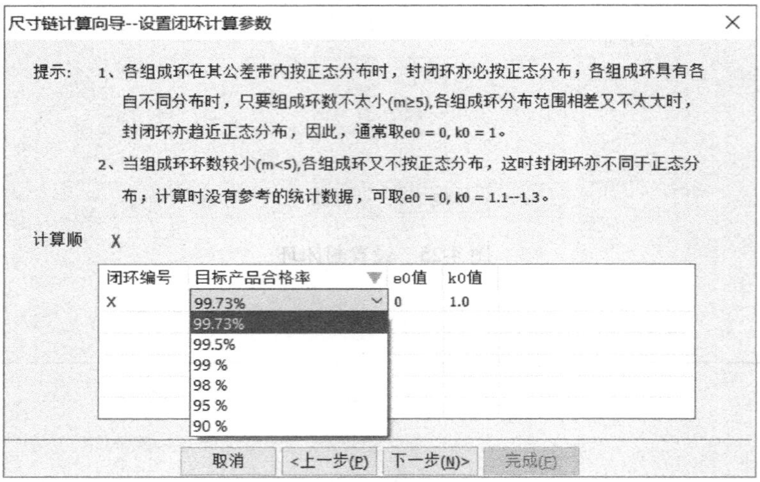


图 4-28　设置目标产品合格率

6. 公差分配结果

单击下一步，软件自动计算出相应尺寸环的公差，如图 4-29 所示。

> **注意：** 分配时建议用户结合各个尺寸环的传递系数及贡献率，对传递系数绝对值及贡献率较大的尺寸进行更加严格的控制，对传递系数绝对值及贡献率较小的尺寸公差带范围适当放宽，使得设计出来的零件公差经济效益最大化。

$\alpha$ 传递系数最大，双击 $\alpha$，按图 4-30 所示输入，单击“确定”。

双击 $A1$，“上、下偏差”输入（0.05，−0.05），选择 $A3$，鼠标右击，选择对称分布，选择 $A2$，鼠标右击，选择对称分布，如图 4-31 所示。

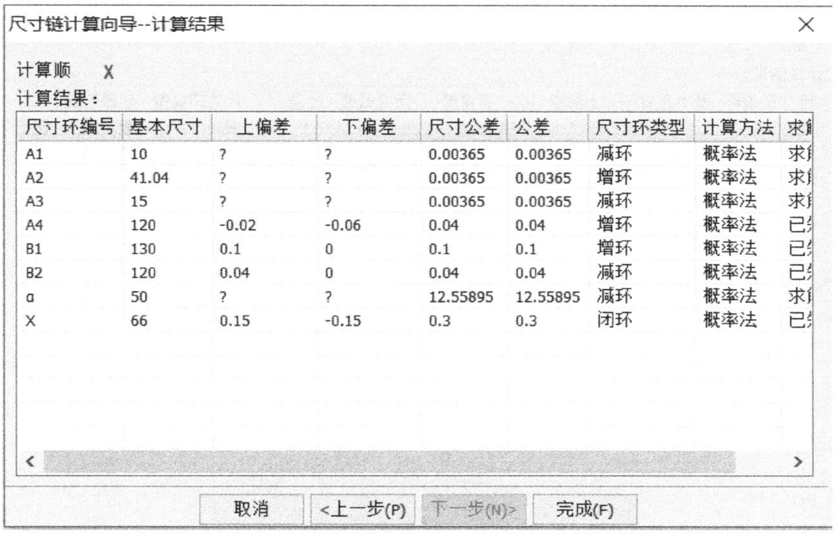


| 尺寸环编号 | 基本尺寸 | 上偏差 | 下偏差 | 尺寸公差 | 公差 | 尺寸环类型 | 计算方法 | 求 |
|---|---|---|---|---|---|---|---|---|
| A1 | 10 | ? | ? | 0.00365 | 0.00365 | 减环 | 概率法 | 求 |
| A2 | 41.04 | ? | ? | 0.00365 | 0.00365 | 增环 | 概率法 | 求 |
| A3 | 15 | ? | ? | 0.00365 | 0.00365 | 减环 | 概率法 | 求 |
| A4 | 120 | -0.02 | -0.06 | 0.04 | 0.04 | 增环 | 概率法 | 已 |
| B1 | 130 | 0.1 | 0 | 0.1 | 0.1 | 增环 | 概率法 | 已 |
| B2 | 120 | 0.04 | 0 | 0.04 | 0.04 | 减环 | 概率法 | 已 |
| α | 50 | ? | ? | 12.55895 | 12.55895 | 减环 | 概率法 | 求 |
| X | 66 | 0.15 | -0.15 | 0.3 | 0.3 | 闭环 | 概率法 | 已 |

图 4-29　公差分配结果

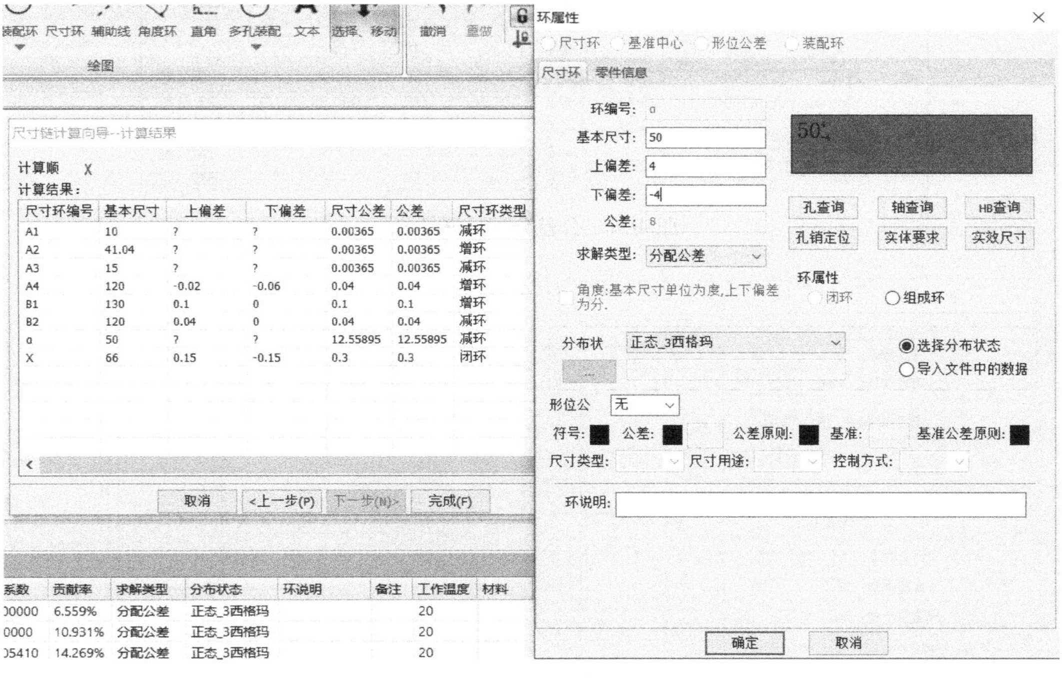


图 4-30　公差分配

单击“完成”，分配后的尺寸公差自动同步到属性栏中，如图 4-32 所示。

7. 优化结果

将 $A1$、$A2$、$A3$、$\alpha$ 四个组成环求解类型调整为“已知”，封闭环 $X$ 求解类型调整为“求解值”，再次单击仿真计算，结果如图 4-33 所示。

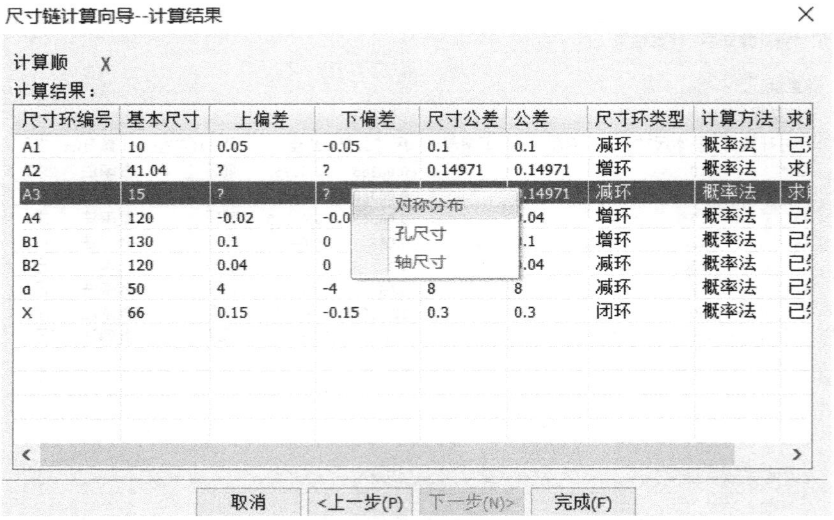


图 4-31　公差分配结果

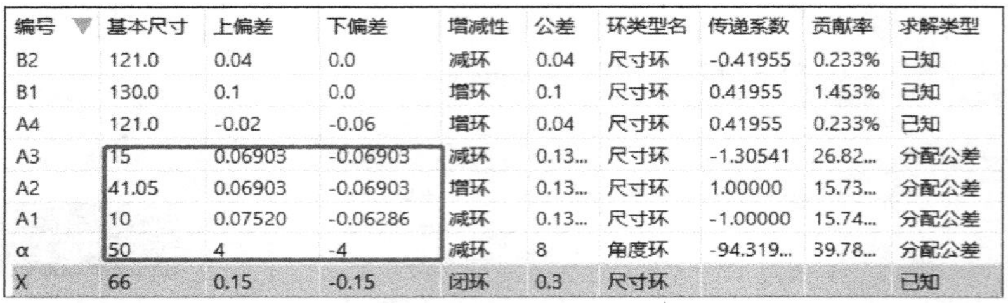

| 编号 | 基本尺寸 | 上偏差 | 下偏差 | 增减性 | 公差 | 环类型名 | 传递系数 | 贡献率 | 求解类型 |
|---|---|---|---|---|---|---|---|---|---|
| B2 | 121.0 | 0.04 | 0.0 | 减环 | 0.04 | 尺寸环 | -0.41955 | 0.233% | 已知 |
| B1 | 130.0 | 0.1 | 0.0 | 增环 | 0.1 | 尺寸环 | 0.41955 | 1.453% | 已知 |
| A4 | 121.0 | -0.02 | -0.06 | 增环 | 0.04 | 尺寸环 | 0.41955 | 0.233% | 已知 |
| A3 | 15 | 0.06903 | -0.06903 | 减环 | 0.13... | 尺寸环 | -1.30541 | 26.82... | 分配公差 |
| A2 | 41.05 | 0.06903 | -0.06903 | 增环 | 0.13... | 尺寸环 | 1.00000 | 15.73... | 分配公差 |
| A1 | 10 | 0.07520 | -0.06286 | 减环 | 0.13... | 尺寸环 | -1.00000 | 15.74... | 分配公差 |
| α | 50 | 4 | -4 | 减环 | 8 | 角度环 | -94.319... | 39.78... | 分配公差 |
| X | 66 | 0.15 | -0.15 | 闭环 | 0.3 | 尺寸环 | | | 已知 |

图 4-32　公差分配后属性栏

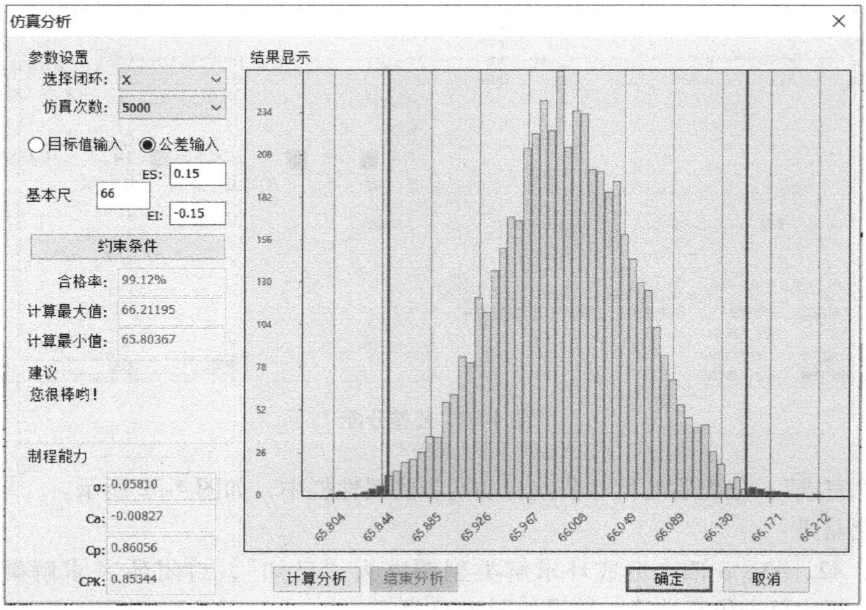


图 4-33　优化后仿真法结果

公差优化结论：通过 DCC 软件进行尺寸公差优化后，产品的装配合格率提高到了 99.12%。

8. 生成计算报告

计算完成后，单击“开始菜单——计算报告”，弹出计算报告对话框，输入相关数据单击“确定”，生成计算报告，如图 4-34 所示。

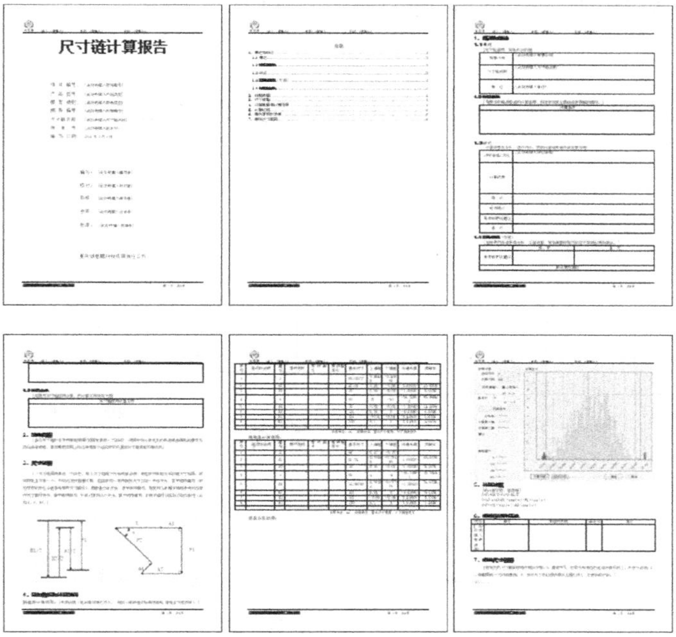


图 4-34　计算报告

## 4.3　圆锥轴、孔配合轴向误差尺寸链计算

如图 4-35 所示，圆锥轴装入轴套时，求解设备在工况温度（100℃）下凸出距离值的范围，轴套材料为结构钢，圆锥轴材料为黄铜合金。图 4-36 为圆锥轴和轴套的尺寸标注。

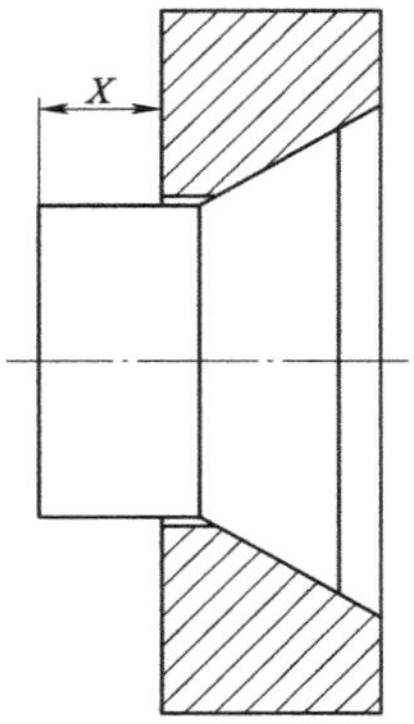


图 4-35　装配示意图

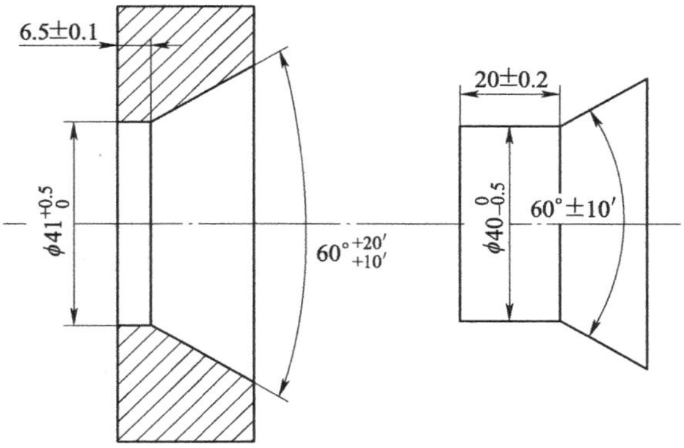


图 4-36　圆锥轴和轴套的尺寸标注

## 分析计算

1. 确定闭环

轴端面突出轴套端面的距离是装配后形成的尺寸，是此处要计算的值，也是封闭环。

2. 确定装配状态

轴套孔内径为 $\phi125^{+0.088}_{+0.063}$mm，圆锥轴的外径为 $\phi125^{+0.063}_{0}$mm。

**注意：** 由轴套内径和锥度大于轴外径和锥度，可知轴套与轴的接触点（图 4-37）。

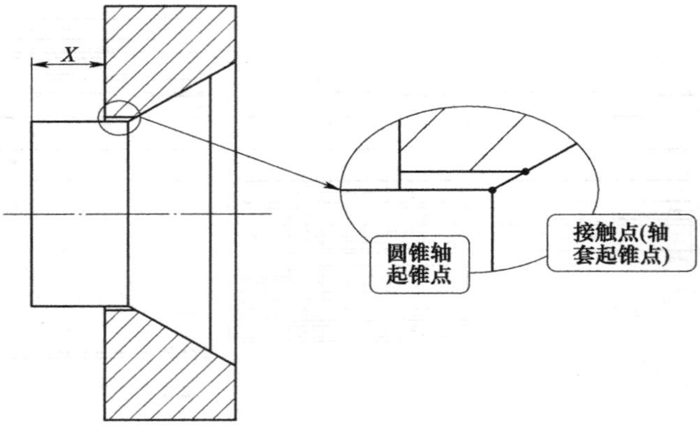


图 4-37 示意图 1

3. 确定组成环，画尺寸链图

1）依据尺寸链最短原则，沿着闭环的一端依次找出各个组成环，形成封闭的尺寸链图。如图 4-38 所示，轴左侧端面到轴套左侧端面的距离（封闭环）设为 $X$，$B1$ 为轴套直线段长度，$A1$ 为圆锥轴直线段长度，$P1$ 为圆锥轴的起锥点到两零件接触点的轴向距离（未知）。

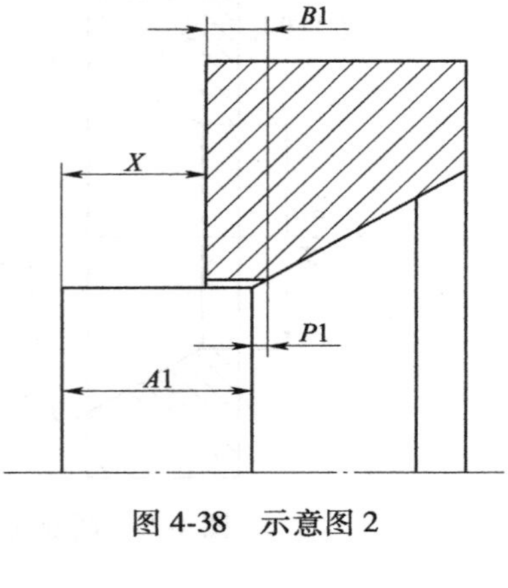


图 4-38 示意图 2

2）依据 1）的方法找出关于未知尺寸 $P1$ 的尺寸链图的各个组成环。如图 4-39 所示，$A2$ 为轴直线段的外径，$B2$ 为轴套直线段的内径，$\alpha$ 为圆锥轴的斜锥角，$P2$ 轴起锥点到接触点的斜向距离（未知）。

> **注意**：$P1$ 分别与 $A2$ 和 $B2$ 垂直。

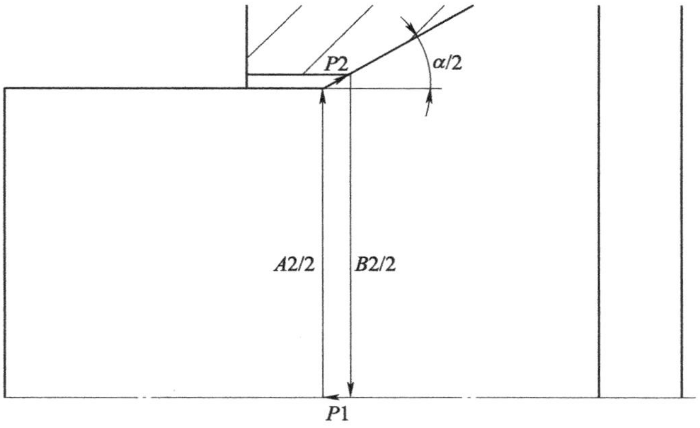


图 4-39　示意图 3

3）参照 4.1 节的操作方式利用 DCC 软件中的尺寸链图绘制工具可绘制出上述 1）2）的三个尺寸链图，如图 4-40 所示。

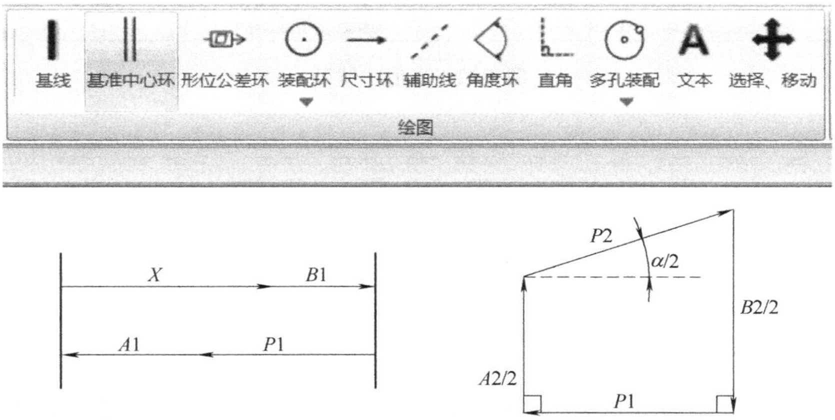


图 4-40　尺寸链图

在 DCC 软件里输入各组成环属性，包括尺寸、公差、工作温度、材料等信息，软件将记录在属性栏，如图 4-41 所示。

4. 计算结果

极值法、概率法的计算结果如图 4-42 和图 4-43 所示。

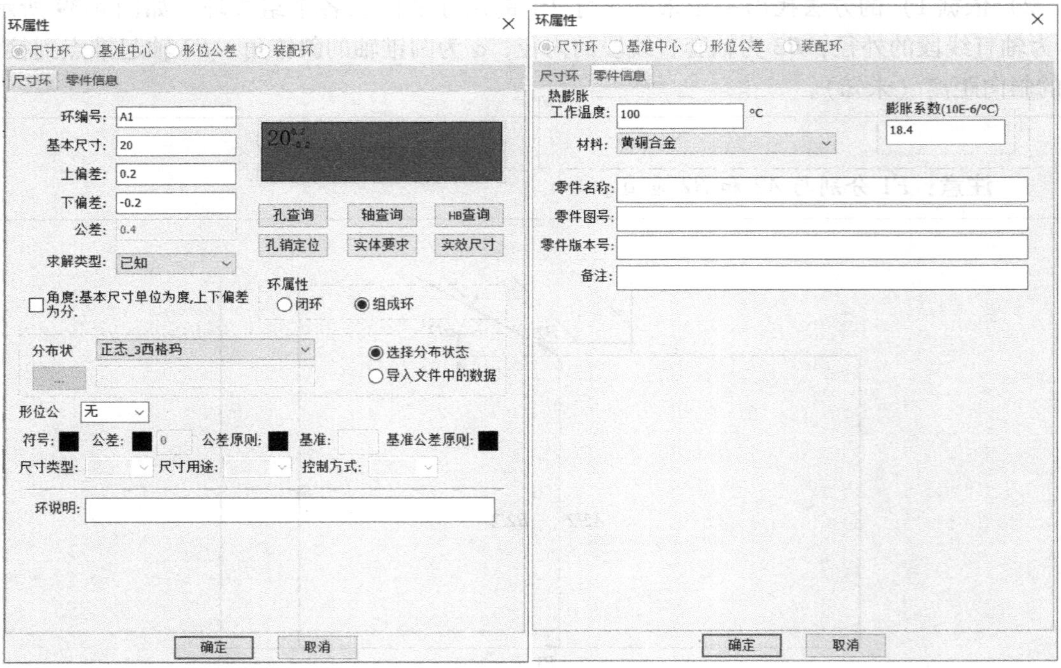


图 4-41　环属性

| 编号 | 基本尺寸 | 上偏差 | 下偏差 | 增减性 | 公差 | 环类型名 | 传递系数 | 贡献率 | 求解类型 | 分布状态 | 环说明 | 备注 | 工作温度 | 材料 | 膨胀系数 |
|---|---|---|---|---|---|---|---|---|---|---|---|---|---|---|---|
| A1 | 20 | 0.2 | -0.2 | 增环 | 0.4 | 尺寸环 | 1.0000... | 27.21... | 已知 | 正态_3西格玛 | | | 100 | 黄铜合金 | 18.4 |
| A2 | 40 | 0 | -0.5 | 减环 | 0.5 | 尺寸环 | -0.864... | 29.40... | 已知 | 正态_3西格玛 | | | 100 | 黄铜合金 | 18.4 |
| B1 | 6.5 | 0.1 | -0.1 | 减环 | 0.2 | 尺寸环 | -1.000... | 13.59... | 已知 | 正态_3西格玛 | | | 100 | 结构钢 | 11.4 |
| B2 | 41 | 0.5 | 0 | 增环 | 0.5 | 尺寸环 | 0.8644... | 29.39... | 已知 | 正态_3西格玛 | | | 100 | 结构钢 | 11.4 |
| α | 60 | 10 | -10 | 减环 | 20 | 角度环 | -0.017... | 0.386% | 已知 | 正态_3西格玛 | | | 100 | 黄铜合金 | 18.4 |
| X | 14.36942 | 1.17167 | -0.30322 | 闭环 | 1.47489 | 尺寸环 | | | 求解值 | 正态_3西格玛 | | | 20 | | 0.0 |

图 4-42　极值法结果

| 编号 | 基本尺寸 | 上偏差 | 下偏差 | 增减性 | 公差 | 环类型名 | 传递系数 | 贡献率 | 求解类型 | 分布状态 | 环说明 | 备注 | 工作温度 | 材料 | 膨胀系数 |
|---|---|---|---|---|---|---|---|---|---|---|---|---|---|---|---|
| A1 | 20 | 0.2 | -0.2 | 增环 | 0.4 | 尺寸环 | 1.0000... | 27.89... | 已知 | 正态_3西格玛 | | | 100 | 黄铜合金 | 18.4 |
| A2 | 40 | 0 | -0.5 | 减环 | 0.5 | 尺寸环 | -0.864... | 32.57... | 已知 | 正态_3西格玛 | | | 100 | 黄铜合金 | 18.4 |
| B1 | 6.5 | 0.1 | -0.1 | 减环 | 0.2 | 尺寸环 | -1.000... | 6.967% | 已知 | 正态_3西格玛 | | | 100 | 结构钢 | 11.4 |
| B2 | 41 | 0.5 | 0 | 增环 | 0.5 | 尺寸环 | 0.8644... | 32.54... | 已知 | 正态_3西格玛 | | | 100 | 结构钢 | 11.4 |
| α | 60 | 10 | -10 | 减环 | 20 | 角度环 | -0.025... | 0.013% | 已知 | 正态_3西格玛 | | | 100 | 黄铜合金 | 18.4 |
| X | 14.80218 | 0.3792 | -0.3792 | 闭环 | 0.75841 | 尺寸环 | | | 求解值 | 正态_3西格玛 | | | 20 | | 0.0 |

图 4-43　概率法结果

综上可知，极值法计算结果：$X$ 的范围为 19.85～20.71mm，概率法计算结果：$X$ 的范围为 20.03～20.53mm。

## 4.4　孔轴装配干涉尺寸链计算

如图 4-44 所示，为阶梯轴和阶梯孔的零件图，如图 4-45 所示为阶梯轴和阶梯孔的装配图，将其装配在一起后为保证轴孔顺利装配，分析装配完成后，当孔轴小端在一侧接触时，大端另一侧是否存在干涉，即是否满足 $GAP>0$。

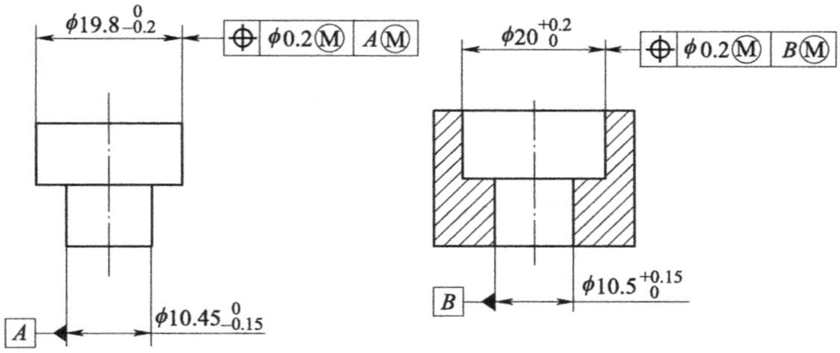


图 4-44　阶梯轴、孔

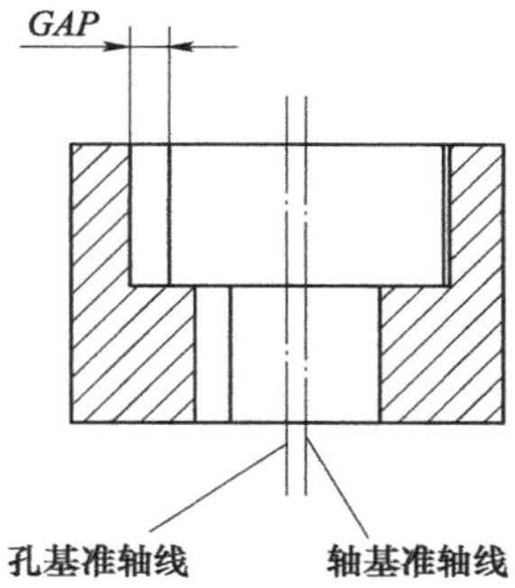


图 4-45　装配示意图

## 分析计算

1. 确定闭环

如图 4-45 所示阶梯孔轴装配，孔轴大端的间隙 *GAP* 是间接得到的尺寸，即 *GAP* 为封闭环。

2. 确定装配状态

假设阶梯轴小端右侧和阶梯孔小端右侧接触，计算孔大端与轴大端在左侧的 *GAP* 值。

3. 确定组成环，画尺寸链图

如图 4-46 所示为在 DCC 软件中画的尺寸链图。

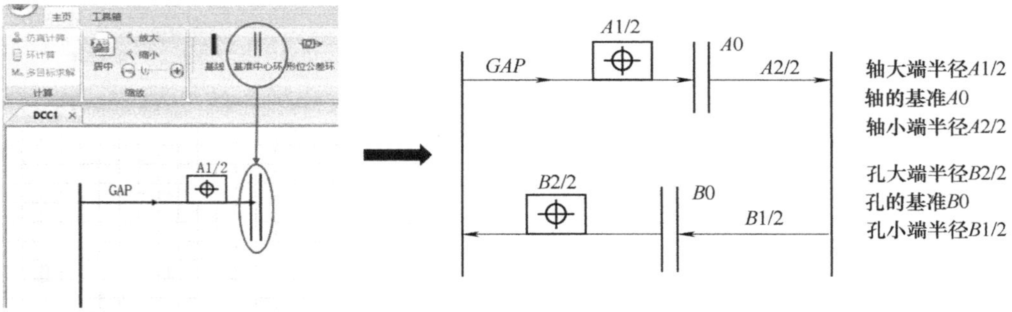


图 4-46　尺寸链图

**注意：** 轴和孔带有最大实体要求的位置度，输入直径尺寸时，在几何公差处用鼠标单击选择“有”，然后输入位置度相关参数，如图 4-47 所示。

**注意：** 位置度的基准符号后面带有Ⓜ，此案例中需要输入基准中心环参数，双击已绘制的基准中心环，弹出基准中心环对话框，输入基准的相关参数，如图 4-48 所示。

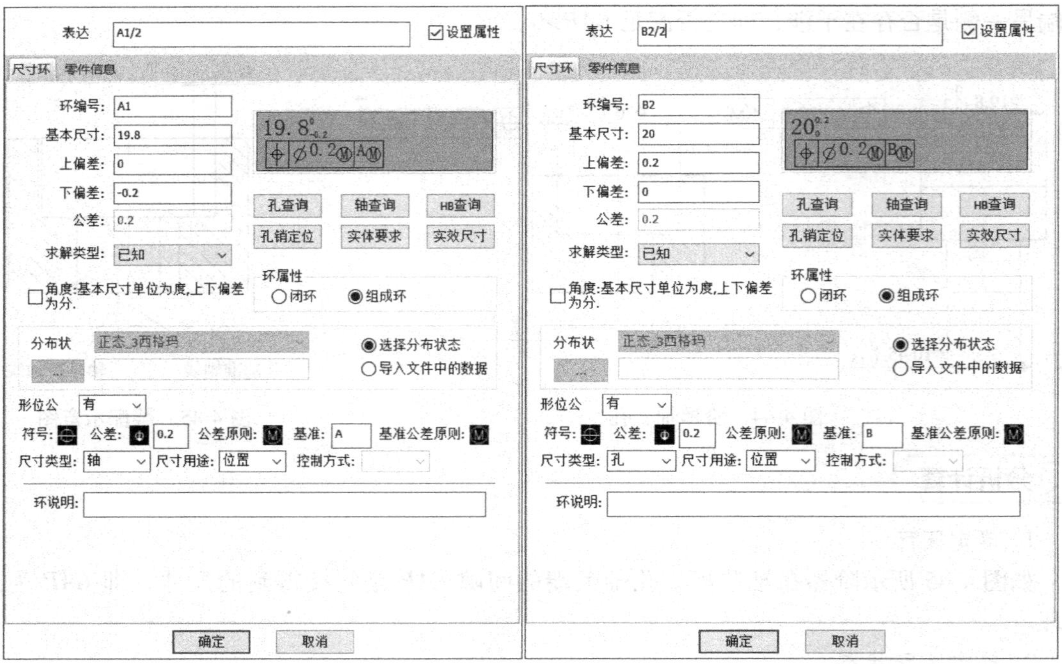


图 4-47　带几何公差的尺寸环

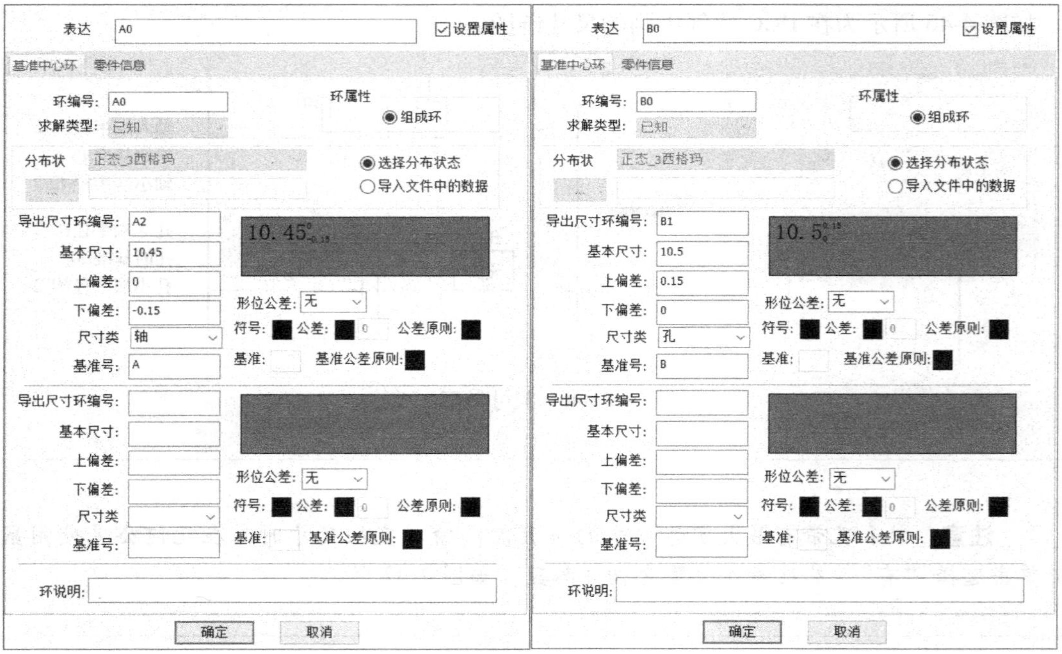


图 4-48　基准中心环

4. 计算结果

极值法的计算结果如图 4-49 所示。

| 编号 | 基本尺寸 | 上偏差 | 下偏差 | 增减性 | 公差 | 环类型名 | 传递系数 | 贡献率 | 求解类型 | 分布状态 |
|---|---|---|---|---|---|---|---|---|---|---|
| B2 | 20 | 0.2 | 0 | 增环 | 0.2 | 尺寸环 | 0.500000 | 36.363636% | 已知 | 正态_3西格玛 |
| B1 | 10.5 | 0.15 | 0 | 增环 | 0.15 | 尺寸环 | 0.500000 | 13.636364% | 已知 | 正态_3西格玛 |
| B0 | | | | | | 基准中心环 | -1.000000 | 0.000000% | 已知 | 正态_3西格玛 |
| A2 | 10.45 | 0 | -0.15 | 减环 | 0.15 | 尺寸环 | -0.500000 | 13.636364% | 已知 | 正态_3西格玛 |
| A1 | 19.8 | 0 | -0.2 | 减环 | 0.2 | 尺寸环 | -0.500000 | 36.363636% | 已知 | 正态_3西格玛 |
| A0 | | | | | | 基准中心环 | -1.000000 | 0.000000% | 已知 | 正态_3西格玛 |
| GAP | 0.475 | 0.55 | -0.55 | 闭环 | 1.1 | 尺寸环 | | | 求解值 | 正态_3西格玛 |

图 4-49　极值法结果

综上可知，通过极值法结果：*GAP* 为−0. 075～1. 025mm，存在 *GAP*<0 的情况，即存在干涉的可能。

## 4. 5　零件整体工艺校核

如图 4-50 所示轴类零件（零件图已做简化处理），通过加工保证零件三个轴向设计尺寸。分析各工序尺寸是否合理，如不合理则进行优化。

工艺流程如图 4-51 所示：

1）以毛坯右端面为基准加工尺寸 *A*11、*A*12、*A*13。

2）以 *A*12 左端面为基准加工尺寸 *A*21。

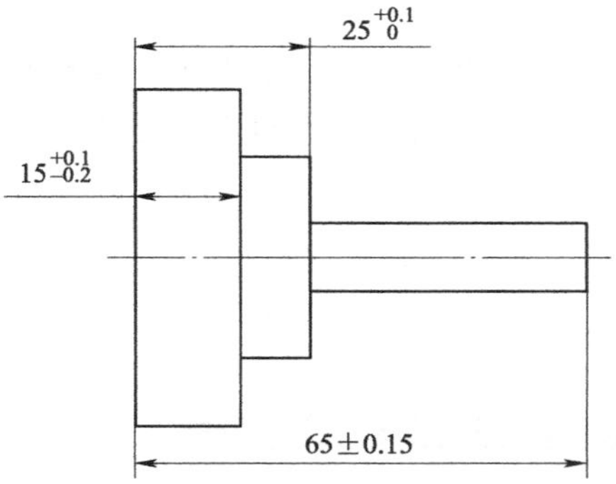


图 4-50　零件图

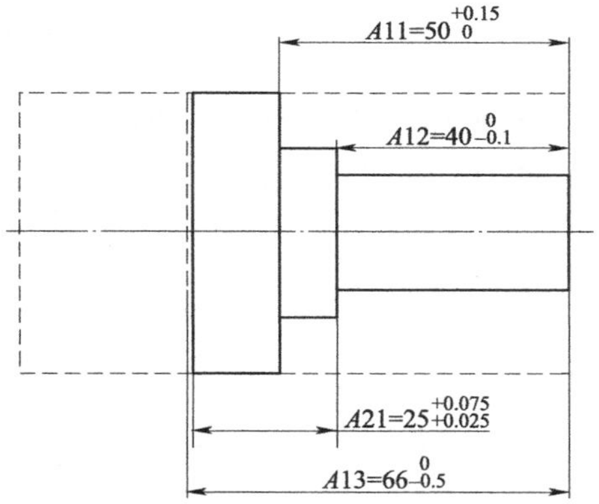


图 4-51　工艺流程示意图

**分析计算**

1）打开 PDCC 工艺尺寸链计算软件，单击“基线”，绘制一条基线作为加工基准，单击“尺寸环”，在基线上绘制一个尺寸环，双击该环弹出属性对话框，输入如图 4-52 所示的尺寸参数，设置完成后单击“确定”。

> **注意：**尺寸类型分为以下三种，①工序尺寸，即工艺过程中的非零件尺寸；②直接保证的零件尺寸，即零件上设计尺寸是通过加工直接保证，工序尺寸为设计尺寸；③间接保证的零件尺寸，即零件上设计尺寸是间接保证的，也就是设计尺寸是多个工序尺寸加工间接得到。

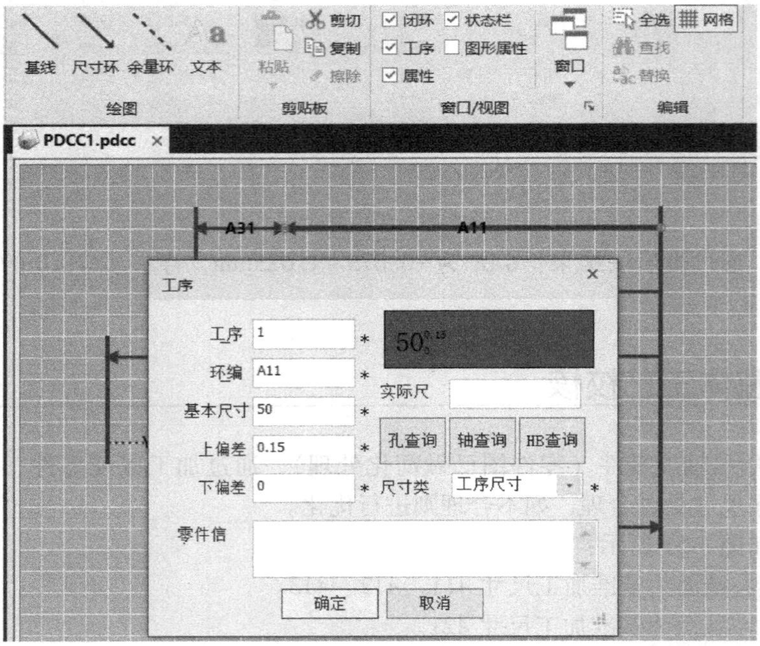


图 4-52　尺寸参数

2）根据加工工艺流程逐一输入各工序尺寸参数以及选择该工艺尺寸链环所属的尺寸类型，尺寸 $A13$ 和 $A21$ 之间存在加工余量，单击“余量环”，在尺寸 $A13$ 和 $A21$ 之间绘制一个余量环，双击余量环，弹出对话框，输入如图 4-53 所示的参数。

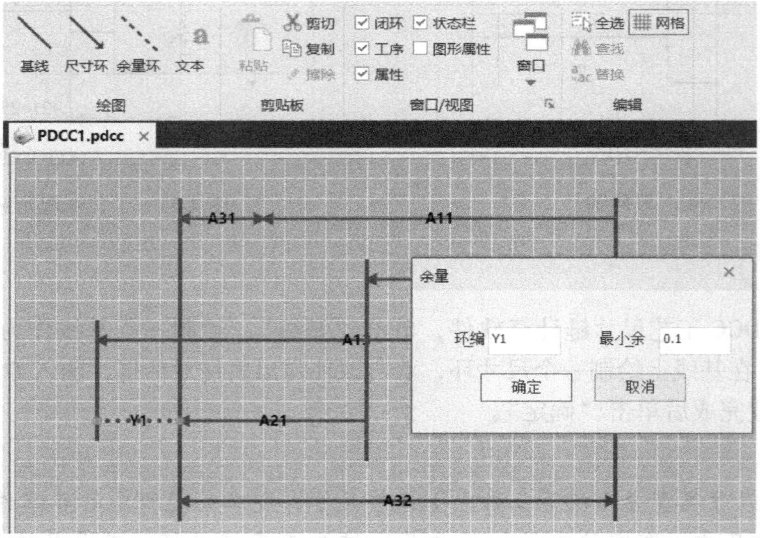


图 4-53　余量环参数

最终形成完整工艺流程，如图 4-54 所示。

3）单击软件右上角“工艺检查”，软件会自动进行工艺公差分析，工艺中出错的尺寸，软件会显示红色报警，并显示计算结果，如图 4-55 所示。用户可在“闭环树”中单击报错的尺寸 *A*31，在软件属性列表中则会显示与 *A*31 有关的尺寸信息，如图 4-56 所示，在 *A*12 处右击鼠标选择修改，弹出尺寸环对话框，将“上偏差”改为 0.025(mm)，“下偏差”改为-0.075(mm)。

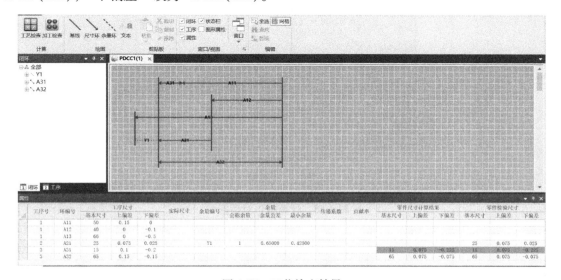

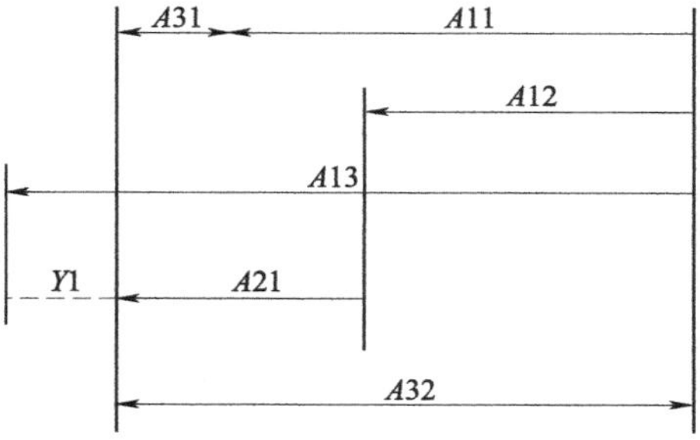


图 4-54　工艺流程图

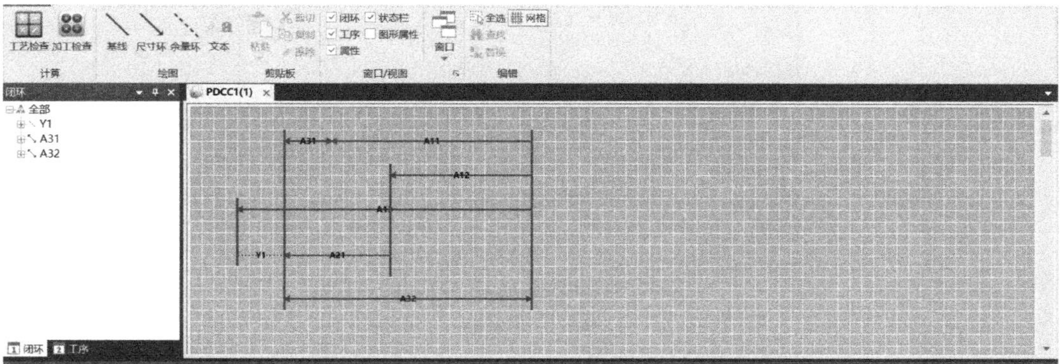


属性

| 工序号 | 环编号 | 工序尺寸 | | | 实际尺寸 | 余量编号 | 余量 | | | 传递系数 | 贡献率 | 零件尺寸计算结果 | | | 零件检验尺寸 | | |
|---|---|---|---|---|---|---|---|---|---|---|---|---|---|---|---|---|---|
| | | 基本尺寸 | 上偏差 | 下偏差 | | | 公称余量 | 余量公差 | 最小余量 | | | 基本尺寸 | 上偏差 | 下偏差 | 基本尺寸 | 上偏差 | 下偏差 |
| 1 | A11 | 50 | 0.15 | 0 | | | | | | | | | | | | | |
| 1 | A12 | 40 | 0 | -0.1 | | | | | | | | | | | | | |
| 1 | A13 | 66 | 0 | -0.5 | | | | | | | | | | | | | |
| 2 | A21 | 25 | 0.075 | 0.025 | | Y1 | 1 | 0.65000 | 0.42500 | | | | | | 25 | 0.075 | 0.025 |
| 3 | A31 | 15 | 0.1 | -0.2 | | | | | | | | 15 | 0.075 | -0.225 | 15 | 0.075 | -0.225 |
| 3 | A32 | 65 | 0.15 | -0.15 | | | | | | | | 65 | 0.075 | -0.075 | 65 | 0.075 | -0.075 |

图 4-55　工艺检查结果

属性

| 工序号 | 环编号 | 工序尺寸 | | | 实际尺寸 | 余量编号 | 余量 | | | 传递系数 | 贡献率 | 零件尺寸计算结果 | | | 零件检验尺寸 | | |
|---|---|---|---|---|---|---|---|---|---|---|---|---|---|---|---|---|---|
| | | 基本尺寸 | 上偏差 | 下偏差 | | | 公称余量 | 余量公差 | 最小余量 | | | 基本尺寸 | 上偏差 | 下偏差 | 基本尺寸 | 上偏差 | 下偏差 |
| 3 | A31 | 15 | 0.1 | -0.2 | | | | | | | | 15 | 0.075 | -0.225 | 15 | 0.075 | -0.225 |
| 2 | A21 | 25 | 0.075 | 0.025 | | | | | | 1.00000 | 16.666... | | | | | | |
| 1 | A12 | 40 | 0 | -0.1 | | | | | | 1.00000 | 33.333... | | | | | | |
| 1 | A11 | 50 | 0.15 | | | | | | | -1.00000 | 50.000... | | | | | | |

修改尺寸
删除尺寸

图 4-56　工艺问题修改

4）再次单击“工艺检查”进行计算，计算结果合格，如图 4-57 所示。

属性

| 工序号 | 环编号 | 工序尺寸 | | | 实际尺寸 | 余量编号 | 余量 | | | 传递系数 | 贡献率 | 零件尺寸计算结果 | | | 零件检验尺寸 | | |
|---|---|---|---|---|---|---|---|---|---|---|---|---|---|---|---|---|---|
| | | 基本尺寸 | 上偏差 | 下偏差 | | | 公称余量 | 余量公差 | 最小余量 | | | 基本尺寸 | 上偏差 | 下偏差 | 基本尺寸 | 上偏差 | 下偏差 |
| 1 | A11 | 50 | 0.15 | 0 | | | | | | | | | | | | | |
| 1 | A12 | 40 | 0.025 | -0.075 | | | | | | | | | | | | | |
| 1 | A13 | 66 | 0 | -0.5 | | | | | | | | | | | | | |
| 2 | A21 | 25 | 0.075 | 0.025 | | Y1 | 1 | 0.65000 | 0.40000 | | | | | | 25 | 0.075 | 0.025 |
| 3 | A31 | 15 | 0.1 | -0.2 | | | | | | | | 15 | 0.1 | -0.2 | 15 | 0.1 | -0.2 |
| 3 | A32 | 65 | 0.15 | -0.15 | | | | | | | | 65 | 0.1 | -0.05 | 65 | 0.1 | -0.05 |

图 4-57　优化后工艺检查结果

5）计算完成后，单击“开始菜单→计算报告”，弹出计算报告对话框，输入数据单击

“确定”，生成计算报告，如图 4-58、图 4-59 所示。

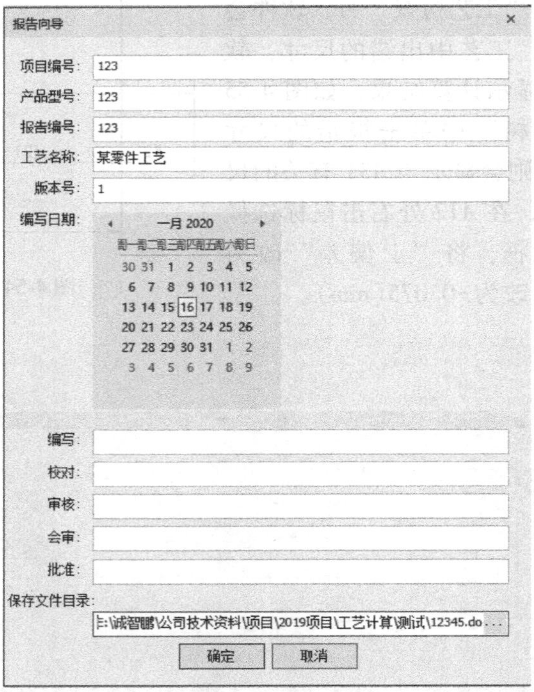


图 4-58　计算报告对话框

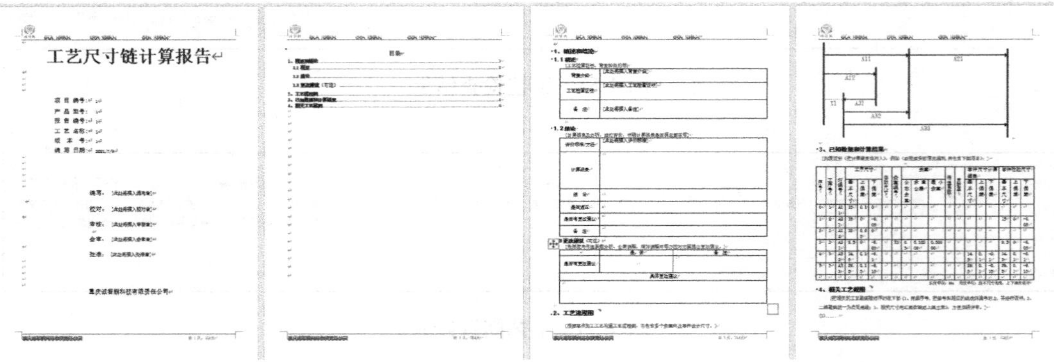


图 4-59　计算报告

## 4.6　滚转角度尺寸链计算

轴与联轴器通过平键来传递动力，为方便装配，一般情况下轴的外径与联轴器内孔是间隙配合，平键与轴上的键槽是过盈配合，平键与联轴器上的键槽是间隙配合。间隙的存在，会导致轴在转动时轴上键的中心面与联轴器上键槽的中心面出现滚转角度。

为方便读者更直观的观察滚转角度的变化，我们将孔轴间隙放大，平键与轴结合成一个整体，形成如图 4-60 的结构示意图来计算偏转角度。

联轴器 *A* 和轴 *B* 相关尺寸如图 4-61 所示：

图 4-60　装配示意图

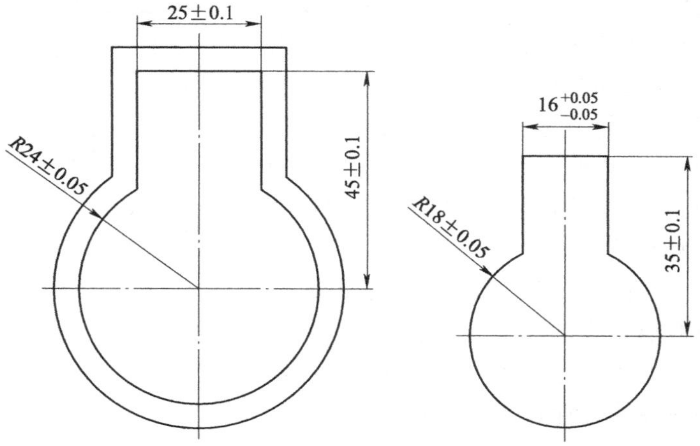


图 4-61　A、B 零件图

## 分析计算

1. 确定闭环

轴上键的中心面与联轴器上键槽的中心面最大滚转角度，是此处要计算的值，也是装配后间接形成的闭环。

2. 确定装配状态

不同的装配状态对应不同的尺寸传递关系，只有当孔轴中心线在同一水平面上时，夹角 $\alpha$ 达到最大，如图 4-63 所示。

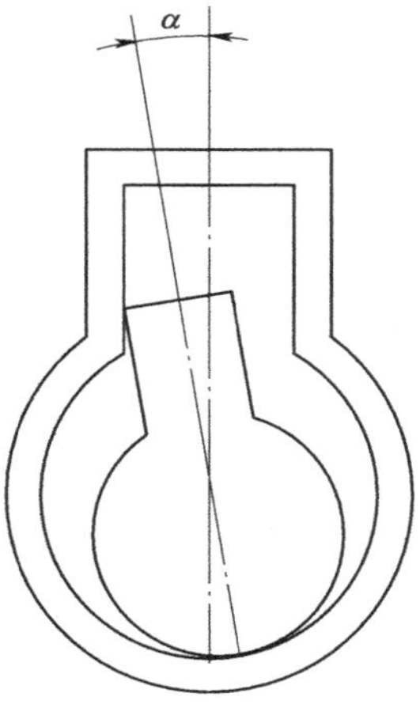


图 4-62　闭环示意图

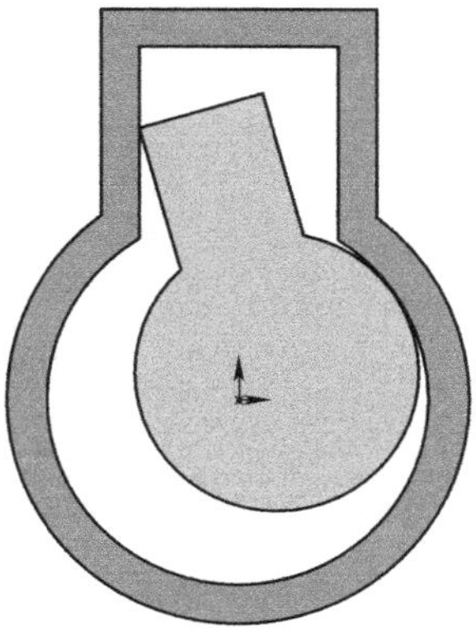

图 4-63　装配状态示意图

3. 确定组成环，画尺寸链图

依据尺寸链最短原则，依次找出各个组成环，形成封闭的尺寸系统。如图 4-64 所示，平键与联轴器键槽接触点到联轴器键槽中心的距离为 $A1/2$（$A1$ 是联轴器键槽宽度），$P1$ 为联轴器与平键接触点到联轴器内孔中心的竖直距离（未知），$A2\text{-}B2$ 为联轴器与轴的半径差，$B3$ 为轴的圆心到平键端面的距离，$B1/2$ 为平键宽度的一半，轴上键的中心面与联轴器上键槽的中心面角度 $\alpha$ 为闭环。

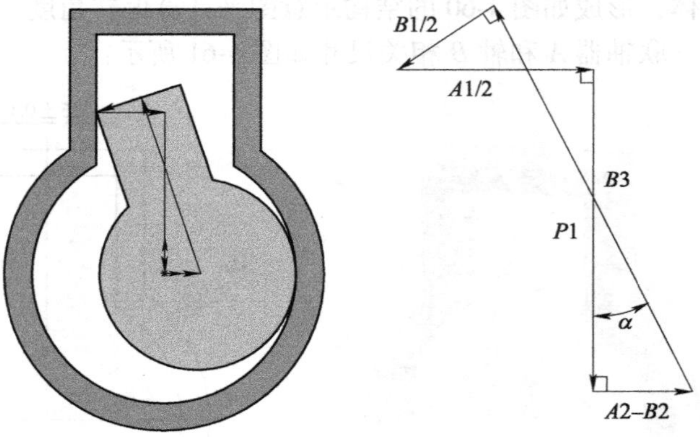


图 4-64　尺寸传递示意图

参照 4.1 案例的操作方式利用 DCC 软件中的尺寸链图绘制工具可绘制出上述尺寸链图（图 4-65），且各环属性的设置如图 4-66 所示。

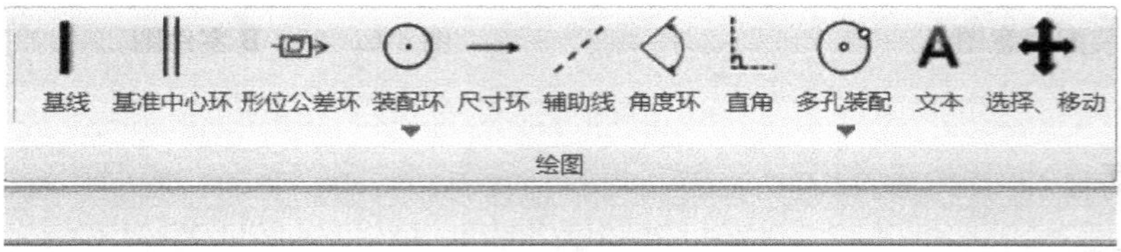


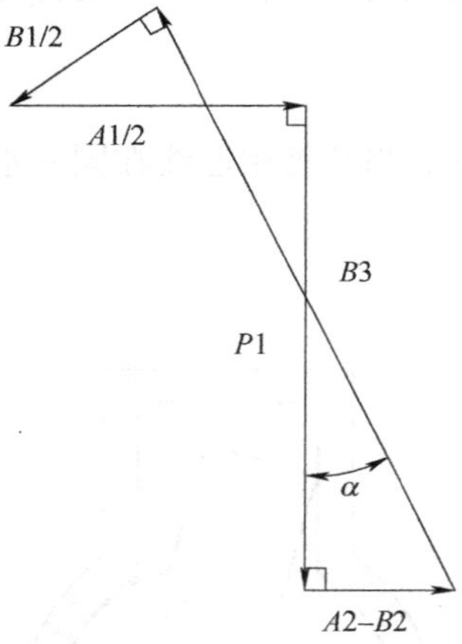


图 4-65　尺寸链图

| 编号 | 基本尺寸 | 上偏差 | 下偏差 | 增减性 | 公差 | 环类型名 | 传递... / | 贡献率 | 求解类型 | 分布状态 |
|---|---|---|---|---|---|---|---|---|---|---|
| A1 | 25 | 0.1 | -0.1 | | 0.2 | 尺寸环 | | | 已知 | 正态_3西格玛 |
| A2 | 24 | 0.1 | -0.1 | | 0.2 | 尺寸环 | | | 已知 | 正态_3西格玛 |
| B1 | 16 | 0.05 | -0.05 | | 0.1 | 尺寸环 | | | 已知 | 正态_3西格玛 |
| B2 | 18 | 0.05 | -0.05 | | 0.1 | 尺寸环 | | | 已知 | 正态_3西格玛 |
| B3 | 35 | 0.1 | -0.1 | | 0.2 | 尺寸环 | | | 已知 | 正态_3西格玛 |
| α | | | | 闭环 | | 尺寸环 | | | 求解值 | 正态_3西格玛 |

图 4-66　环属性

4. 分析结果

计算得到极值法、概率法及仿真法的结果分别如图 4-67 ~ 图 4-69 所示。

| 编号 | 基本尺寸 | 上偏差 | 下偏差 | 增减性 | 公差 | 环类型名 | 传递... / | 贡献率 | 求解类型 | 分布状态 |
|---|---|---|---|---|---|---|---|---|---|---|
| A1 | 25 | 0.1 | -0.1 | 增环 | 0.2 | 尺寸环 | 0.931056 | 19.616% | 已知 | 正态_3西格玛 |
| A2 | 24 | 0.1 | -0.1 | 增环 | 0.2 | 尺寸环 | 1.862113 | 39.232% | 已知 | 正态_3西格玛 |
| B1 | 16 | 0.05 | -0.05 | 减环 | 0.1 | 尺寸环 | -0.884647 | 9.319% | 已知 | 正态_3西格玛 |
| B2 | 18 | 0.05 | -0.05 | 减环 | 0.1 | 尺寸环 | -1.862113 | 19.616% | 已知 | 正态_3西格玛 |
| B3 | 35 | 0.1 | -0.1 | 减环 | 0.2 | 尺寸环 | -0.579833 | 12.216% | 已知 | 正态_3西格玛 |
| α | 18.14133 | 28.63135 | -28.32798 | 闭环 | 56.95932 | 角度环 | | | 求解值 | 正态_3西格玛 |

图 4-67　极值法计算结果

| 编号 | 基本尺寸 | 上偏差 | 下偏差 | 增减性 | 公差 | 环类型名 | 传递... / | 贡献率 | 求解类型 | 分布状态 |
|---|---|---|---|---|---|---|---|---|---|---|
| A1 | 25 | 0.1 | -0.1 | 增环 | 0.2 | 尺寸环 | 0.931056 | 15.120% | 已知 | 正态_3西格玛 |
| A2 | 24 | 0.1 | -0.1 | 增环 | 0.2 | 尺寸环 | 1.862113 | 60.482% | 已知 | 正态_3西格玛 |
| B1 | 16 | 0.05 | -0.05 | 减环 | 0.1 | 尺寸环 | -0.884647 | 3.413% | 已知 | 正态_3西格玛 |
| B2 | 18 | 0.05 | -0.05 | 减环 | 0.1 | 尺寸环 | -1.862113 | 15.120% | 已知 | 正态_3西格玛 |
| B3 | 35 | 0.1 | -0.1 | 减环 | 0.2 | 尺寸环 | -0.579833 | 5.864% | 已知 | 正态_3西格玛 |
| α | 18.14133 | 14.36628 | -14.36628 | 闭环 | 28.73255 | 角度环 | | | 求解值 | 正态_3西格玛 |

图 4-68　概率法计算结果

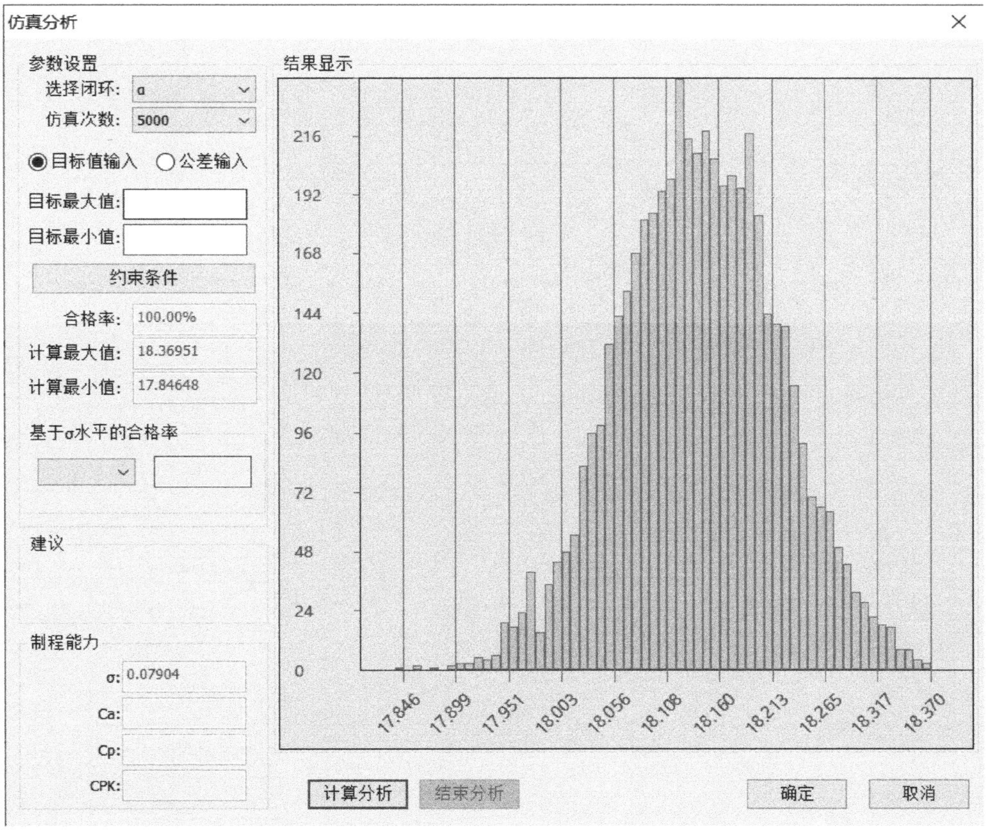


图 4-69　仿真法计算结果

所建立的尺寸链图，主要是求解装配状态的最大滚转角度，从极值法计算的结果来看，滚转角度最大值为 18.6185°，从概率法计算的结果来看，滚转角度最大值为 18.3808°，从仿真法计算结果来看，滚转角度最大值为 18.3695°

> **注意**：极值法和概率法计算结果中基本尺寸的单位是度，公差单位是分，仿真法计算最大值和计算最小值的单位是度。

# 第 5 章

# 尺寸链计算实际应用案例

05

## 5.1 齿轮箱尺寸链计算

### 5.1.1 齿轮箱尺寸链问题综述

齿轮箱是用来改变来自发动机等动力源的转速和转矩的机构，属于车辆、船舶等动力产品的关键性设备，其零件的公差设计直接影响了齿轮箱的质量性能及生产成本。若公差设计不合理，会引起以下问题：①零件装配困难，影响装配效率，增加生产成本；②零件互换性低，增加维护成本；③齿轮箱密封差导致漏油，影响产品质量及寿命。

由于齿轮箱中的标准件使用较多（例如：轴承），其公差设计更为特殊，尺寸链计算也不同于其他产品结构。本案例以分析齿轮箱的轴向密封精度要求为例，讲述如何应用尺寸链计算及公差分析对齿轮箱零件进行分组选配，以此实现高精度的装配要求。

### 5.1.2 案例概述

齿轮箱结构及各零件尺寸如图 5-1 所示。

装配过程：①先将轴承装入中心轴；②将轴组件装入齿轮箱，轴承外圈左侧与箱盖台阶面接触；③安装挡油环，挡油环与轴承外圈接触，安装调整垫，通过螺栓将透盖与箱盖连接。

装配要求：保证装配间隙的情况下，计算该结构能否满足挡油环与调整垫之间有 0.02mm 以内的过盈量。

### 5.1.3 案例计算过程

> **注意：** 设各零件尺寸分布状态为正态 3 西格玛。

计算挡油环与调整垫之间的间隙 $X$，尺寸链图如图 5-2 所示。

极值法、概率法及仿真法计算结果如图 5-3 所示。

间隙范围不满足−0.02~0mm 的要求，仿真法计算及装配现场统计的一次装配合格率均为零，按概率法计算结果调整垫的最大修磨量为（−0.255−0.14327+0.02）mm＝−0.37827mm，产品装配成本高。

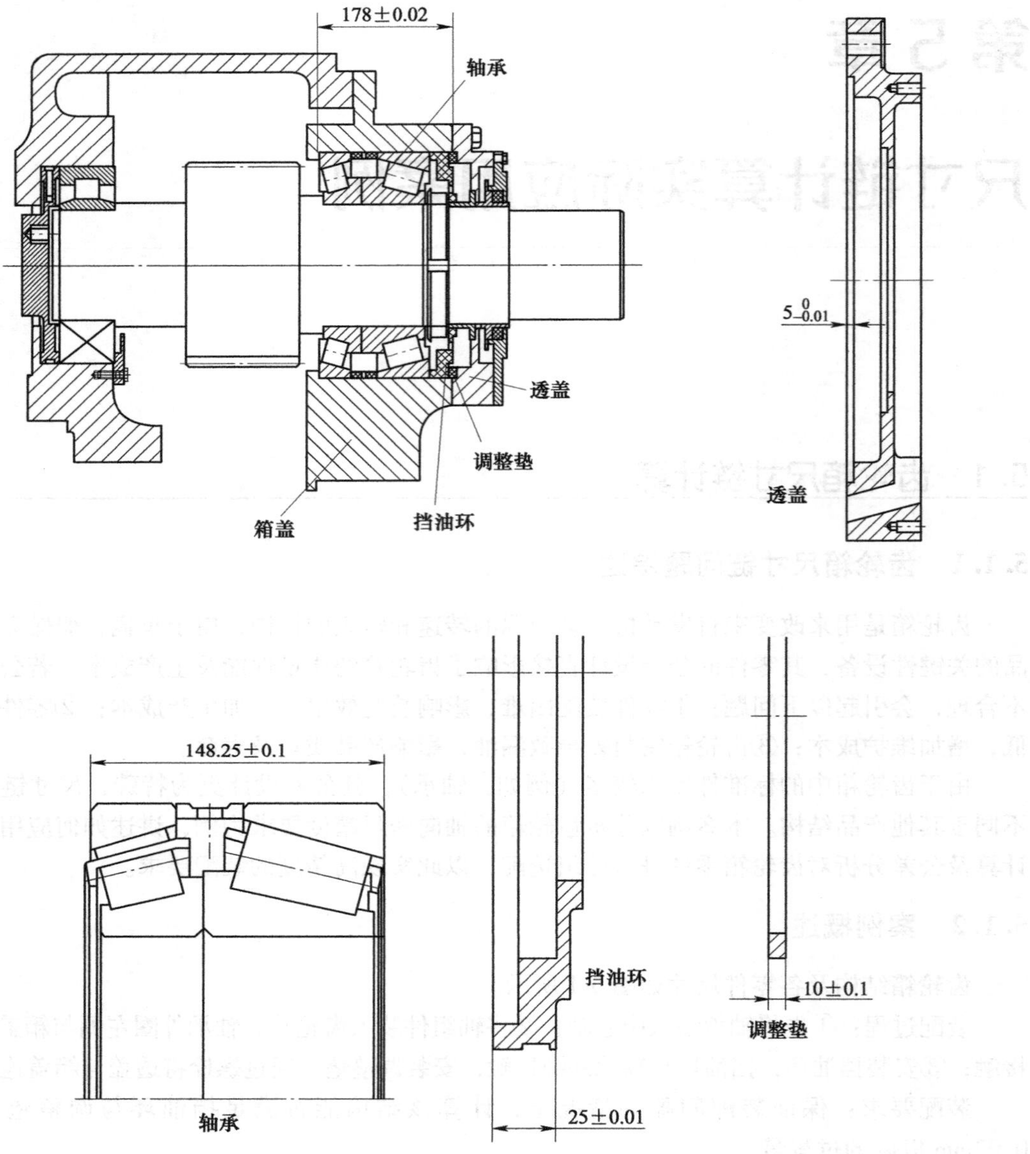


图 5-1　零件图

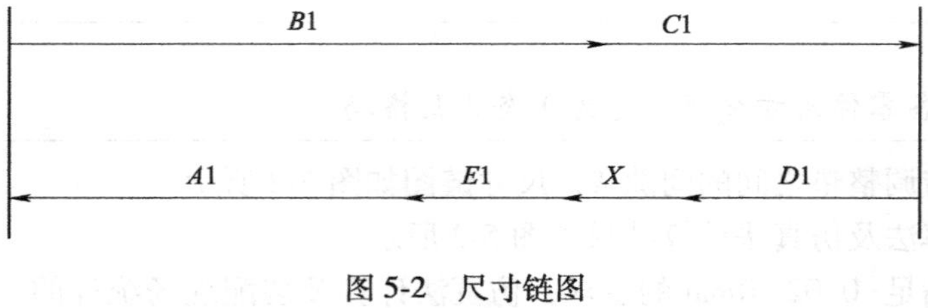


图 5-2　尺寸链图

| 编号 | 基本尺寸 | 上偏差 | 下偏差 | 增减性 | 公差 | 环类型名 | 传递... | 贡献率 | 求解类型 | 分布状态 | 环说明 |
|---|---|---|---|---|---|---|---|---|---|---|---|
| A1 | 148.25 | 0.1 | -0.1 | 减环 | 0.2 | 尺寸环 | -1.00... | 42.55... | 已知 | 正态_3西... | 轴承工作宽度 |
| B1 | 178 | 0.02 | -0.02 | 增环 | 0.04 | 尺寸环 | 1.000... | 8.510... | 已知 | 正态_3西... | 箱盖 |
| C1 | 5 | 0 | -0.01 | 增环 | 0.01 | 尺寸环 | 1.000... | 2.127... | 已知 | 正态_3西... | 透盖 |
| D1 | 10 | 0.1 | -0.1 | 减环 | 0.2 | 尺寸环 | -1.00... | 42.55... | 已知 | 正态_3西... | 调整垫 |
| E1 | 25 | 0.01 | -0.01 | 减环 | 0.02 | 尺寸环 | -1.00... | 4.255... | 已知 | 正态_3西... | 档油环 |
| X | -0.25 | 0.23 | -0.24 | 闭环 | 0.47 | 尺寸环 | | | 求解值 | 正态_3西... | 间隙 |

a) 极值法计算结果

| 编号 | 基本尺寸 | 上偏差 | 下偏差 | 增减性 | 公差 | 环类型名 | 传递... | 贡献率 | 求解类型 | 分布状态 | 环说明 |
|---|---|---|---|---|---|---|---|---|---|---|---|
| A1 | 148.25 | 0.1 | -0.1 | 减环 | 0.2 | 尺寸环 | -1.00... | 48.72... | 已知 | 正态_3西... | 轴承工作宽度 |
| B1 | 178 | 0.02 | -0.02 | 增环 | 0.04 | 尺寸环 | 1.000... | 1.949% | 已知 | 正态_3西... | 箱盖 |
| C1 | 5 | 0 | -0.01 | 增环 | 0.01 | 尺寸环 | 1.000... | 0.122% | 已知 | 正态_3西... | 透盖 |
| D1 | 10 | 0.1 | -0.1 | 减环 | 0.2 | 尺寸环 | -1.00... | 48.72... | 已知 | 正态_3西... | 调整垫 |
| E1 | 25 | 0.01 | -0.01 | 减环 | 0.02 | 尺寸环 | -1.00... | 0.487% | 已知 | 正态_3西... | 档油环 |
| X | -0.255 | 0.14327 | -0.14327 | 闭环 | 0.286... | 尺寸环 | | | 求解值 | 正态_3西... | 间隙 |

b) 概率法计算结果

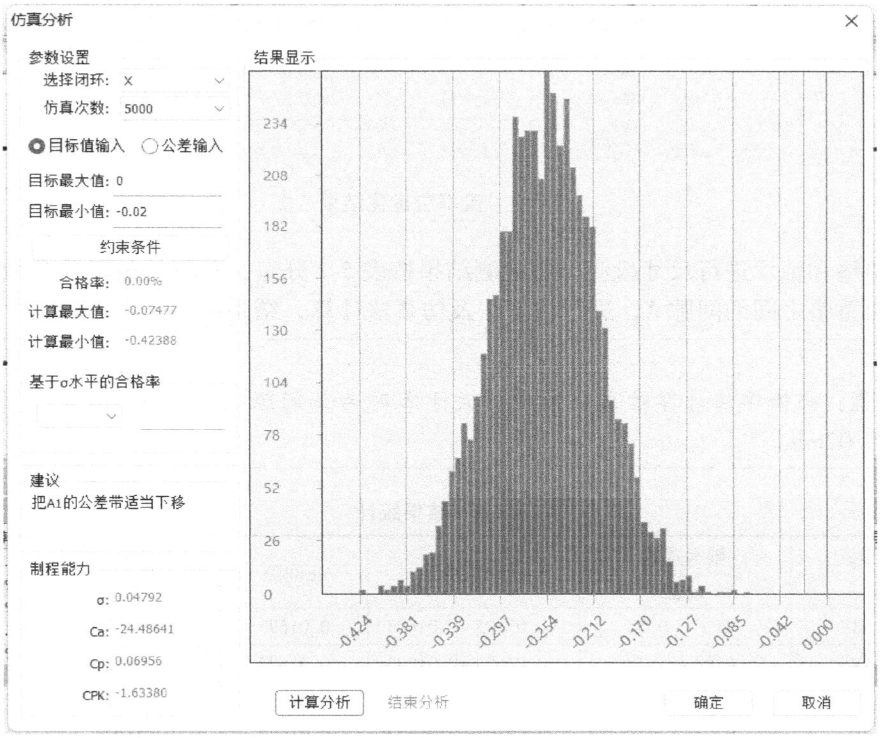


c) 仿真法计算结果

图 5-3　计算结果

### 5.1.4　结论及优化

首先将调整垫去掉，通过概率法计算挡油环与透盖之间的间隙宽度 $D1$ 如图 5-4 所示，由于装配时要求有 −0.02～0mm 的间隙，故宽度基本尺寸需要补偿，取中间偏差 $\Delta$ = (−0.02mm+0)/2 = −0.01mm，所以调整垫的宽度尺寸修正为（9.745 + 0.10）mm + 0.01mm = (9.755±0.10)mm（小数点后保留 2 位）。

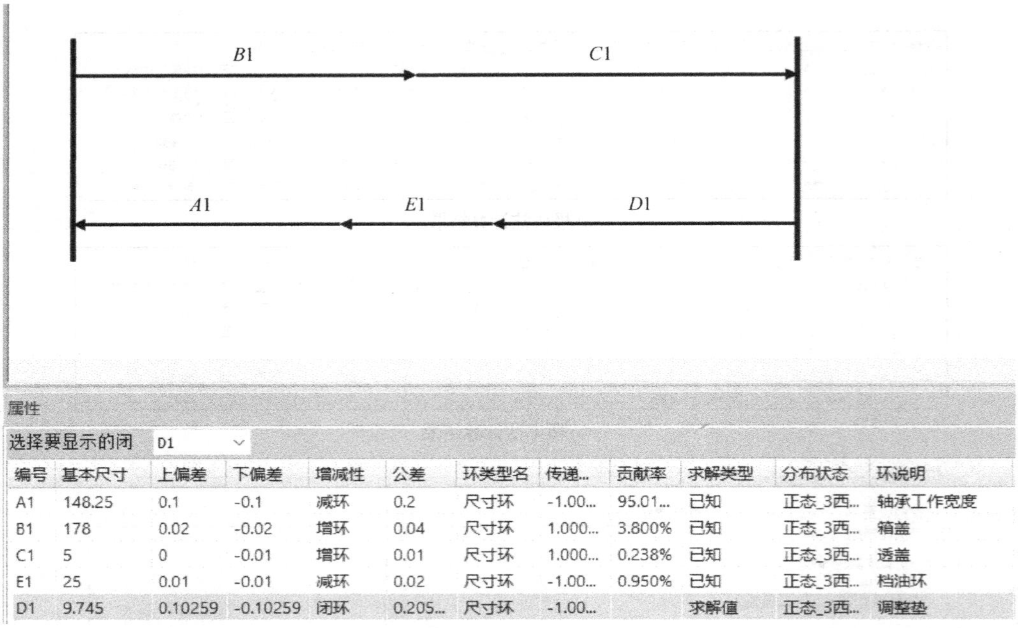
B1
C1
A1
E1
D1
属性
选择要显示的闭 D1
编号 基本尺寸 上偏差 下偏差 增减性 公差 环类型名 传递... 贡献率 求解类型 分布状态 环说明
A1 148.25 0.1 -0.1 减环 0.2 尺寸环 -1.00... 95.01... 已知 正态_3西... 轴承工作宽度
B1 178 0.02 -0.02 增环 0.04 尺寸环 1.000... 3.800% 已知 正态_3西... 箱盖
C1 5 0 -0.01 增环 0.01 尺寸环 1.000... 0.238% 已知 正态_3西... 透盖
E1 25 0.01 -0.01 减环 0.02 尺寸环 -1.00... 0.950% 已知 正态_3西... 档油环
D1 9.745 0.10259 -0.10259 闭环 0.205... 尺寸环 -1.00... 求解值 正态_3西... 调整垫

图 5-4　概率法优化结果

对调整垫和轴承进行尺寸检测，将检测结果按表 5-1 分组，并将分组后的参数输入，对挡油环与调整垫之间的间隙 $X$，进行概率法及仿真法计算，结果统计见表 5-1。

> **注意：**当概率法计算结果的最大值大于零时为正间隙；修磨量=概率法计算结果最小值+0. 02mm。

**表 5-1　结果统计**

| 调整垫厚度公差 | 轴承宽度公差 | 概率法结果 | 正间隙 | 修磨量 | 一次装配合格率 |
|---|---|---|---|---|---|
| 0. 1～0. 08 | -0. 1～-0. 08 | -0. 03693～0. 01693 | 0. 01693 | -0. 01693 | 73. 12% |
| 0. 08～0. 06 | -0. 08～-0. 06 | -0. 03693～0. 01693 | 0. 01693 | -0. 01693 | 73. 12% |
| 0. 06～0. 04 | -0. 06～-0. 04 | -0. 03693～0. 01693 | 0. 01693 | -0. 01693 | 73. 12% |
| 0. 04～0. 02 | -0. 04～-0. 02 | -0. 03693～0. 01693 | 0. 01693 | -0. 01693 | 73. 12% |
| 0. 02～0 | -0. 02～0 | -0. 03693～0. 01693 | 0. 01693 | -0. 01693 | 73. 12% |
| 0～-0. 02 | 0～0. 02 | -0. 03693～0. 01693 | 0. 01693 | -0. 01693 | 73. 12% |
| -0. 02～-0. 04 | 0. 02～0. 04 | -0. 03693～0. 01693 | 0. 01693 | -0. 01693 | 73. 12% |
| -0. 04～-0. 06 | 0. 04～0. 06 | -0. 03693～0. 01693 | 0. 01693 | -0. 01693 | 73. 12% |
| -0. 06～-0. 08 | 0. 06～0. 08 | -0. 03693～0. 01693 | 0. 01693 | -0. 01693 | 73. 12% |
| -0. 08～-0. 1 | 0. 08～0. 1 | -0. 03693～0. 01693 | 0. 01693 | -0. 01693 | 73. 12% |

由计算结果可知：通过公差优化及分组后的一次性装配合格率从 0 提高到 73. 12%，调整垫最大修磨量由-0. 37827mm 降低到-0. 01693mm，但此时挡油环与调整垫之间也存在最大 0. 01693mm 的正间隙，若存在正间隙则表明调整垫片报废。

若想要降低调整垫的报废率，则需要给调整垫补偿 0.01693mm 的厚度，调整垫厚度修正为（9.755+0.01693）mm=9.77193mm，再次进行概率法及仿真法计算，结果见表 5-2。

**表 5-2　优化后结果统计**

| 调整垫厚度公差 | 轴承宽度公差 | 概率法计算结果 | 正间隙 | 修磨量 | 一次装配合格率 |
|---|---|---|---|---|---|
| 0.1~0.08 | -0.1~-0.08 | -0.05386~0 | 0 | -0.03386 | 21.94% |
| 0.08~0.06 | -0.08~-0.06 | -0.05386~0 | 0 | -0.03386 | 21.94% |
| 0.06~0.04 | -0.06~-0.04 | -0.05386~0 | 0 | -0.03386 | 21.94% |
| 0.04~0.02 | -0.04~-0.02 | -0.05386~0 | 0 | -0.03386 | 21.94% |
| 0.2~0 | -0.02~0 | -0.05386~0 | 0 | -0.03386 | 21.94% |
| 0~-0.02 | 0~0.02 | -0.05386~0 | 0 | -0.03386 | 21.94% |
| -0.02~-0.04 | 0.02~0.04 | -0.05386~0 | 0 | -0.03386 | 21.94% |
| -0.04~-0.06 | 0.04~0.06 | -0.05386~0 | 0 | -0.03386 | 21.94% |
| -0.06~-0.08 | 0.06~0.08 | -0.05386~0 | 0 | -0.03386 | 21.94% |
| -0.08~-0.1 | 0.08~0.1 | -0.05386~0 | 0 | -0.03386 | 21.94% |

由计算结果可知：当降低或避免调整垫报废率时，调整垫的修磨量随之增加，同时产品一次性装配合格率急速降低。

**注意：**在分组过程中，若要继续提高产品一次性装配合格率，则需要在此基础上继续对其他公差较大的尺寸也进行分组计算。

在企业实际生产过程中，对于此类装配的要求远高于零件公差精度的情况，需要通过对多个零件分组选配，同时需要综合考虑企业实际情况，在成本与质量之间找出平衡点，制订出最适合企业的零件尺寸公差及装配方案。

## 5.2　电子连接器尺寸链计算

### 5.2.1　电子连接器尺寸链问题综述

电子连接器也常被称为电路连接器、电连接器，其功能是将一个回路上的两个导体桥接起来，使得电流或者信号可以从一个导体流向另一个导体的设备。

为保证通信稳定、连接可靠，在航空航天行业中使用的电子连接器都很精密，结构相对复杂。在电子连接器的设计和制造过程中，尺寸链计算及公差分析是不可缺少的环节。

### 5.2.2　案例概述

如图 5-5 所示，某型号电子连接器的插针和绝缘子通过环氧树脂进行胶接，胶接采用工装定位，完成后，需保证两端针尖凸出绝缘子满足 1.55~1.71mm 的技术要求。现通过尺寸链计算并分析插针两端凸出量分别是多少？如图 5-6 所示为装配模具结构图，如图 5-7 和图 5-8 所示分别为插针零件图和绝缘子零件图，如图 5-9 所示为调整块零件图。

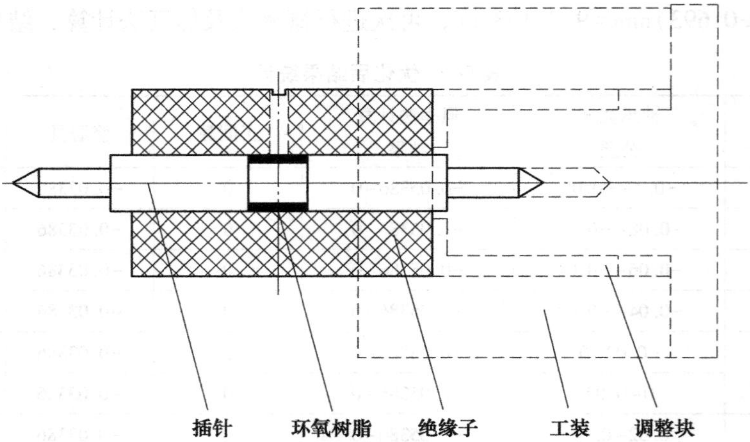


图 5-5　电子连接器结构图

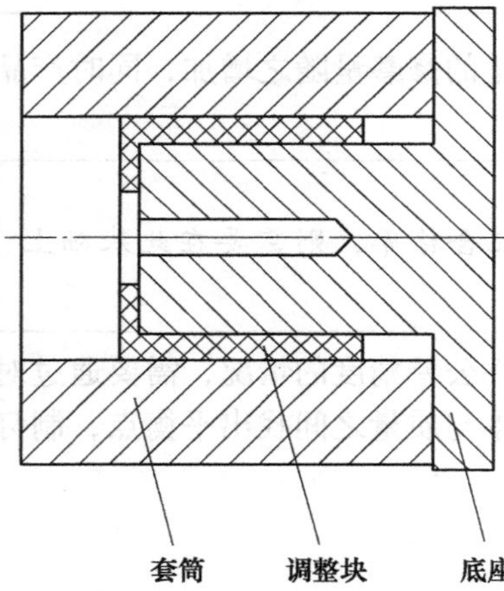


图 5-6　装配模具结构图

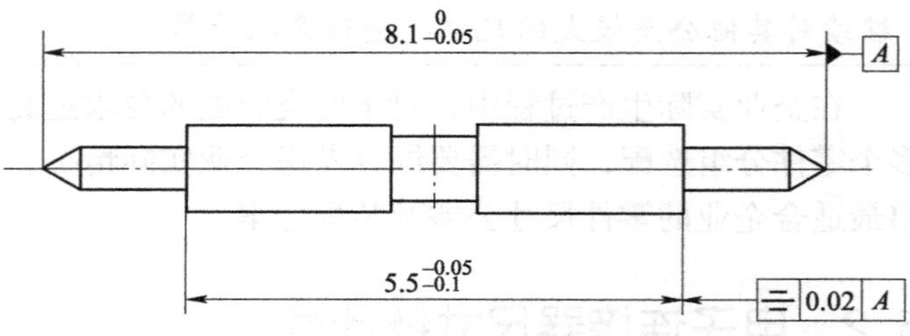


图 5-7　插针零件图

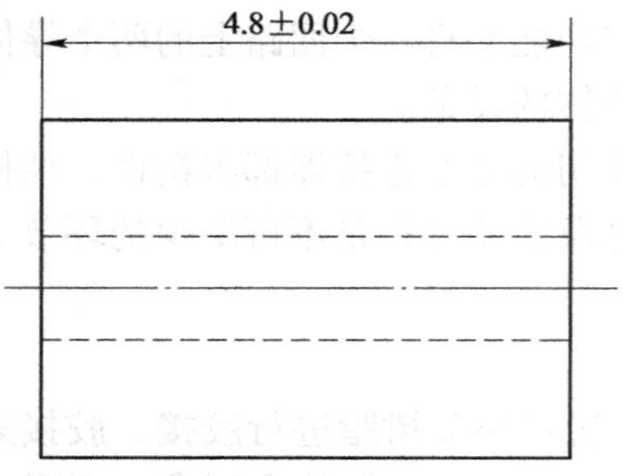


图 5-8　绝缘子零件图

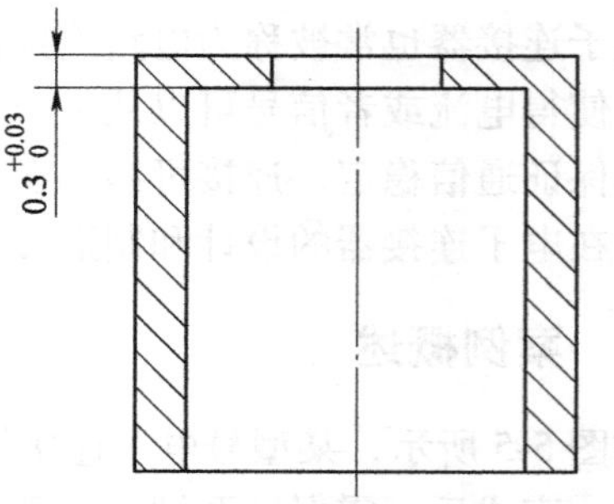


图 5-9　调整块零件图

### 5.2.3　案例计算过程

胶接完成后，插针两端凸出量“自然形成”，凸出量的大小受插针、绝缘子、调整块的尺寸及公差影响，应是尺寸链计算的封闭环。

根据结构绘制尺寸链图（图 5-10），凸出量分别设置为 *T*1 和 *T*2。环参数输入如图 5-11 所示。

设置各环参数，如下：

选择多闭环，极值法进行计算。计算方法选择如图 5-12 所示，多闭环极值法计算结果如图 5-13 所示。

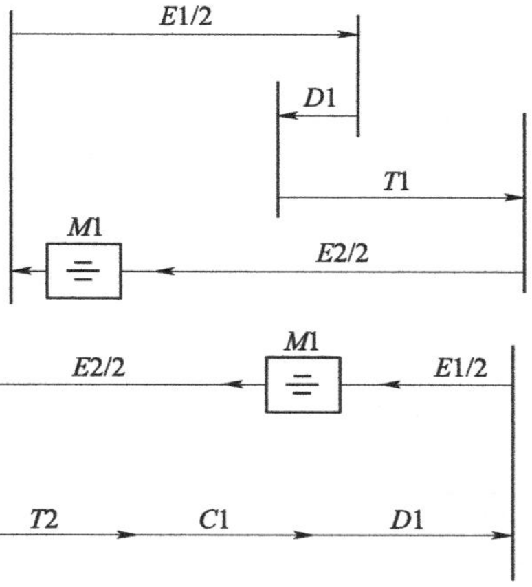


图 5-10　装配尺寸链图

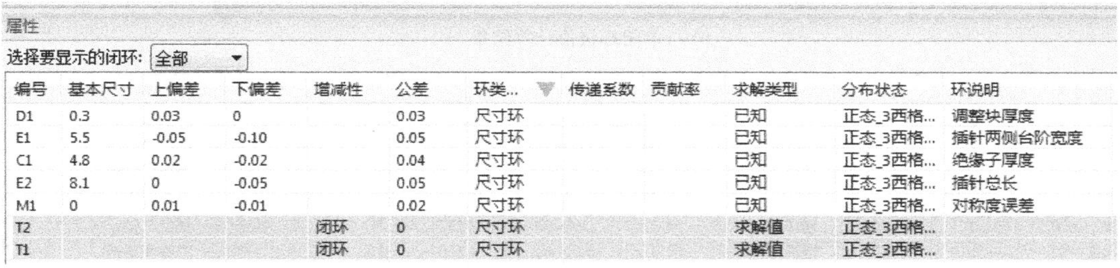

属性

选择要显示的闭环: 全部

| 编号 | 基本尺寸 | 上偏差 | 下偏差 | 增减性 | 公差 | 环类... | 传递系数 | 贡献率 | 求解类型 | 分布状态 | 环说明 |
|---|---|---|---|---|---|---|---|---|---|---|---|
| D1 | 0.3 | 0.03 | 0 | | 0.03 | 尺寸环 | | | 已知 | 正态_3西格... | 调整块厚度 |
| E1 | 5.5 | -0.05 | -0.10 | | 0.05 | 尺寸环 | | | 已知 | 正态_3西格... | 插针两侧台阶宽度 |
| C1 | 4.8 | 0.02 | -0.02 | | 0.04 | 尺寸环 | | | 已知 | 正态_3西格... | 绝缘子厚度 |
| E2 | 8.1 | 0 | -0.05 | | 0.05 | 尺寸环 | | | 已知 | 正态_3西格... | 插针总长 |
| M1 | 0 | 0.01 | -0.01 | | 0.02 | 尺寸环 | | | 已知 | 正态_3西格... | 对称度误差 |
| T2 | | | | 闭环 | 0 | 尺寸环 | | | 求解值 | 正态_3西格... | |
| T1 | | | | 闭环 | 0 | 尺寸环 | | | 求解值 | 正态_3西格... | |

图 5-11　环参数输入

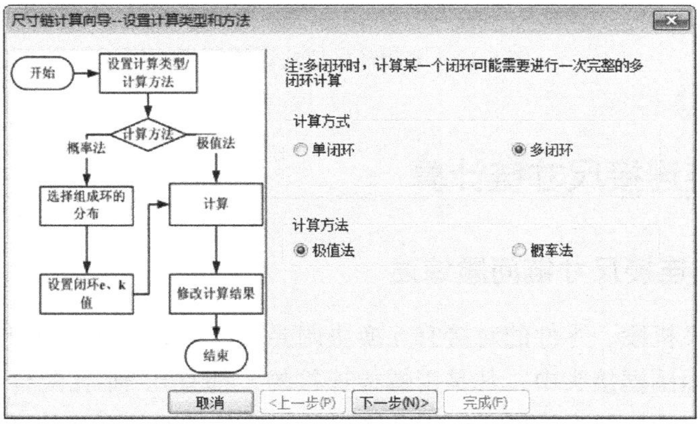


图 5-12　计算方法选择

### 5.2.4　结论及优化

从极值法计算结果看，*T*1 端凸出量最大值为 1.69mm，最小值为 1.59mm，在技术要求范围内；*T*2 端凸出量最大值为 1.705mm，最小值为 1.565mm，也在技术要求范围内。因此，现有零件公差按现有装配工艺胶装后可满足两端凸出量在 1.55～1.71mm 范围内的技术要求。

属性

选择要显示的闭环: 全部

| 编号 | 基本尺寸 | 上偏差 | 下偏差 | 增减性 | 公差 | 环类型名 | 传递系数 | 贡献率 | 求解类型 | 分布状态 | 环说明 |
|---|---|---|---|---|---|---|---|---|---|---|---|
| C1 | 4.8 | 0.02 | -0.02 | | 0.04 | 尺寸环 | | | 已知 | 正态_3西格玛 | 绝缘子厚度 |
| D1 | 0.3 | 0.03 | 0 | | 0.03 | 尺寸环 | | | 已知 | 正态_3西格玛 | 调整块厚度 |
| E1 | 5.5 | -0.05 | -0.10 | | 0.05 | 尺寸环 | | | 已知 | 正态_3西格玛 | 插针两侧台阶宽度 |
| E2 | 8.1 | 0 | -0.05 | | 0.05 | 尺寸环 | | | 已知 | 正态_3西格玛 | 插针总长 |
| M1 | 0 | 0.01 | -0.01 | | 0.02 | 尺寸环 | | | 已知 | 正态_3西格玛 | 对称度误差 |
| T1 | 1.6 | 0.09 | -0.01 | 闭环 | 0.1 | 尺寸环 | | | 求解值 | 正态_3西格玛 | |
| T2 | 1.7 | 0.005 | -0.135 | 闭环 | 0.14 | 尺寸环 | | | 求解值 | 正态_3西格玛 | |

a) 多闭环极值法计算结果

选择要显示的闭环: T1

| 编号 | 基本尺寸 | 上偏差 | 下偏差 | 增减性 | 公差 | 环类型名 | 传递系数 | 贡献率 | 求解类型 | 分布状态 | 环说明 |
|---|---|---|---|---|---|---|---|---|---|---|---|
| D1 | 0.3 | 0.03 | 0 | 增环 | 0.03 | 尺寸环 | 1.00000 | 30.0000... | 已知 | 正态_3西格玛 | 调整块厚度 |
| E2 | 8.1 | 0 | -0.05 | 增环 | 0.05 | 尺寸环 | 0.50000 | 25.0000... | 已知 | 正态_3西格玛 | 插针总长 |
| E1 | 5.5 | -0.05 | -0.10 | 减环 | 0.05 | 尺寸环 | -0.50000 | 25.0000... | 已知 | 正态_3西格玛 | 插针两侧台阶宽度 |
| M1 | 0 | 0.01 | -0.01 | 增环 | 0.02 | 尺寸环 | 1.00000 | 20.0000... | 已知 | 正态_3西格玛 | 对称度误差 |
| T1 | 1.6 | 0.09 | -0.01 | 闭环 | 0.1 | 尺寸环 | | | 求解值 | 正态_3西格玛 | |

b) $T1$单闭环极值计算结果

选择要显示的闭环: T2

| 编号 | 基本尺寸 | 上偏差 | 下偏差 | 增减性 | 公差 | 环类型名 | 传递系数 | 贡献率 | 求解类型 | 分布状态 | 环说明 |
|---|---|---|---|---|---|---|---|---|---|---|---|
| C1 | 4.8 | 0.02 | -0.02 | 减环 | 0.04 | 尺寸环 | -1.00000 | 28.5714... | 已知 | 正态_3西格玛 | 绝缘子厚度 |
| D1 | 0.3 | 0.03 | 0 | 减环 | 0.03 | 尺寸环 | -1.00000 | 21.4285... | 已知 | 正态_3西格玛 | 调整块厚度 |
| E1 | 5.5 | -0.05 | -0.10 | 增环 | 0.05 | 尺寸环 | 0.50000 | 17.8571... | 已知 | 正态_3西格玛 | 插针两侧台阶宽度 |
| E2 | 8.1 | 0 | -0.05 | 增环 | 0.05 | 尺寸环 | 0.50000 | 17.8571... | 已知 | 正态_3西格玛 | 插针总长 |
| M1 | 0 | 0.01 | -0.01 | 增环 | 0.02 | 尺寸环 | 1.00000 | 14.2857... | 已知 | 正态_3西格玛 | 对称度误差 |
| T2 | 1.7 | 0.005 | -0.135 | 闭环 | 0.14 | 尺寸环 | | | 求解值 | 正态_3西格玛 | |

c) $T2$单闭环极值计算结果

图 5-13 多闭环极值法计算结果

## 5.3 飞机铰链连接尺寸链计算

### 5.3.1 飞机铰链连接尺寸链问题综述

飞机装配中，飞机段、零件的对接有互换协调要求。例如机翼与机身的对接装配中，在叉耳配合接头和平面围框接头中，凡是用螺栓连接的，都有孔-轴-孔配合。这种配合要求孔位和孔中心距有一定的协调准确度，以保证飞机段、零件的对接互换协调要求。此外，在工艺装备制造、零件制造和构件装配中应用基准孔、工具孔、定位孔和装配孔时，也要求孔中心距协调。

孔销配合中常通过四孔两销装配模型来判断是否干涉，四孔两销装配示意图如图 5-14 和图 5-15 所示。

如果要顺利装配，必须保证在两种假设的装配极限情况时，孔销间隙 $X1>0$ 且 $X2>0$。只要有一种假设情况的间隙小于零就有干涉的可能。

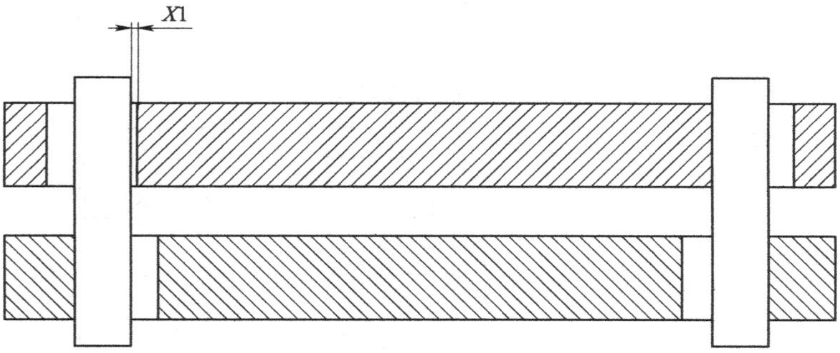


图 5-14　假设上板孔间距大于下板孔间距时装配极限示意图

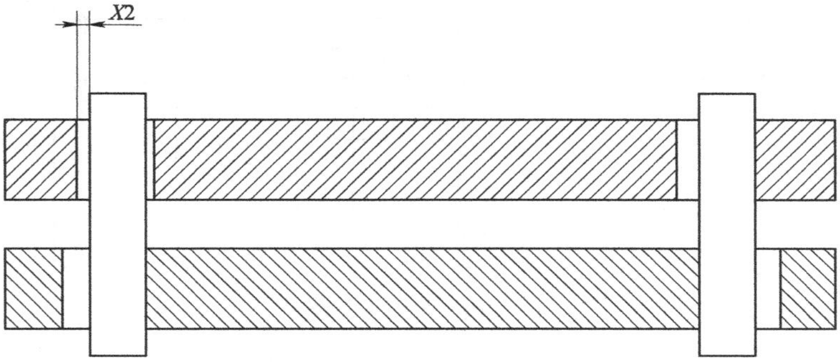


图 5-15　假设上板孔间距小于下板孔间距时装配极限示意图

## 5.3.2　案例概述

如图 5-16 所示，铰链零件各组孔采用一次装夹整体加工的方式加工（即同一组孔的大小和位置一致），要求保证销能同时完成三组铰链的正常装配，并且保证销与孔的间隙最小，计算销的设计公称尺寸及公差。

## 5.3.3　案例计算过程

1）根据图 5-16 所示结构，要保证铰链零件能正常装配，装配后孔销间隙必须大于零；同时，本案例要求孔销配合间隙最小以保证铰链运动精度。本案例中孔销配合间隙为装配后的设计要求，为封闭环。为了便于计算销尺寸，假设铰链通过销装配后的孔销间隙为 0~0.35mm，计算销子公称尺寸及上下极限偏差。

2）由于零件各组孔采用一次装夹整体加工，所以每组孔的误差情况可以认为是一致的。1 组、2 组孔相对于 3 组孔有 $\phi$0.15mm 的位置度要求，该结构可以简化为四孔两轴的配合问题来进行计算。具体的简化结构如图 5-17 所示（在尺寸链计算中，根据零件的结构特点和加工工艺、装配特点，对计算目标进行合理的结构简化是常见的计算分析方法。该方法不仅可以快速地对结构装配问题进行分析，同时可以使复杂问题简单化，清晰明了）。

要保证销可以正常装配，根据四孔两销干涉检查计算方法，必须同时满足以下两种假设。

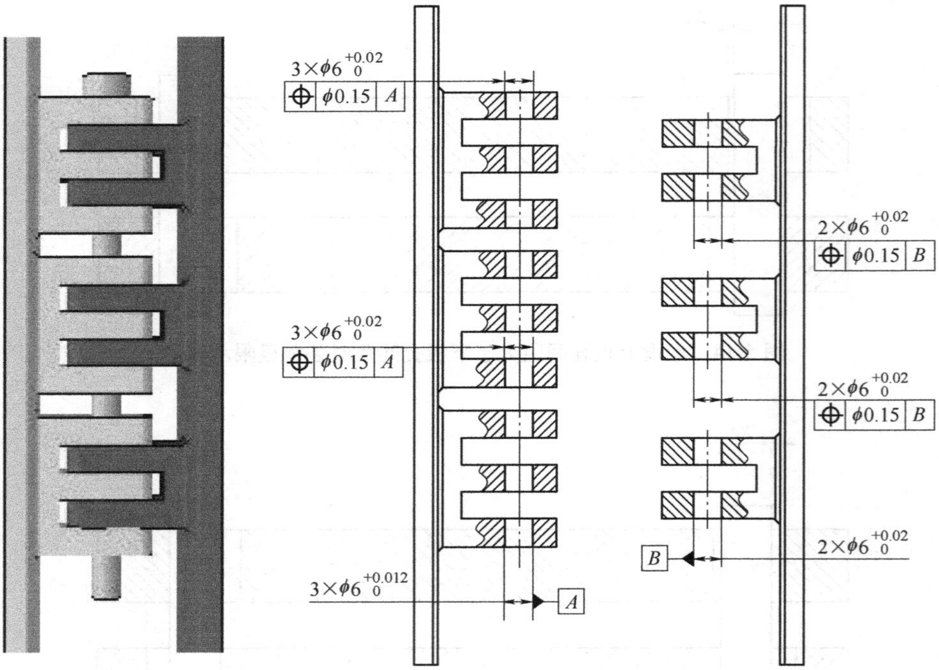

图 5-16　装配示意图

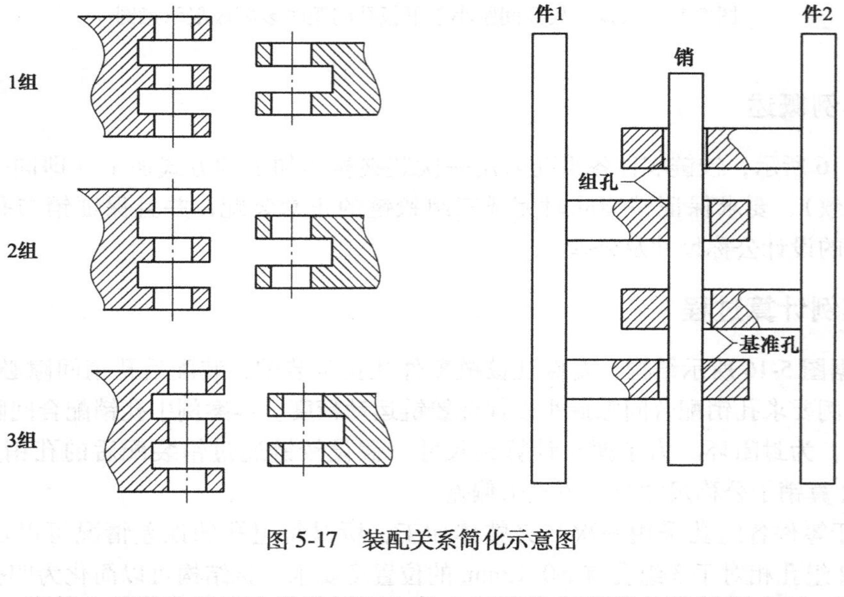

图 5-17　装配关系简化示意图

假设 1：当件 2 基准孔和组孔的孔间距比件 1 基准孔和组孔的孔间距大时，装配极限位置示意图如图 5-18 所示，销要装进组孔中需要 $X1>0$。

根据假设条件 1，尺寸链图如图 5-19 所示。

根据假设 1 的已知数据，极值法计算结果如图 5-20 所示。

根据假设 1 的已知数据，概率法计算结果如图 5-21 所示。

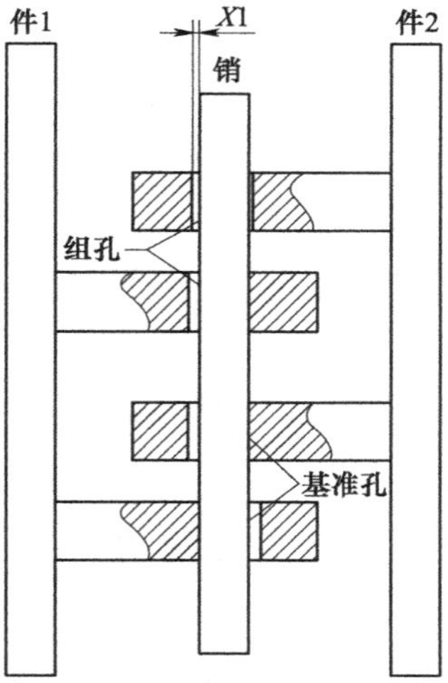


图 5-18　假设 1 极限接触关系示意图

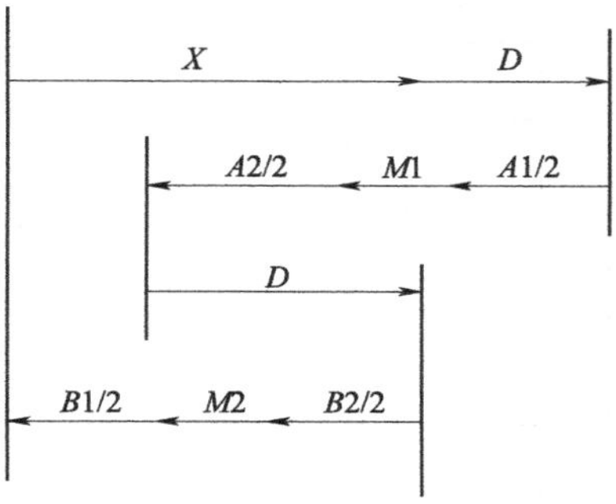


图 5-19　假设 1 尺寸链图

| 编号 | 基本... | 上偏差 | 下偏差 | 增减性 | 公差 | 环类型名 | 传递系数 | 贡献率 | 求解类型 | 分布状态 | 环说明 |
|---|---|---|---|---|---|---|---|---|---|---|---|
| M2 | 0 | 0.075 | -0.075 | 增环 | 0.15 | 尺寸环 | 1.00000 | 42.857% | 已知 | 正态_3... | 件2位置度 |
| A2 | 6 | 0.012 | 0 | 增环 | 0.012 | 尺寸环 | 0.50000 | 1.714% | 已知 | 正态_3... | 件1基准孔直径 |
| D | 5.95 | -0.025 | -0.038 | 减环 | 0.013 | 尺寸环 | -2.00000 | 7.429% | 求解值 | 正态_3... | 销直径 |
| M1 | 0 | 0.075 | -0.075 | 增环 | 0.15 | 尺寸环 | 1.00000 | 42.857% | 已知 | 正态_3... | 件1位置度 |
| A1 | 6 | 0.012 | 0 | 增环 | 0.012 | 尺寸环 | 0.50000 | 1.714% | 已知 | 正态_3... | 件1组孔直径 |
| B2 | 6 | 0.012 | 0 | 增环 | 0.012 | 尺寸环 | 0.50000 | 1.714% | 已知 | 正态_3... | 件2基准孔直径 |
| B1 | 6 | 0.012 | 0 | 增环 | 0.012 | 尺寸环 | 0.50000 | 1.714% | 已知 | 正态_3... | 件2组孔直径 |
| X | 0.1 | 0.25 | -0.1 | 闭环 | 0.35 | 尺寸环 | | | 已知 | 正态_3... | 装配间隙 |

图 5-20　假设 1 极值法计算结果

| 编号 | 基本... | 上偏差 | 下偏差 | 增减性 | 公差 | 环类型名 | 传递系数 | 贡献率 | 求解类型 | 分布状态 | 环说明 |
|---|---|---|---|---|---|---|---|---|---|---|---|
| M2 | 0 | 0.075 | -0.075 | 增环 | 0.15 | 尺寸环 | 1.00000 | 18.367% | 已知 | 正态_3... | 件2位置度 |
| A2 | 6 | 0.012 | 0 | 增环 | 0.012 | 尺寸环 | 0.50000 | 0.029% | 已知 | 正态_3... | 件1基准孔直径 |
| D | 5.9185 | 0.06953 | -0.06953 | 减环 | 0.139... | 尺寸环 | -2.00000 | 63.148% | 求解值 | 正态_3... | 销直径 |
| M1 | 0 | 0.075 | -0.075 | 增环 | 0.15 | 尺寸环 | 1.00000 | 18.367% | 已知 | 正态_3... | 件1位置度 |
| A1 | 6 | 0.012 | 0 | 增环 | 0.012 | 尺寸环 | 0.50000 | 0.029% | 已知 | 正态_3... | 件1组孔直径 |
| B2 | 6 | 0.012 | 0 | 增环 | 0.012 | 尺寸环 | 0.50000 | 0.029% | 已知 | 正态_3... | 件2基准孔直径 |
| B1 | 6 | 0.012 | 0 | 增环 | 0.012 | 尺寸环 | 0.50000 | 0.029% | 已知 | 正态_3... | 件2组孔直径 |
| X | 0.1 | 0.25 | -0.1 | 闭环 | 0.35 | 尺寸环 | | | 已知 | 正态_3... | 装配间隙 |

图 5-21　假设 1 概率法计算结果

假设 2：当件 2 基准孔和组孔的孔间距比件 1 基准孔和组孔的孔间距小时，装配极限位置示意图如图 5-22 所示，销子要装进组孔中需要 $X2>0$。

根据假设条件 2，尺寸链图如图 5-23 所示。

根据假设 2 的已知数据，极值法计算结果如图 5-24 所示。

根据假设 2 的已知数据，概率法计算结果如图 5-25 所示。

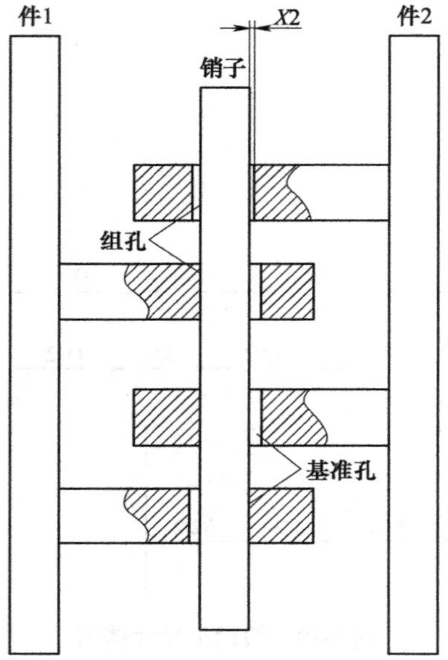


图 5-22　假设 2 极限接触关系示意图

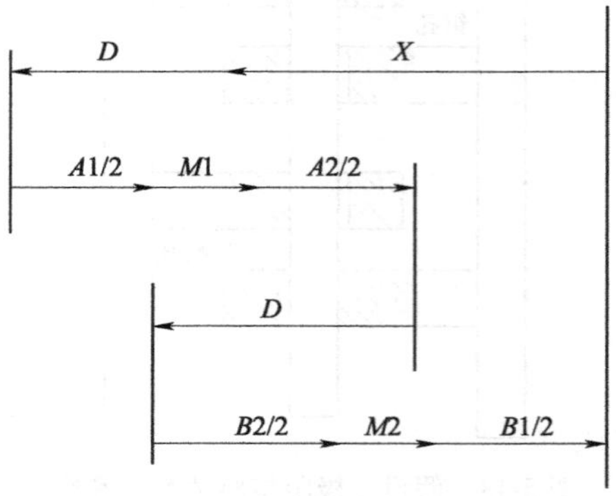


图 5-23　假设 2 尺寸链图

| 编号 | 基本... | 上偏差 | 下偏差 | 增减性 | 公差 | 环类型名 | 传递系数 | 贡献率 | 求解类型 | 分布状态 | 环说明 |
|---|---|---|---|---|---|---|---|---|---|---|---|
| A2 | 6 | 0.012 | 0 | 增环 | 0.012 | 尺寸环 | 0.50000 | 1.71428... | 已知 | 正态_3... | 件1基准孔直径 |
| M2 | 0 | 0.075 | -0.075 | 增环 | 0.15 | 尺寸环 | 1.00000 | 42.8571... | 已知 | 正态_3... | 件2位置度 |
| B1 | 6 | 0.012 | 0 | 增环 | 0.012 | 尺寸环 | 0.50000 | 1.71428... | 已知 | 正态_3... | 件2组孔直径 |
| B2 | 6 | 0.012 | 0 | 增环 | 0.012 | 尺寸环 | 0.50000 | 1.71428... | 已知 | 正态_3... | 件2基准孔直径 |
| M1 | 0 | 0.075 | -0.075 | 增环 | 0.15 | 尺寸环 | 1.00000 | 42.8571... | 已知 | 正态_3... | 件1位置度 |
| D | 5.95 | -0.025 | -0.038 | 减环 | 0.013 | 尺寸环 | -2.00000 | 7.42857... | 求解值 | 正态_3... | 销直径 |
| A1 | 6 | 0.012 | 0 | 增环 | 0.012 | 尺寸环 | 0.50000 | 1.71428... | 已知 | 正态_3... | 件1组孔直径 |
| X | 0.1 | 0.25 | -0.1 | 闭环 | 0.35 | 尺寸环 | | | 已知 | 正态_3... | 装配间隙 |

图 5-24　假设 2 极值法计算结果

| 编号 | 基本... | 上偏差 | 下偏差 | 增减性 | 公差 | 环类型名 | 传递系数 | 贡献率 | 求解类型 | 分布状态 | 环说明 |
|---|---|---|---|---|---|---|---|---|---|---|---|
| A2 | 6 | 0.012 | 0 | 增环 | 0.012 | 尺寸环 | 0.50000 | 0.029% | 已知 | 正态_3... | 件1基准孔直径 |
| M2 | 0 | 0.075 | -0.075 | 增环 | 0.15 | 尺寸环 | 1.00000 | 18.367% | 已知 | 正态_3... | 件2位置度 |
| B1 | 6 | 0.012 | 0 | 增环 | 0.012 | 尺寸环 | 0.50000 | 0.029% | 已知 | 正态_3... | 件2组孔直径 |
| B2 | 6 | 0.012 | 0 | 增环 | 0.012 | 尺寸环 | 0.50000 | 0.029% | 已知 | 正态_3... | 件2基准孔直径 |
| M1 | 0 | 0.075 | -0.075 | 增环 | 0.15 | 尺寸环 | 1.00000 | 18.367% | 已知 | 正态_3... | 件1位置度 |
| D | 5.9185 | 0.06953 | -0.06953 | 减环 | 0.139... | 尺寸环 | -2.00000 | 63.148% | 求解值 | 正态_3... | 销直径 |
| A1 | 6 | 0.012 | 0 | 增环 | 0.012 | 尺寸环 | 0.50000 | 0.029% | 已知 | 正态_3... | 件1组孔直径 |
| X | 0.1 | 0.25 | -0.1 | 闭环 | 0.35 | 尺寸环 | | | 已知 | 正态_3... | 装配间隙 |

图 5-25　假设 2 概率法计算结果

假设铰链装配后孔销间隙在 0～0. 35mm 时，可以计算出极限情况下销“基本尺寸”为 5. 95mm，“上偏差”为-0. 025mm，“下偏差”为-0. 038mm，概率法计算其“基本尺寸”为 5. 918mm，“上、下偏差”约为±0. 069mm，且两种假设计算结果相同。因此首先初步确定销的“基本尺寸”为 5. 95mm，同时为减少销在加工过程中的加工难度，其公差采用概率法计算结果。其次，通过与轴公差带标准公差表对比，与该尺寸公差最靠近为 js12 或 h12，因此依次分析当销公差分别取 js12 或 h12 时，孔销间隙是否最小，以判断满足设计要求的设计尺寸公差。因两种假设情况的计算结果相同，所以此处选择第一种假设情况进行间隙大小分析。

当销尺寸为 5. 95js12 时，其孔销间隙用极值法计算的结果如图 5-26 所示。

| 编号 | 基本... | 上偏差 | 下偏差 | 增减性 | 公差 | 环类型名 | 传递系数 | 贡献率 | 求解类型 | 分布状态 | 环说明 |
|---|---|---|---|---|---|---|---|---|---|---|---|
| M2 | 0 | 0.075 | -0.075 | 增环 | 0.15 | 尺寸环 | 1.00000 | 26.596% | 已知 | 正态_3... | 件2位置度 |
| A2 | 6 | 0.012 | 0 | 增环 | 0.012 | 尺寸环 | 0.50000 | 1.064% | 已知 | 正态_3... | 件1基准孔直径 |
| D | 5.95 | 0.06 | -0.06 | 减环 | 0.12 | 尺寸环 | -2.00000 | 42.553% | 已知 | 正态_3... | 销直径 |
| M1 | 0 | 0.075 | -0.075 | 增环 | 0.15 | 尺寸环 | 1.00000 | 26.596% | 已知 | 正态_3... | 件1位置度 |
| A1 | 6 | 0.012 | 0 | 增环 | 0.012 | 尺寸环 | 0.50000 | 1.064% | 已知 | 正态_3... | 件1组孔直径 |
|  | 6 | 0.012 | 0 | 增环 | 0.012 | 尺寸环 | 0.50000 | 1.064% | 已知 | 正态_3... | 件2基准孔直径 |
| B1 | 6 | 0.012 | 0 | 增环 | 0.012 | 尺寸环 | 0.50000 | 1.064% | 已知 | 正态_3... | 件2组孔直径 |
| X | 0.1 | 0.294 | -0.27 | 闭环 | 0.564 | 尺寸环 |  |  | 求解值 | 正态_3... | 装配间隙 |

图 5-26　销尺寸为 5. 95js12 时孔销间隙

通过软件仿真分析功能分析当销尺寸为 5. 95js12 时，在实际阶段的合格率为 98. 12%，如图 5-27 所示。

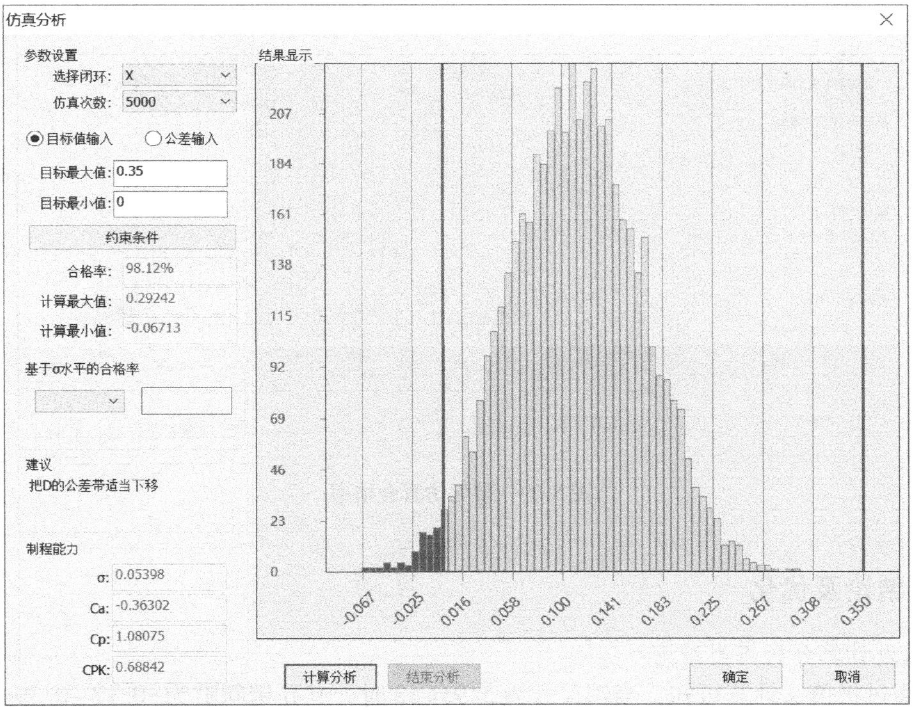


图 5-27　装配仿真合格率

当销尺寸为 5. 95h12 时，其孔销间隙用极值法计算的结果如图 5-28 所示。

通过软件仿真分析功能分析当销尺寸为 5. 95h12 时，在实际阶段的合格率为 98. 42%，如图 5-29 所示。

| 编号 | 基本... | 上偏差 | 下偏差 | 增减性 | 公差 | 环类型名 | 传递系数 | 贡献率 | 求解类型 | 分布状态 | 环说明 |
|---|---|---|---|---|---|---|---|---|---|---|---|
| M2 | 0 | 0.075 | -0.075 | 增环 | 0.15 | 尺寸环 | 1.00000 | 26.596% | 已知 | 正态_3... | 件2位置度 |
| A2 | 6 | 0.012 | 0 | 增环 | 0.012 | 尺寸环 | 0.50000 | 1.064% | 已知 | 正态_3... | 件1基准孔直径 |
| D | 5.95 | 0 | -0.12 | 减环 | 0.12 | 尺寸环 | -2.00000 | 42.553% | 已知 | 正态_3... | 销直径 |
| M1 | 0 | 0.075 | -0.075 | 增环 | 0.15 | 尺寸环 | 1.00000 | 26.596% | 已知 | 正态_3... | 件1位置度 |
| A1 | 6 | 0.012 | 0 | 增环 | 0.012 | 尺寸环 | 0.50000 | 1.064% | 已知 | 正态_3... | 件1组孔直径 |
| B2 | 6 | 0.012 | 0 | 增环 | 0.012 | 尺寸环 | 0.50000 | 1.064% | 已知 | 正态_3... | 件2基准孔直径 |
| B1 | 6 | 0.012 | 0 | 增环 | 0.012 | 尺寸环 | 0.50000 | 1.064% | 已知 | 正态_3... | 件2组孔直径 |
| X | 0.1 | 0.414 | -0.15 | 闭环 | 0.564 | 尺寸环 | | | 求解值 | 正态_3... | 装配间隙 |

图 5-28　销尺寸为 5. 95h12 时孔销间隙

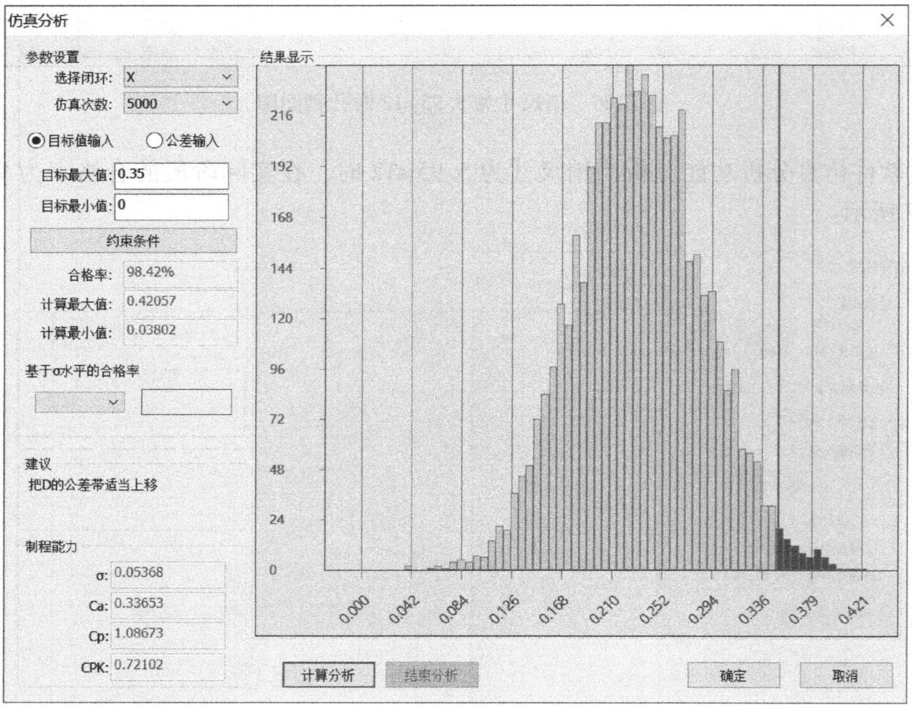


图 5-29　装配仿真合格率

## 5. 3. 4　结论及优化

1. 通过计算分析得出结论

1）通过极值法计算可知，当销尺寸为 5. 95js12 时，其孔销间隙为−0. 17～0. 394mm，当销尺寸为 5. 95h12 时，其孔销间隙为−0. 05～0. 514mm。该结果表明在极限情况下，孔销配合存在干涉的可能。

2）通过仿真分析结果可知，当销尺寸为 5. 95js12 时，该公差设计在实际生产阶段的合格率为 98. 12%，当销尺寸为 5. 95h12 时合格率为 98. 42%。

3）根据软件仿真结果可知，当销尺寸为 5. 95js12 时，其间隙为−0. 067～0. 292mm，在装配时有干涉的可能；当销尺寸为 5. 95h12 时，其间隙为 0. 038～0. 42mm，虽然满足装配要求，但是其孔销配合间隙较大，不满足间隙最小的设计要求。

综上所述：目前的公差选取都不合理。

2. 优化过程

为满足产品孔销间隙最小要求，并能正常装配，通过与标准轴公差表对比选取优选公差，进行分析。图 5-30 为公差等级查询。

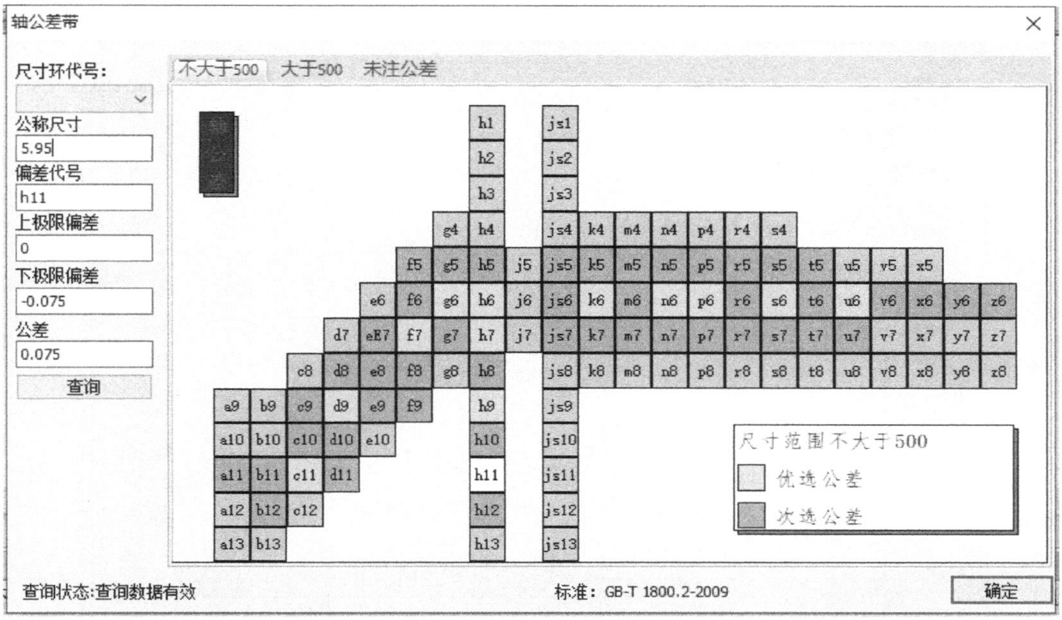


图 5-30　公差等级查询

当销子公称尺寸为 5. 95mm 时，在不同公差取值下，其孔销间隙见表 5-3，同时缩小间隙仿真目标范围，取目标装配间隙为 0~0. 25mm，分析结果见表 5-3。

**表 5-3　销公称尺寸为 5. 95mm 时公差等级与间隙范围**

| 公差取值 | h11 | f9 | e10 | d11 | c11 |
|---|---|---|---|---|---|
| 极限间隙范围/mm | −0. 05~0. 42 | −0. 03~0. 35 | −0. 01~0. 41 | 0. 01~0. 484 | 0. 09~0. 54 |
| 仿真计算结果（0~0. 25） | 93. 02% | 99. 2% | 90. 6% | 54. 36% | 3. 76% |

当销公称尺寸为 5. 9mm 时，在不同公差取值下，其孔销间隙见表 5-4。

**表 5-4　销公称尺寸为 5. 9mm 时公差等级与间隙范围**

| 公差取值 | h11 | f9 | e10 | d11 | c11 |
|---|---|---|---|---|---|
| 极限间隙范围/mm | 0. 05~0. 52 | 0. 07~0. 45 | 0. 08~0. 51 | 0. 11~0. 58 | 0. 19~0. 66 |
| 仿真计算结果（0~0. 25） | 19. 52% | 37. 28% | 10% | 0. 82% | 0 |

> **注意：**下极限偏差为负说明安装时干涉。

通过对比可以看出，当销尺寸为 5. 95f 9 时，合格率最高，当销尺寸取为 5. 9f9 时，合格率不高，其两组数值仿真结果如图 5-31 和图 5-32 所示。

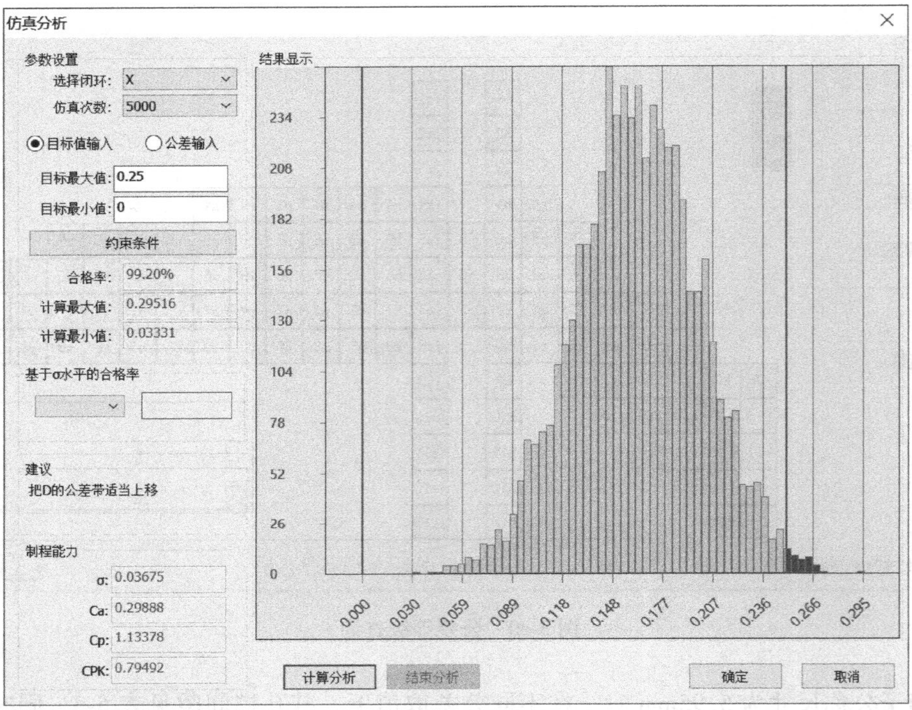


图 5-31　销尺寸为 5. 95f9 时仿真合格率

优化结果分析：

1）当销尺寸为 5. 95f 9 时，采用极值法计算，其孔销间隙为-0. 03~0. 35mm，在极限的情况下，孔销装配存在干涉的可能。在孔销目标间隙 0~0. 25mm 时，仿真其在实际生产阶段的合格率为 99. 2%，仿真间隙结果为 0. 03~0. 295mm，说明虽然极端情况（极值法）下存在干涉的可能但实际生产中发生的概率非常小，同时，根据对比分析计算结果，当销公称尺寸取 5. 95f 9 时，孔销间隙最小。

2）当销尺寸为 5. 9f 9 时，采用极值法计算，其孔销间隙为 0. 07~0. 45mm，在极限的情况下，孔销装配不会发生干涉。但在孔销目标间隙 0~0. 25mm 时，仿真其在实际生产阶段的合格率仅为 37. 14%，仿真间隙结果为 0. 14~0. 38mm，说明虽然孔销装配时不会发生干涉，但装配后孔销配合间隙较大，会对配合性能产生影响，不满足孔销间隙最小的设计要求。

综合上述分析结果，销尺寸选择 5. 95f 9 最佳。

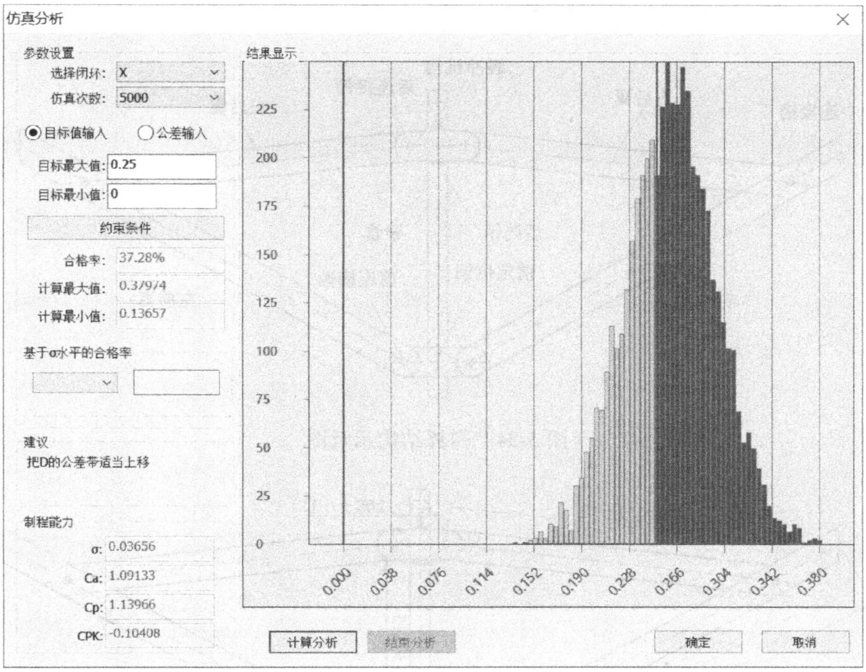


图 5-32　销尺寸为 5.9f 9 时仿真合格率

# 5.4　机构运动尺寸链计算

## 5.4.1　机构运动尺寸链问题综述

机构的稳定性和可靠性与机构参数息息相关。尺寸公差不合理将导致机构出现运动轨迹偏离、定位偏差、转角偏差过大、运动干涉、间隙不合理等问题。

## 5.4.2　案例概述

在航空炸弹领域，钻石背弹翼已得到广泛应用。钻石背弹翼采用了独特的铰链串联弹翼的设计，一对可折叠的骨架式弹翼在投放前收拢在炸弹下部，在炸弹被投放后，钻石背弹翼套件将会自动弹开。炸弹会由于升力面积的增加而立即获得更好的空气动力性能，进而增大射程。

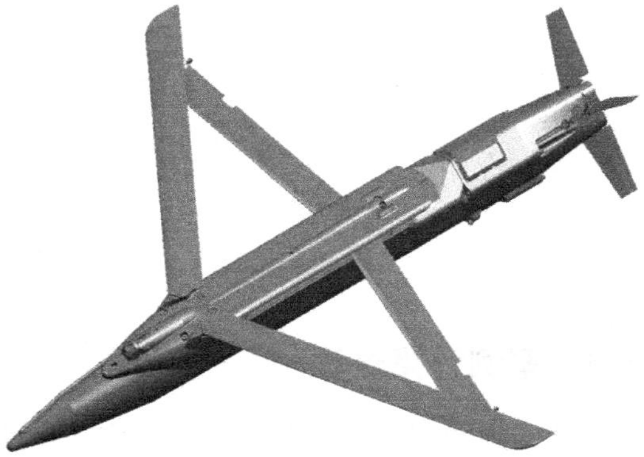

图 5-33　航空炸弹弹翼展开示意图

从结构上来说，钻石背弹翼就是一套偏置的曲柄滑块机构，通过滑块的移动实现弹翼的收拢与展开。

国内某型号航空炸弹弹翼展开示意图如图 5-33 所示，现通过尺寸链计算，求弹翼展开后的总宽度，要求总宽度控制在 (3248±4)mm 范围内。

弹翼展开的简化结构示意图如图 5-34 所示，其结构尺寸如图 5-35 所示。

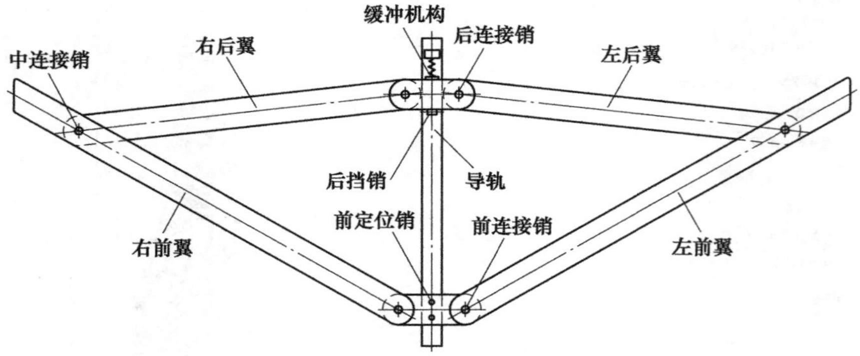


图 5-34　弹翼结构示意图

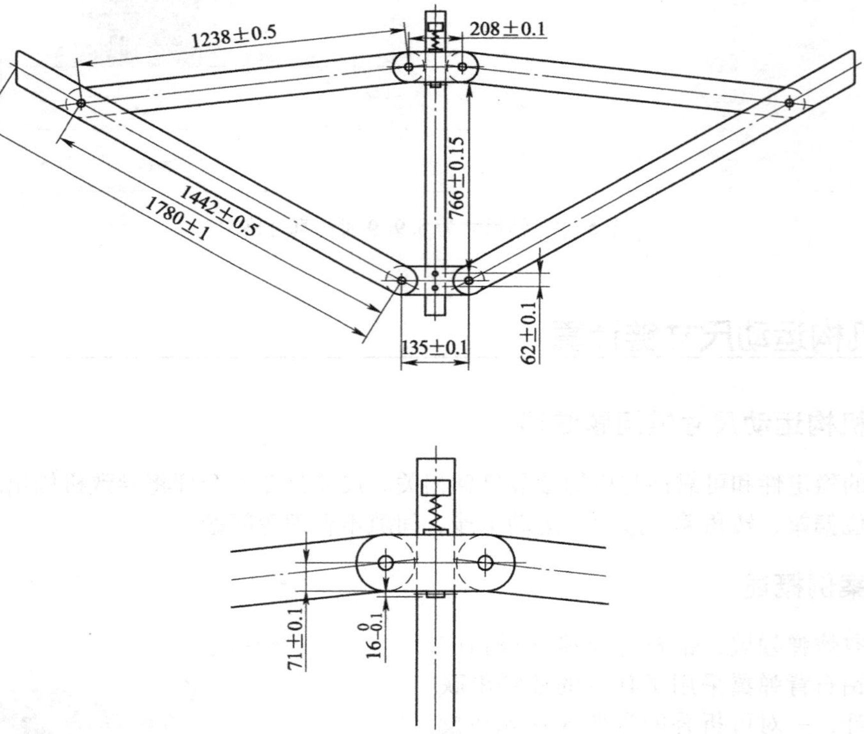


图 5-35　结构尺寸

## 5.4.3　案例计算过程

该结构为两侧对称的曲柄滑块机构，弹翼在展开过程中，由于各零件的尺寸误差，两侧可能出现不同步。设计过程中，通过多处孔销间隙、滑块与轨道配合间隙来弥补展开过程中的两侧弹翼的不同步。因此，可分别计算两侧弹翼展开后到轨道中心线的距离，两侧之和即为展开宽度。案例计算过程中未考虑零件几何公差、孔轴间隙配合中心误差以及滑块与轨道间隙误差等。

根据结构绘制尺寸链图如图 5-36 所示。

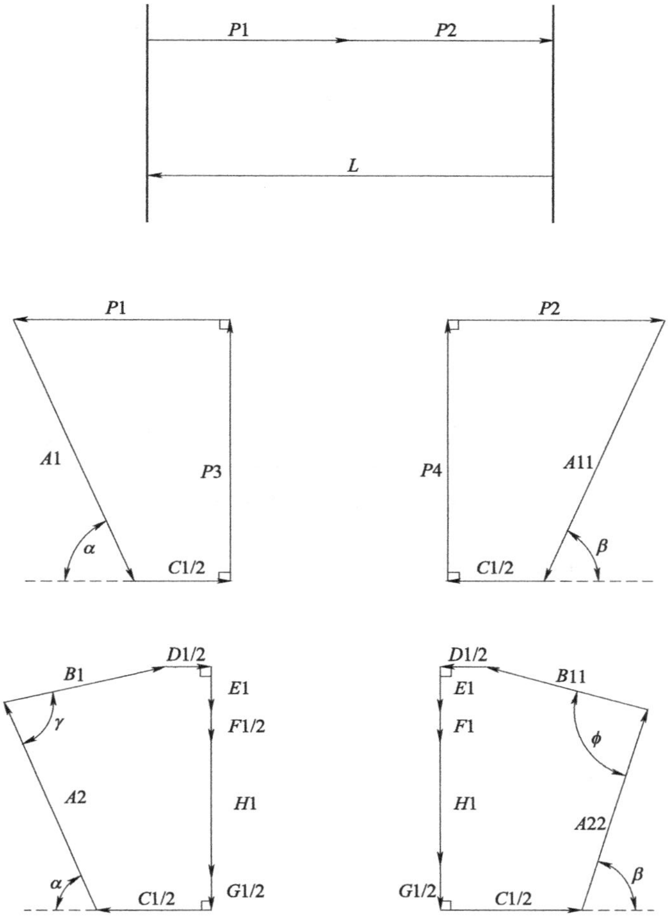


图 5-36　尺寸链图

极值法计算结果如图 5-37 所示。

属性

选择要显示的闭　L

| 编号 | 基本尺寸 | 上偏差 | 下偏差 | 增减性 | 公差 | 环类型名 | 传递系数 | 贡献率 | 求解类型 | 分布状态 |
|---|---|---|---|---|---|---|---|---|---|---|
| A1 | 1780 | 1 | -1 | 增环 | 2 | 尺寸环 | 0.874300 | 23.557% | 已知 | 正态_3西格玛 |
| A11 | 1780 | 1 | -1 | 增环 | 2 | 尺寸环 | 0.874300 | 23.557% | 已知 | 正态_3西格玛 |
| A2 | 1442 | 0.5 | -0.5 | 减环 | 1 | 尺寸环 | -0.778350 | 10.486% | 已知 | 正态_3西格玛 |
| A22 | 1442 | 0.5 | -0.5 | 减环 | 1 | 尺寸环 | -0.778350 | 10.486% | 已知 | 正态_3西格玛 |
| B1 | 1238 | 0.5 | -0.5 | 增环 | 1 | 尺寸环 | 0.982250 | 13.233% | 已知 | 正态_3西格玛 |
| B11 | 1238 | 0.5 | -0.5 | 增环 | 1 | 尺寸环 | 0.982250 | 13.233% | 已知 | 正态_3西格玛 |
| C1 | 135 | 0.1 | -0.1 | 增环 | 0.2 | 尺寸环 | 0.028670 | 0.077% | 已知 | 正态_3西格玛 |
| D1 | 208 | 0.1 | -0.1 | 增环 | 0.2 | 尺寸环 | 0.971330 | 2.617% | 已知 | 正态_3西格玛 |
| E1 | 71 | 0.1 | -0.1 | 减环 | 0.2 | 尺寸环 | -0.292090 | 0.787% | 已知 | 正态_3西格玛 |
| F1 | 16 | 0 | -0.1 | 减环 | 0.1 | 尺寸环 | -0.292040 | 0.393% | 已知 | 正态_3西格玛 |
| G1 | 62 | 0.1 | -0.1 | 减环 | 0.2 | 尺寸环 | -0.146050 | 0.394% | 已知 | 正态_3西格玛 |
| H1 | 766 | 0.15 | -0.15 | 减环 | 0.3 | 尺寸环 | -0.292090 | 1.181% | 已知 | 正态_3西格玛 |
| L | 3247.50475 | 3.72617 | -3.69684 | 闭环 | 7.42... | 尺寸环 | | | 求解值 | 正态_3西格玛 |

图 5-37　极值法计算结果

概率法计算结果如图 5-38 所示。

属性

选择要显示的闭 L

| 编号 | 基本尺寸 | 上偏差 | 下偏差 | 增减性 | 公差 | 环类型名 | 传递系数 | 贡献率 | 求解类型 | 分布状态 |
|---|---|---|---|---|---|---|---|---|---|---|
| A1 | 1780 | 1 | -1 | 增环 | 2 | 尺寸环 | 0.874300 | 32.851% | 已知 | 正态_3西格玛 |
| A11 | 1780 | 1 | -1 | 增环 | 2 | 尺寸环 | 0.874300 | 32.851% | 已知 | 正态_3西格玛 |
| A2 | 1442 | 0.5 | -0.5 | 减环 | 1 | 尺寸环 | -0.778400 | 6.510% | 已知 | 正态_3西格玛 |
| A22 | 1442 | 0.5 | -0.5 | 减环 | 1 | 尺寸环 | -0.778400 | 6.510% | 已知 | 正态_3西格玛 |
| B1 | 1238 | 0.5 | -0.5 | 增环 | 1 | 尺寸环 | 0.982290 | 10.367% | 已知 | 正态_3西格玛 |
| B11 | 1238 | 0.5 | -0.5 | 增环 | 1 | 尺寸环 | 0.982290 | 10.367% | 已知 | 正态_3西格玛 |
| C1 | 135 | 0.1 | -0.1 | 增环 | 0.2 | 尺寸环 | 0.028620 | 0.000% | 已知 | 正态_3西格玛 |
| D1 | 208 | 0.1 | -0.1 | 增环 | 0.2 | 尺寸环 | 0.971380 | 0.406% | 已知 | 正态_3西格玛 |
| E1 | 71 | 0.1 | -0.1 | 减环 | 0.2 | 尺寸环 | -0.292040 | 0.037% | 已知 | 正态_3西格玛 |
| F1 | 16 | 0 | -0.1 | 减环 | 0.1 | 尺寸环 | -0.292040 | 0.009% | 已知 | 正态_3西格玛 |
| G1 | 62 | 0.1 | -0.1 | 减环 | 0.2 | 尺寸环 | -0.146020 | 0.009% | 已知 | 正态_3西格玛 |
| H1 | 766 | 0.15 | -0.15 | 减环 | 0.3 | 尺寸环 | -0.292040 | 0.082% | 已知 | 正态_3西格玛 |
| L | 3247.51936 | 1.5254 | -1.5254 | 闭环 | 3.05... | 尺寸环 | | | 求解值 | 正态_3西格玛 |

图 5-38 概率法计算结果

仿真分析法计算结果如图 5-39 所示。

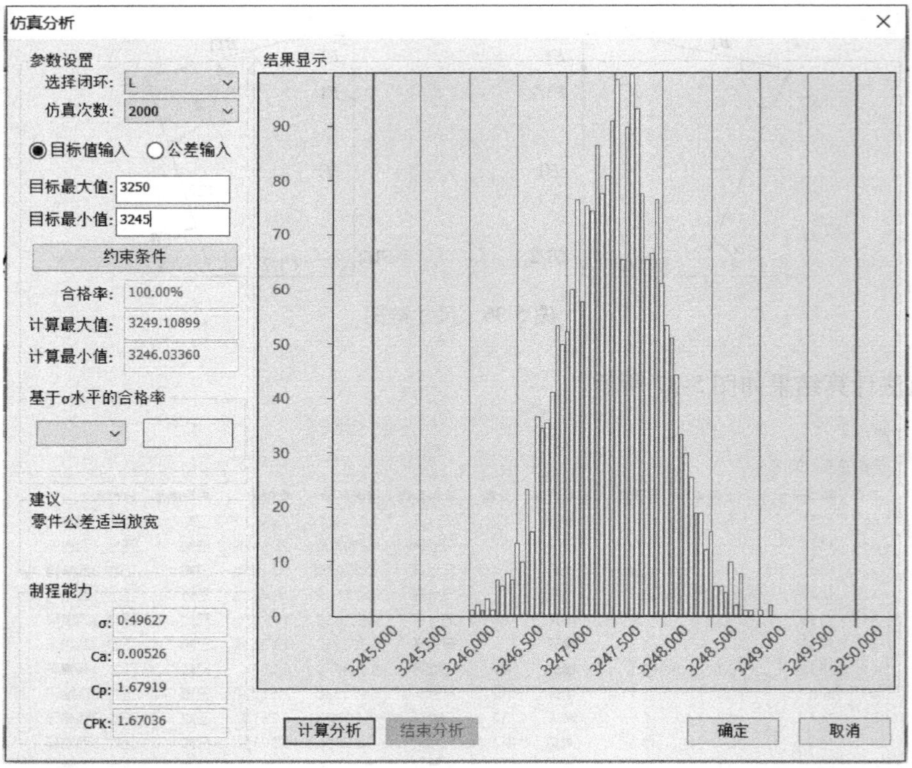


图 5-39 仿真法计算结果

### 5.4.4　结论及优化

从极值法计算结果可知，最大值为 3251.2mm，最小值为 3243.8mm；从概率法计算结果可知，最大值为 3249.04mm，最小值为 3245.99mm；从仿真分析法计算结果可知，最大值为 3249.32mm，最小值为 3245.44mm，仿真合格率达到 100%。

三种计算结果均在要求范围内，故现有的零件尺寸公差能满足展开总宽度在（3248±4）mm 范围内的技术要求。

## 5.5　导弹可折叠弹翼尺寸链计算

### 5.5.1　导弹可折叠弹翼尺寸链问题综述

为使导弹小型化，战术性导弹大量采用了折叠单翼。即导弹发射前弹翼折叠在弹体内或弹体表面，发射后弹翼展开并锁定。折叠弹翼可缩小弹体尺寸，便于贮存、运输及发射，提高武器系统的机动性及战斗力。

导弹折叠弹翼展开的可靠性直接关系到导弹能否正常飞行，能否成功击中目标。在折叠弹翼设计过程中，需要保证弹翼按要求顺利展开，且要可靠锁定。若折叠弹翼展开机构各零件尺寸公差设计不合格，很容易造成展开机构装配干涉、弹翼展开卡滞及弹翼锁定不可靠等问题，因此对折叠弹翼展开机构的公差分析和研究具有重要意义。

### 5.5.2　案例概述

某型号导弹弹翼结构展开状态如图 5-40a 所示，上下翼结合，定位销（定位销装在导向块中，导向块固连于下翼）通过弹簧推出插入限位块孔（限位块固连于上翼），锁定上翼，使上翼固定；折叠状态如图 5-40b 所示，上翼通过合页（上翼与合页Ⅱ固连，下翼与合页Ⅰ固连，合页Ⅰ与合页Ⅱ一起套在芯轴上）旋转 144°±1°，限位块端面挡住定位销，定位销处于待锁定状态，零件图如图 5-40c 和图 5-40d 所示。由于定位销顶部是尖头形状，若上翼折叠状态时，限位块端面无法有效挡住定位销，会导致定位销尖部卡住限位块，上翼无法顺利展开，严重时会直接导致导弹发射失败。各零件尺寸如图 5-41 所示。试分析该型号导弹弹翼展开的可靠性。

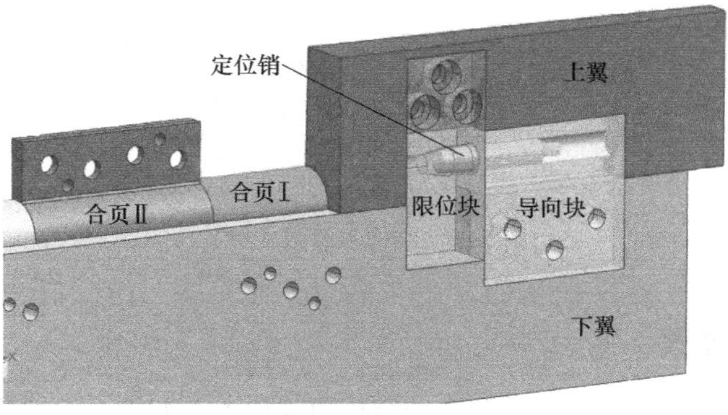


a) 展开状态

图 5-40　结构示意图

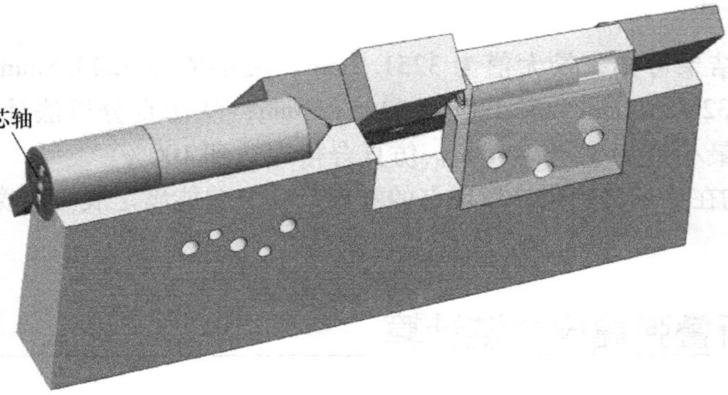


b) 折叠状态

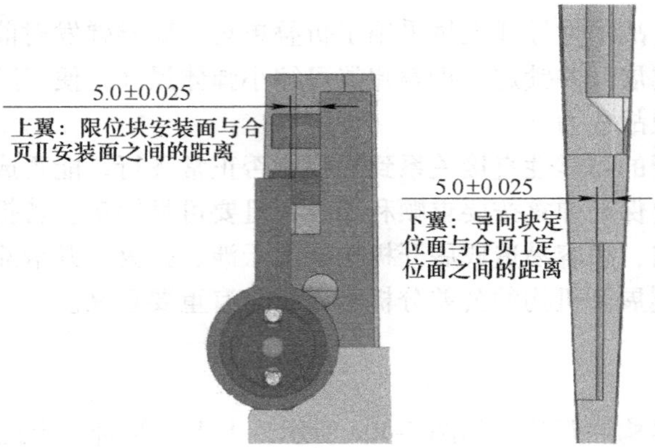


c) 零件图1

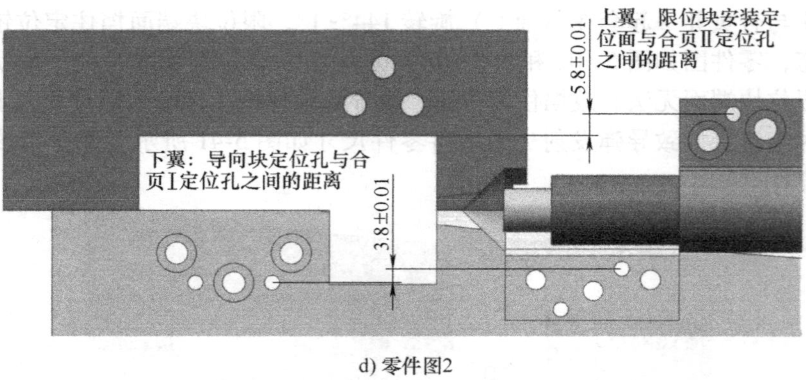


d) 零件图2

图 5-40　结构示意图（续）

## 5.5.3　案例计算过程

导弹上翼从展开状态旋转至折叠状态的结构原理如图 5-42 所示。为保证上翼顺利展开，限位块侧边到定位销中心的距离（$X$）必须大于零。

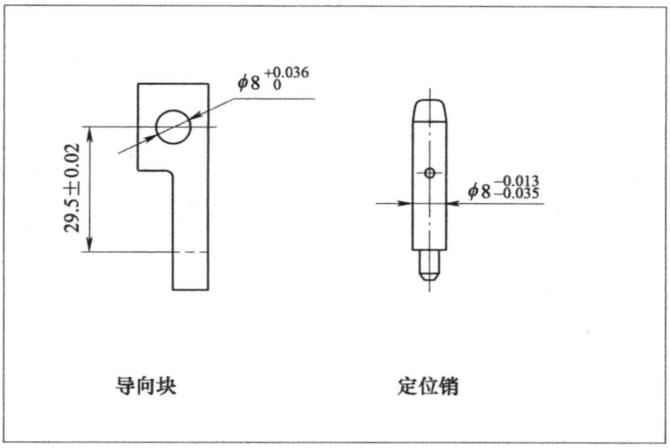


a) 零件图1

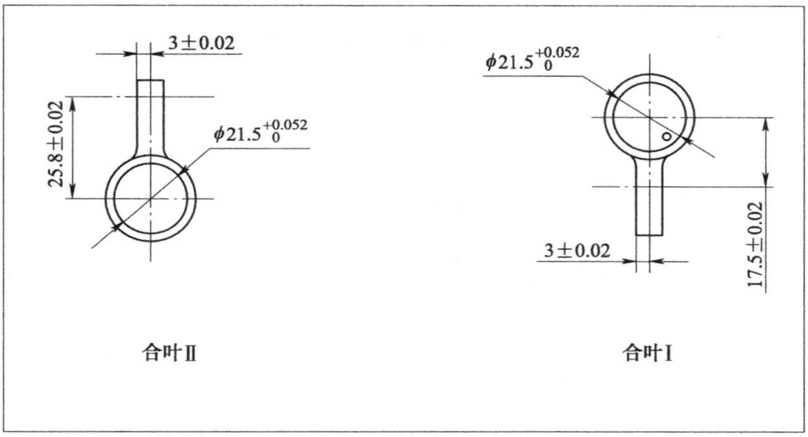


b) 零件图2

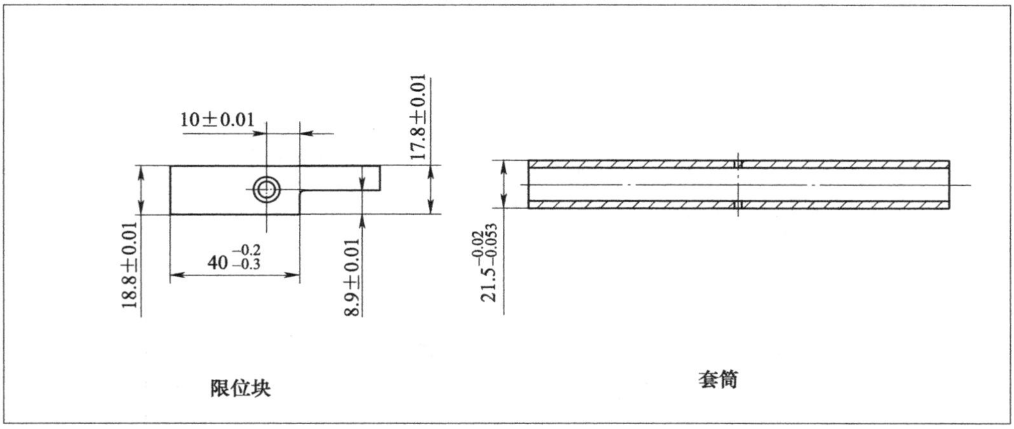


c) 零件图3

图 5-41　零件工程图

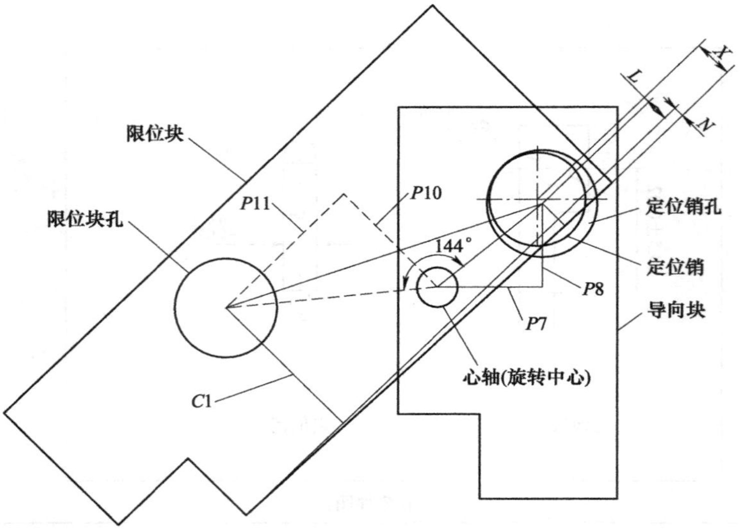


图 5-42　导弹上翼从展开状态旋转至折叠状态的结构原理

通过分析得出尺寸链图如图 5-43 所示。

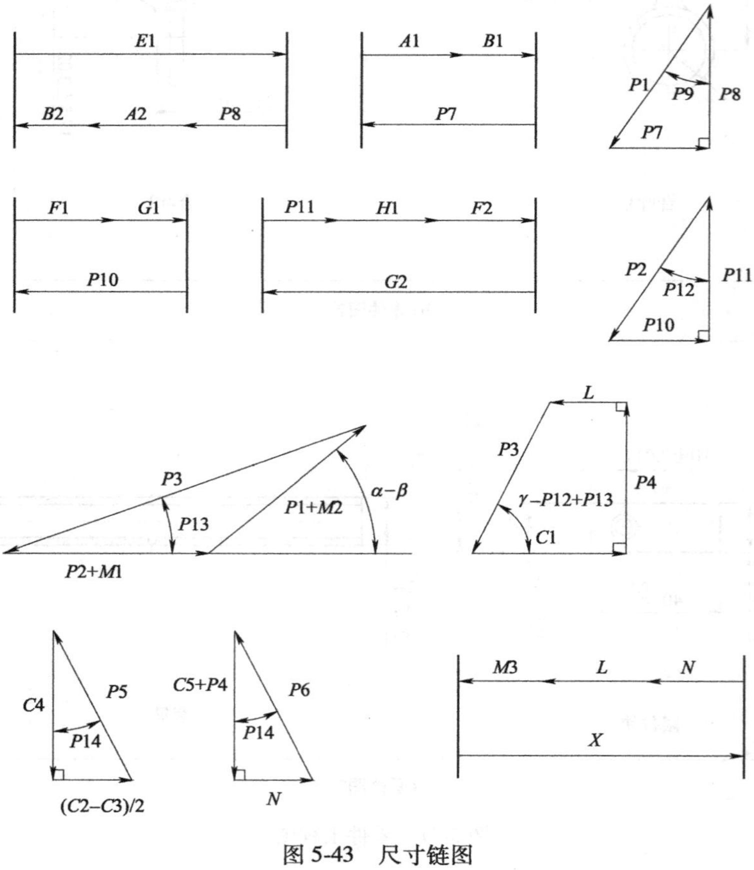


图 5-43　尺寸链图

极值法、概率法及仿真法计算的结果如图 5-44 所示。

| 编 / | 基本尺... | 上偏差 | 下偏差 | 增减性 | 公差 | 环类型名 | 传递系... | 贡献率 | 求解类型 | 分布状态 | 环说明 |
|---|---|---|---|---|---|---|---|---|---|---|---|
| A1 | 5 | 0.025 | -0.025 | 减环 | 0.05 | 尺寸环 | -0.02119 | 0.128% | 已知 | 正态_3西.. | 下翼 |
| A2 | 3.8 | 0.01 | -0.01 | 增环 | 0.02 | 尺寸环 | 0.02648 | 0.064% | 已知 | 正态_3西.. | 下翼 |
| B1 | 3 | 0.02 | -0.02 | 减环 | 0.04 | 尺寸环 | -0.02119 | 0.103% | 已知 | 正态_3西.. | 合页I |
| B2 | 15.7 | 0.02 | -0.02 | 增环 | 0.04 | 尺寸环 | 0.02648 | 0.128% | 已知 | 正态_3西.. | 合页I |
| C1 | 8.9 | 0.01 | -0.01 | 增环 | 0.02 | 尺寸环 | 1.00000 | 2.419% | 已知 | 正态_3西.. | 限位块 |
| C2 | 18.8 | 0.01 | -0.01 | 增环 | 0.02 | 尺寸环 | 0.40990 | 0.992% | 已知 | 正态_3西.. | 限位块 |
| C3 | 17.8 | 0.01 | -0.01 | 减环 | 0.02 | 尺寸环 | -0.40990 | 0.992% | 已知 | 正态_3西.. | 限位块 |
| C4 | 40 | -0.2 | -0.3 | 减环 | 0.1 | 尺寸环 | -0.01037 | 0.125% | 已知 | 正态_3西.. | 限位块 |
| C5 | 10 | 0.01 | -0.01 | 增环 | 0.02 | 尺寸环 | 0.01250 | 0.030% | 已知 | 正态_3西.. | 限位块 |
| E1 | 29.5 | 0.02 | -0.02 | 减环 | 0.04 | 尺寸环 | -0.02649 | 0.128% | 已知 | 正态_3西.. | 导向块 |
| F1 | 5 | 0.025 | -0.025 | 减环 | 0.05 | 尺寸环 | -1.78050 | 10.769% | 已知 | 正态_3西.. | 上翼 |
| F2 | 5.8 | 0.01 | -0.01 | 减环 | 0.02 | 尺寸环 | -0.63690 | 1.541% | 已知 | 正态_3西.. | 上翼 |
| G1 | 3 | 0.02 | -0.02 | 减环 | 0.04 | 尺寸环 | -1.78050 | 8.615% | 已知 | 正态_3西.. | 合页II |
| G2 | 25.8 | 0.02 | -0.02 | 增环 | 0.04 | 尺寸环 | 0.63690 | 3.082% | 已知 | 正态_3西.. | 合页II |
| H1 | 10 | 0.01 | -0.01 | 减环 | 0.02 | 尺寸环 | -0.63690 | 1.541% | 已知 | 正态_3西.. | 导向块 |
| M1 | 0 | 0.048 | -0.048 | 减环 | 0.096 | 尺寸环 | -0.61500 | 7.142% | 已知 | 正态_3西.. | 合叶II与套筒的漂移量 |
| M2 | 0 | 0.05 | -0.05 | 减环 | 0.099 | 尺寸环 | -0.03392 | 0.410% | 已知 | 正态_3西.. | 合叶I与套筒的漂移量 |
| M3 | 0 | 0.032 | -0.032 | 增环 | 0.065 | 尺寸环 | 1.00000 | 7.742% | 已知 | 正态_3西.. | 定位销与导向块定位销孔的漂移量 |
| X | 0.71562 | 0.41323 | -0.41347 | 闭环 | 0.8267 | 尺寸环 | | | 求解值 | 正态_3西.. | |
| α | 180 | 0 | 0 | 增环 | 0 | 角度环 | 12.79990 | 0.000% | 已知 | 正态_3西.. | |
| β | 144 | 60 | -60 | 减环 | 120 | 角度环 | -12.799... | 54.048% | 已知 | 正态_3西.. | 上翼旋转的角度 |
| γ | 90 | 0 | 0 | 增环 | 0 | 角度环 | 22.90030 | 0.000% | 已知 | 正态_3西.. | |

a)极值法计算结果

| 编 / | 基本尺... | 上偏差 | 下偏差 | 增减性 | 公差 | 环类型名 | 传递系... | 贡献率 | 求解类型 | 分布状态 | 环说明 |
|---|---|---|---|---|---|---|---|---|---|---|---|
| A1 | 5 | 0.025 | -0.025 | 减环 | 0.05 | 尺寸环 | -0.02114 | 0.001% | 已知 | 正态_3西... | 下翼 |
| A2 | 3.8 | 0.01 | -0.01 | 增环 | 0.02 | 尺寸环 | 0.02643 | 0.000% | 已知 | 正态_3西... | 下翼 |
| B1 | 3 | 0.02 | -0.02 | 减环 | 0.04 | 尺寸环 | -0.02114 | 0.000% | 已知 | 正态_3西... | 合页I |
| B2 | 15.7 | 0.02 | -0.02 | 增环 | 0.04 | 尺寸环 | 0.02643 | 0.001% | 已知 | 正态_3西... | 合页I |
| C1 | 8.9 | 0.01 | -0.01 | 增环 | 0.02 | 尺寸环 | 1.00000 | 0.180% | 已知 | 正态_3西... | 限位块 |
| C2 | 18.8 | 0.01 | -0.01 | 增环 | 0.02 | 尺寸环 | 0.41250 | 0.031% | 已知 | 正态_3西... | 限位块 |
| C3 | 17.8 | 0.01 | -0.01 | 减环 | 0.02 | 尺寸环 | -0.41250 | 0.031% | 已知 | 正态_3西... | 限位块 |
| C4 | 40 | -0.2 | -0.3 | 减环 | 0.1 | 尺寸环 | -0.01037 | 0.000% | 已知 | 正态_3西... | 限位块 |
| C5 | 10 | 0.01 | -0.01 | 增环 | 0.02 | 尺寸环 | 0.01258 | 0.000% | 已知 | 正态_3西... | 限位块 |
| E1 | 29.5 | 0.02 | -0.02 | 减环 | 0.04 | 尺寸环 | -0.02642 | 0.001% | 已知 | 正态_3西... | 导向块 |
| F1 | 5 | 0.025 | -0.025 | 减环 | 0.05 | 尺寸环 | -1.78050 | 3.574% | 已知 | 正态_3西... | 上翼 |
| F2 | 5.8 | 0.01 | -0.01 | 减环 | 0.02 | 尺寸环 | -0.63690 | 0.073% | 已知 | 正态_3西... | 上翼 |
| G1 | 3 | 0.02 | -0.02 | 减环 | 0.04 | 尺寸环 | -1.78050 | 2.288% | 已知 | 正态_3西... | 合页II |
| G2 | 25.8 | 0.02 | -0.02 | 增环 | 0.04 | 尺寸环 | 0.63700 | 0.293% | 已知 | 正态_3西... | 合页II |
| H1 | 10 | 0.01 | -0.01 | 减环 | 0.02 | 尺寸环 | -0.63690 | 0.073% | 已知 | 正态_3西... | 导向块 |
| M1 | 0 | 0.048 | -0.048 | 减环 | 0.096 | 尺寸环 | -0.61480 | 1.571% | 已知 | 正态_3西... | 合叶II与套筒的漂移量 |
| M2 | 0 | 0.05 | -0.05 | 减环 | 0.099 | 尺寸环 | -0.03384 | 0.005% | 已知 | 正态_3西... | 合叶I与套筒的漂移量 |
| M3 | 0 | 0.032 | -0.032 | 增环 | 0.065 | 尺寸环 | 1.00000 | 1.847% | 已知 | 正态_3西... | 定位销与导向块定位销孔的漂移量 |
| X | 0.7182 | 0.23544 | -0.23544 | 闭环 | 0.470... | 尺寸环 | | | 求解值 | 正态_3西... | |
| α | 180 | 0 | 0 | 增环 | 0 | 角度环 | 12.80000 | 0.000% | 已知 | 正态_3西... | |
| β | 144 | 60 | -60 | 减环 | 120 | 角度环 | -12.799... | 90.031% | 已知 | 正态_3西... | 上翼旋转的角度 |
| γ | 90 | 0 | 0 | 增环 | 0 | 角度环 | 22.90100 | 0.000% | 已知 | 正态_3西... | |

b) 概率法计算结果

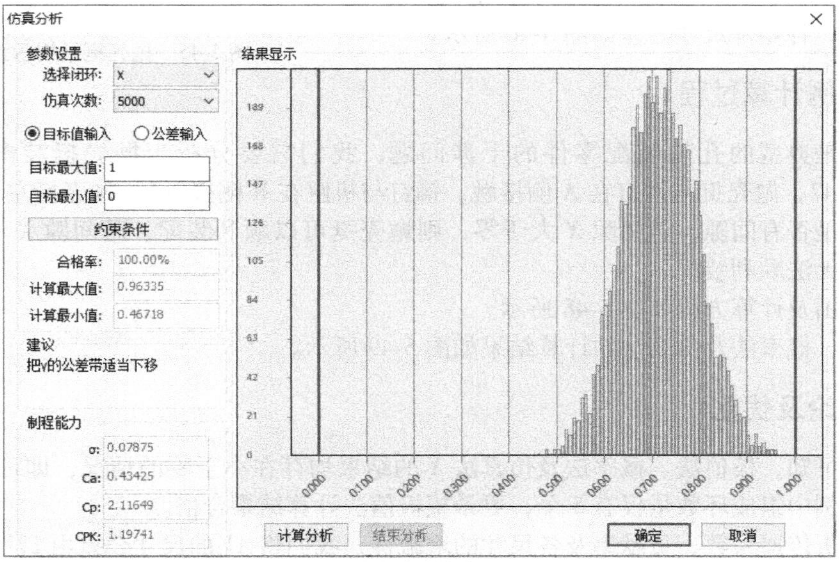


c) 仿真法计算结果

图 5-44　计算结果

### 5.5.4 结论及优化

通过计算可知，采用三种计算方法距离 $X$ 的结果均大于零，上翼在折叠状态时，限位块可以有效挡住定位销，保证导弹发射时上翼顺利展开。

## 5.6 步枪抛壳机构尺寸链计算

### 5.6.1 步枪抛壳机构尺寸链问题综述

抛壳机构是步枪结构中至关重要的零件，主要由抛壳挺及拉壳钩组成，在子弹击发后，机头体解锁带动拉壳钩从弹膛中抽出弹壳并一起向后运动，到一定距离后由抛壳挺顶弹壳底部的另一边形成力矩，将弹壳从抛壳窗抛出，保证在机头体复进时下一发子弹不被挡住，顺利进入机头体。目前自动步枪、冲锋枪及手枪的抛壳挺多数是与机匣连接，枪机框前后运动过程中通过导轨槽让开抛壳挺，若抛壳挺及机匣的相关尺寸公差设计不合理，会直接影响抛壳挺的可装配性及枪机框的往复运动，严重时导致枪械无法正常射击。

### 5.6.2 案例概述

某型号步枪的抛壳挺铆接于机匣上，其结构简图如图 5-45 所示。

在实际装配过程中，发现部分抛壳挺与机匣通过铆钉装配时出现孔轴干涉，铆钉无法穿过抛壳挺的孔与机匣的孔，影响了装配效率，造成部分抛壳挺无法装配而报废处理，增加了产品生产成本。通过尺寸链计算分析抛壳挺的可装配性，解决产品装配干涉问题。各零件尺寸公差如图 5-46 所示。

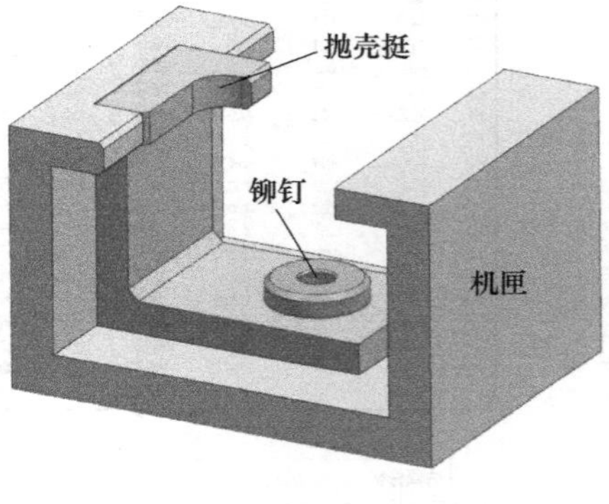


图 5-45 抛壳挺结构示意图

### 5.6.3 案例计算过程

该案例是典型的孔轴装配零件的干涉问题，我们需要分析当抛壳挺装配至最右侧时（见图 5-47，抛壳挺与铆钉在 A 侧接触，铆钉与机匣在 B 侧接触），抛壳挺左端面与机匣内侧面之间是否有间隙，若间隙 $X$ 大于零，则抛壳挺可以顺利装配，若间隙 $X$ 小于零，则产生干涉，无法顺利装配。

尺寸链图及计算方程如图 5-48 所示。

极值法、概率法及仿真法的计算结果如图 5-49 所示。

### 5.6.4 结论及优化

由分析可知，极值法、概率法及仿真法 $X$ 的结果均存在小于零的情况，即可能会干涉。尤其在该案例中组成环数量仅有 5 个，更希望极值法计算结果合格。

通过分析传递系数、贡献率及各尺寸的增减性，我们将 $A1$ 的尺寸公差由 $17^{+0.2}_{0}$(mm) 改为 $17^{0}_{-0.2}$(mm)，再次通过极值法进行计算结果如图 5-50 所示，$X$ 最小值为 0.05(mm)，即抛壳挺左端面与机匣内侧面之间的最小间隙为 0.05mm，可保证抛壳挺顺利装配。

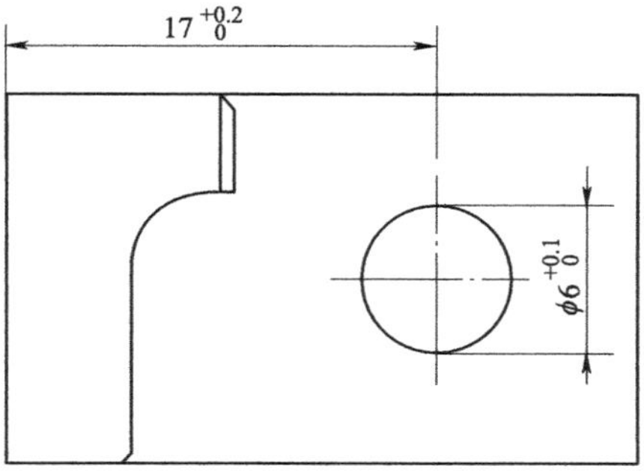


a) 抛壳挺

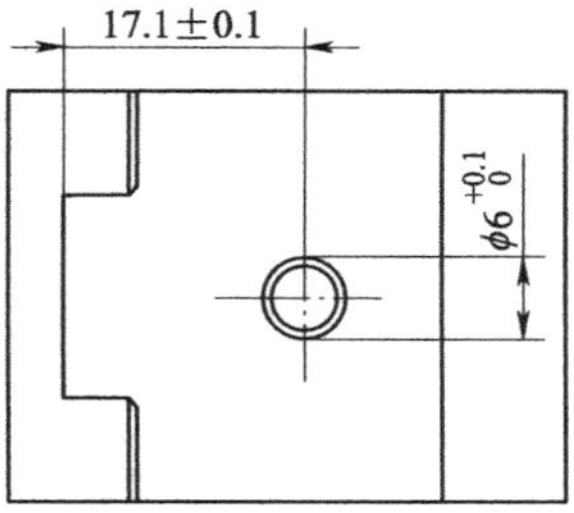


b) 机匣

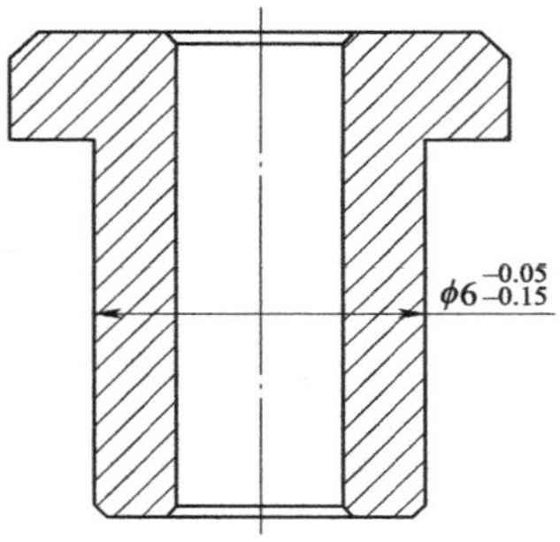


c) 铆钉

图 5-46　零件工程图

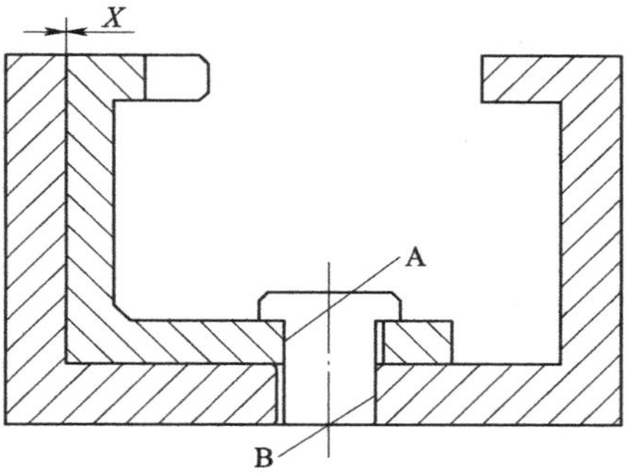


图 5-47　结构示意图

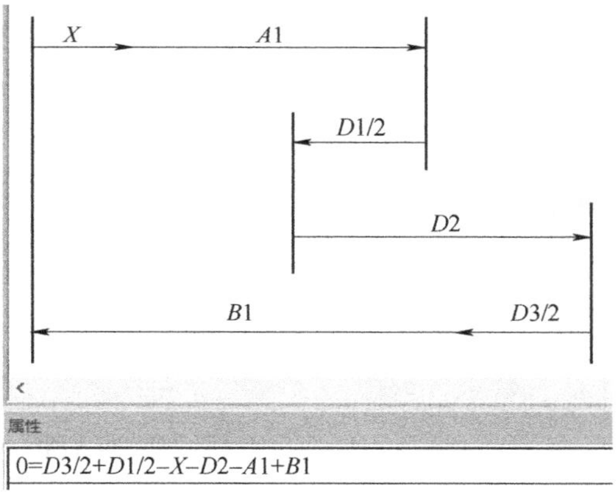


图 5-48　尺寸链图及计算方程

| 编号 | 基本尺... | 上偏差 | 下偏差 | 增减性 | 公差 | 环类型名 | 传递系... | 贡献率 | 求解类型 | 分布状态 | 环说明 |
|---|---|---|---|---|---|---|---|---|---|---|---|
| D3 | 6 | 0.1 | 0 | 增环 | 0.1 | 尺寸环 | 0.50000 | 8.33333... | 已知 | 正态_3西... | 机匣 |
| D1 | 6 | 0.1 | 0 | 增环 | 0.1 | 尺寸环 | 0.50000 | 8.33333... | 已知 | 正态_3西... | 抛壳挺 |
| D2 | 6 | -0.05 | -0.15 | 减环 | 0.1 | 尺寸环 | -1.00000 | 16.6666... | 已知 | 正态_3西... | 铆钉 |
| A1 | 17 | 0.2 | 0 | 减环 | 0.2 | 尺寸环 | -1.00000 | 33.3333... | 已知 | 正态_3西... | 抛壳挺 |
| B1 | 17.1 | 0.1 | -0.1 | 增环 | 0.2 | 尺寸环 | 1.00000 | 33.3333... | 已知 | 正态_3西... | 机匣 |
| X | 0.1 | 0.35 | -0.25 | 闭环 | 0.6 | 尺寸环 | | | 求解值 | 正态_3西... | |

a) 极值法计算结果

| 编号 | 基本尺.. | 上偏差 | 下偏差 | 增减性 | 公差 | 环类型名 | 传递系... | 贡献率 | 求解类型 | 分布状态 | 环说明 |
|---|---|---|---|---|---|---|---|---|---|---|---|
| D3 | 6 | 0.1 | 0 | 增环 | 0.1 | 尺寸环 | 0.50000 | 2.632% | 已知 | 正态_3西... | 机匣 |
| D1 | 6 | 0.1 | 0 | 增环 | 0.1 | 尺寸环 | 0.50000 | 2.632% | 已知 | 正态_3西... | 抛壳挺 |
| D2 | 6 | -0.05 | -0.15 | 减环 | 0.1 | 尺寸环 | -1.00000 | 10.526% | 已知 | 正态_3西... | 铆钉 |
| A1 | 17 | 0.2 | 0 | 减环 | 0.2 | 尺寸环 | -1.00000 | 42.105% | 已知 | 正态_3西... | 抛壳挺 |
| B1 | 17.1 | 0.1 | -0.1 | 增环 | 0.2 | 尺寸环 | 1.00000 | 42.105% | 已知 | 正态_3西... | 机匣 |
| X | 0.15 | 0.15411 | -0.15411 | 闭环 | 0.308... | 尺寸环 | | | 求解值 | 正态_3西... | |

b) 概率法计算结果

图 5-49　计算结果

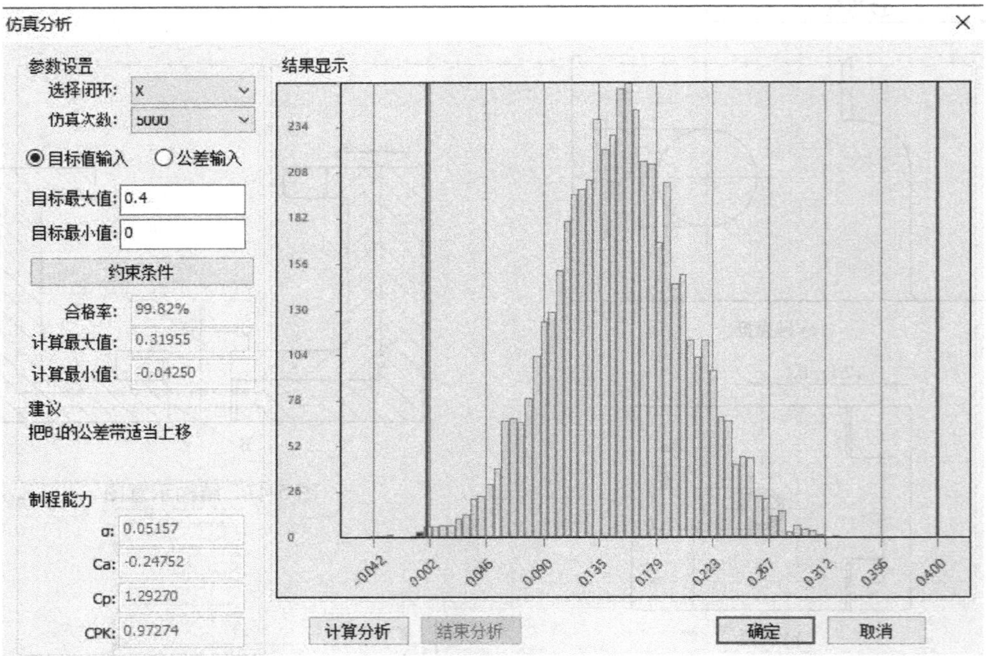


c) 仿真法计算结果

图 5-49　计算结果（续）

| 编号 | 基本尺... | 上偏差 | 下偏差 | 增减性 | 公差 | 环类型名 | 传递系... | 贡献率 | 求解类型 | 分布状态 | 环说明 |
|---|---|---|---|---|---|---|---|---|---|---|---|
| D3 | 6 | 0.1 | 0 | 增环 | 0.1 | 尺寸环 | 0.50000 | 8.33333... | 已知 | 正态_3西... | 机匣 |
| D1 | 6 | 0.1 | 0 | 增环 | 0.1 | 尺寸环 | 0.50000 | 8.33333... | 已知 | 正态_3西... | 抛壳挺 |
| D2 | 6 | -0.05 | -0.15 | 减环 | 0.1 | 尺寸环 | -1.00000 | 16.6666... | 已知 | 正态_3西... | 铆钉 |
| A1 | 17 | 0 | -0.2 | 减环 | 0.2 | 尺寸环 | -1.00000 | 33.3333... | 已知 | 正态_3西... | 抛壳挺 |
| B1 | 17.1 | 0.1 | -0.1 | 增环 | 0.2 | 尺寸环 | 1.00000 | 33.3333... | 已知 | 正态_3西... | 机匣 |
| X | 0.1 | 0.55 | -0.05 | 闭环 | 0.6 | 尺寸环 | | | 求解值 | 正态_3西... | |

图 5-50　极值法计算结果

## 5.7　制药设备几何公差尺寸链计算

### 5.7.1　制药设备几何公差尺寸链问题综述

制药设备是一套结构复杂多样，且精度要求较高的机械设备。随着医药产业的发展，我国制药设备行业也保持了较快的增长，对设备功能及精度要求也越来越高。尤其对于装瓶、贴标等设备，为保证药品生产过程中的可靠性及精度要求，这类设备零件中的几何公差要求较多，而几何公差对于设备的可装配性、运行的可靠性及精度等有很大影响。在进行产品公差分析时需要综合考虑几何公差的计算，确保尺寸链计算结果的正确性。

### 5.7.2　案例概述

制药设备装瓶机构简图如图 5-51 所示。上下安装板通过固定座连接，中心轴通过轴承及轴套装配在上安装板，升降轴通过升降座装配在下安装板，若在升降轴上下运动过程中，升降轴与中心轴的同轴度较差，则可能因为无法正常装瓶而导致药剂和药瓶报废，增加了生产成本，污染了生产设备。通过尺寸链计算分析升降轴与中心轴的同轴度误差，保证同轴度在 0.5mm 以内。

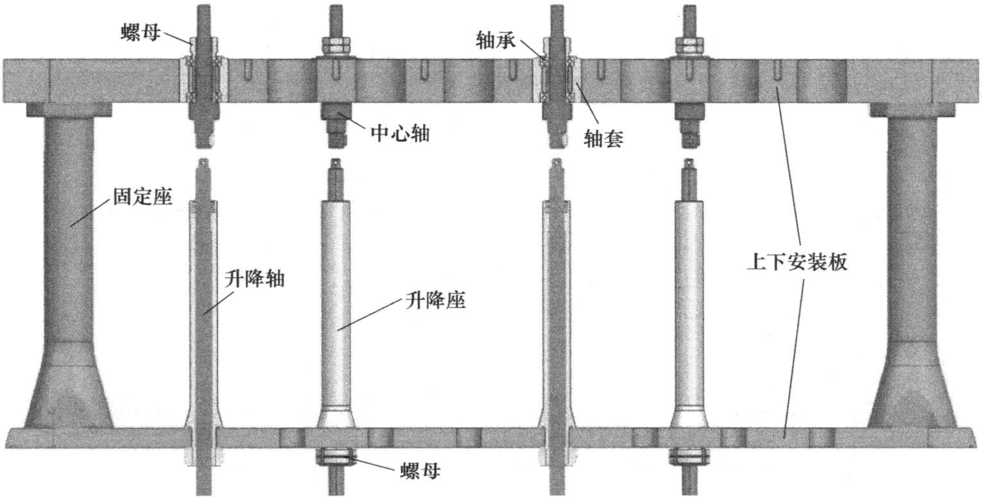


图 5-51　结构示意图

各零件尺寸如图 5-52 所示，轴承径向游隙为 0.025～0.05mm，轴承与轴套及中心轴为过盈配合连接，未注公差按 GB/T 1804-m。

## 5.7.3　案例计算过程

1）固定座及安装板在各自垂直度的影响下装配时会出现如图 5-53 所示的装配状态，计算安装板孔与固定座轴的间隙 $N1$，$N1$ 大于零，则固定座的倾斜量仅受自身垂直度控制；$N1$ 小于零，则固定座的倾斜量受自身垂直度及安装面板大孔垂直度共同控制。尺寸链图及方程如图 5-54 所示。

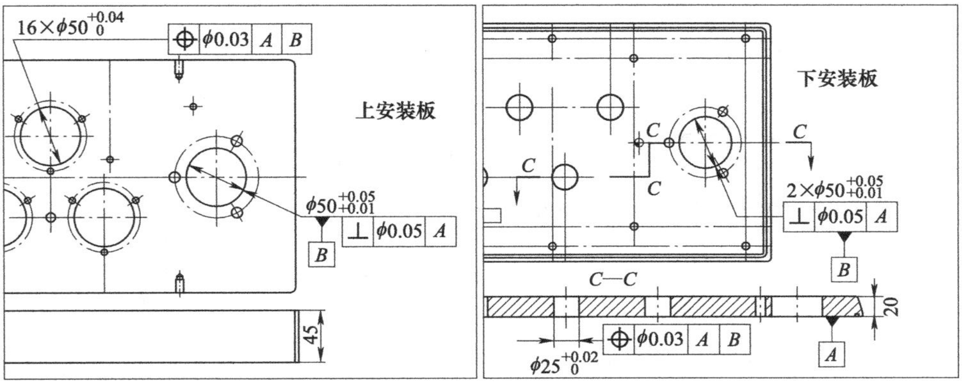


a) 零件图1

图 5-52　零件工程图

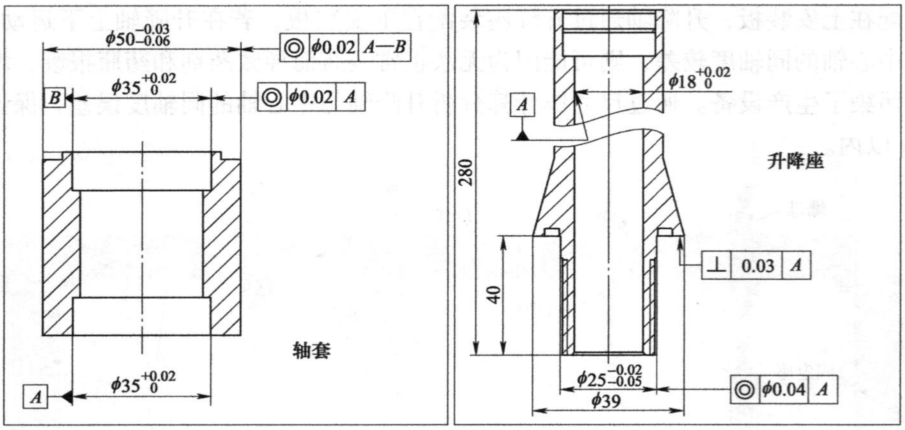


b) 零件图2

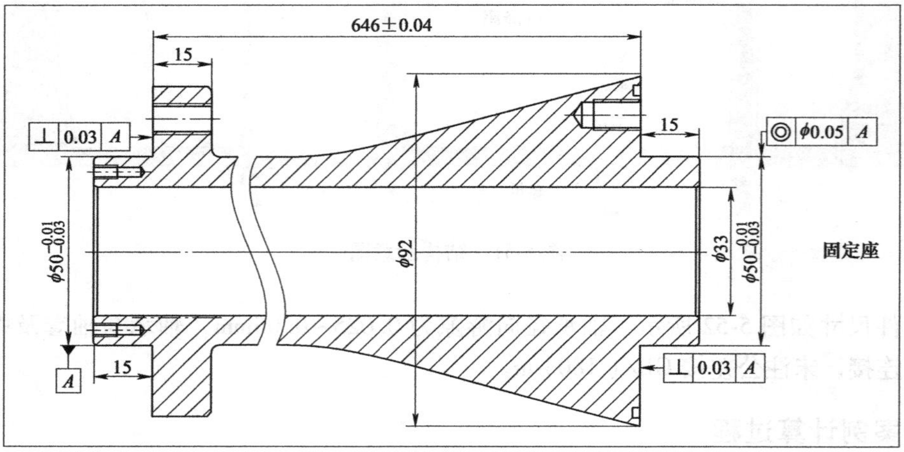


c) 零件图3

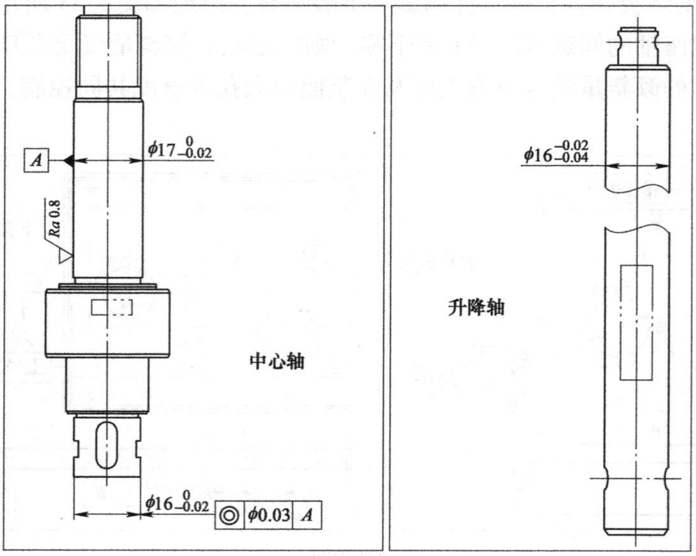


d) 零件图4

图 5-52 零件工程图（续）

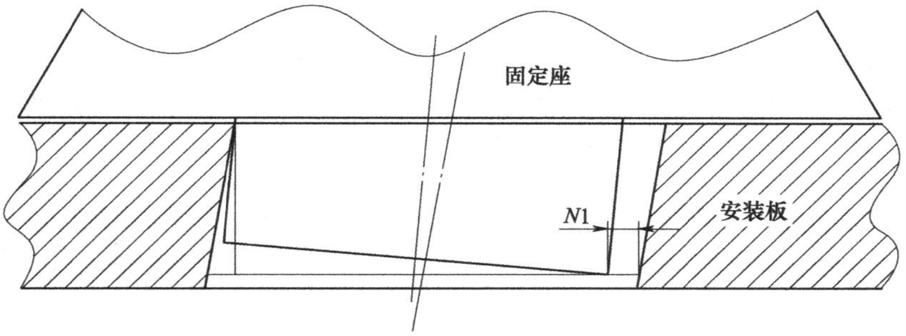


图 5-53　垂直度影响装配状态示意图

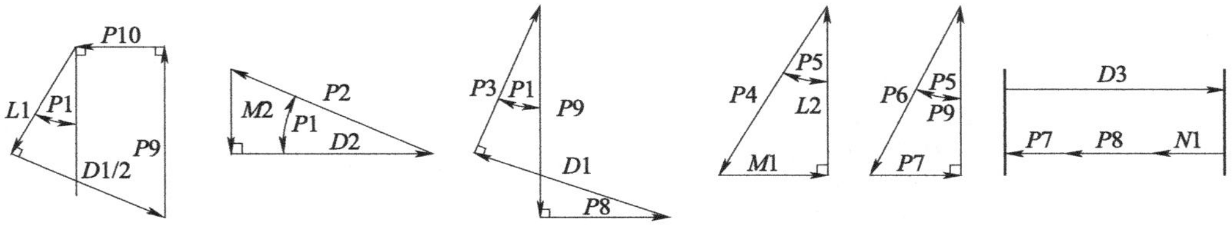


a) 尺寸链图

| |
|---|
| $0=P9-L1\times\cos(P1)-D1/2\times\sin(P1)$ |
| $0=L1\times\sin(P1)+\mathrm{P}10-D1/2\times\cos(P1)$ |
| $0=M2-P2\times\sin(P1)$ |
| $0=P2\times\cos(P1)-D2$ |
| $0=D1-P9\times\sin(P1)-P8\times\cos(P1)$ |
| $0=P3-P9\times\cos(P1)+P8\times\sin(P1)$ |
| $0=M1-P4\times\sin(P5)$ |
| $0=L2-P4\times\cos(P5)$ |
| $0=P9-P6\times\cos(P5)$ |
| $0=P7-P6\times\sin(P5)$ |
| $0=D3-N1-P8-P7$ |

b) 方程组

图 5-54　尺寸链图及方程

极值法计算结果如图 5-55 所示。

| 编号 | 基本尺寸 | 上偏差 | 下偏差 | 增减性 | 公差 | 环类型名 | 传递... | 贡献率 | 求解类型 | 分布状态 | 环说明 |
|---|---|---|---|---|---|---|---|---|---|---|---|
| D1 | 50 | -0.02 | -0.04 | 减环 | 0.02 | 尺寸环 | -1.00... | 24.03... | 已知 | 正态_3西... | 固定座 |
| D2 | 92 | 0.3 | -0.3 | 减环 | 0.6 | 尺寸环 | -0.00... | 0.022% | 已知 | 正态_3西... | 固定座 |
| D3 | 50 | 0.04 | 0.02 | 增环 | 0.02 | 尺寸环 | 1.000... | 24.03... | 已知 | 正态_3西... | 下安装板 |
| L1 | 15 | 0.2 | -0.2 | 减环 | 0.4 | 尺寸环 | -0.00... | 0.524% | 已知 | 正态_3西... | 固定座 |
| L2 | 20 | 0.2 | -0.2 | 增环 | 0.4 | 尺寸环 | 0.000... | 0.452% | 已知 | 正态_3西... | 下安装板 |
| M1 | 0.025 | 0.025 | -0.025 | 减环 | 0.05 | 尺寸环 | -0.75... | 45.07... | 已知 | 正态_3西... | 下安装板大孔垂直度 |
| M2 | 0.015 | 0.015 | -0.015 | 增环 | 0.03 | 尺寸环 | 0.162... | 5.865% | 已知 | 正态_3西... | 固定座底平面垂直度 |
| N1 | -0.01631 | 0.10115 | 0.01793 | 闭环 | 0.08... | 尺寸环 | | | 求解值 | 正态_3西... | |

图 5-55　极值法计算结果

2）计算固定座倾斜后整体的同轴度误差，尺寸链图及方程如图 5-56 所示。极值法、概率法及仿真法结果如图 5-57 所示。

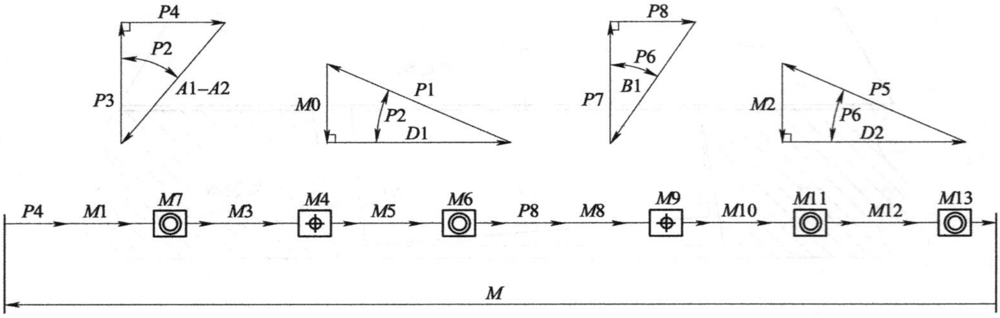


a) 尺寸链图

| |
|---|
| $0=D1-P1\times\cos(P2)$ |
| $0=P1\times\sin(P2)-M0$ |
| $0=P3-(A1-A2)\times\cos(P2)$ |
| $0=P4-(A1-A2)\times\sin(P2)$ |
| $0=D2-P5\times\cos(P6)$ |
| $0=P5\times\sin(P6)-M2$ |
| $0=P8-B1\times\sin(P6)$ |
| $0=P7-B1\times\cos(P6)$ |
| $0=P4+M12+M10+M3+M9+M13+M4+M7+M6+M11+M5+M1-M+M8+P8$ |

b) 方程组

图 5-56　尺寸链图及方程

| 编号 | 基本尺寸 | 上偏差 | 下偏差 | 增减性 | 公差 | 环类型名 | 传递... | 贡献率 | 求解类型 | 分布状态 | 环说明 |
|---|---|---|---|---|---|---|---|---|---|---|---|
| A1 | 280 | 0.5 | -0.5 | | 1 | 尺寸环 | 0.000... | 0.000% | 已知 | 正态_3西... | 升降座长度（未注M级公差） |
| A2 | 40 | 0.3 | -0.3 | | 0.6 | 尺寸环 | 0.000... | 0.000% | 已知 | 正态_3西... | 升降座长度（未注M级公差） |
| B1 | 646 | 0.04 | -0.04 | | 0.08 | 尺寸环 | 0.000... | 0.000% | 已知 | 正态_3西... | 固定座长度 |
| D1 | 39 | 0.3 | -0.3 | | 0.6 | 尺寸环 | 0.000... | 0.000% | 已知 | 正态_3西... | 升降座底平面直径（未注M级公差） |
| D2 | 92 | 0.3 | -0.3 | | 0.6 | 尺寸环 | 0.000... | 0.000% | 已知 | 正态_3西... | 固定座底平面直径（未注M级公差） |
| M0 | 0 | 0.03 | -0.03 | 增环 | 0.06 | 尺寸环 | 6.153... | 25.21... | 已知 | 正态_3西... | 升降座底平面垂直度 |
| M1 | 0 | 0.05 | -0.05 | 增环 | 0.1 | 尺寸环 | 1.000... | 6.828% | 已知 | 正态_3西... | 升降轴与衬套的装配误差 |
| M10 | 0 | 0.048 | -0.048 | 增环 | 0.096 | 尺寸环 | 1.000... | 6.555% | 已知 | 正态_3西... | 上安装板与轴套的装配误差 |
| M11 | | | | 增环 | 0.02 | 形位公... | 1.000... | 1.366% | 已知 | 正态_3西... | 轴套同轴度 |
| M12 | 0 | 0.025 | -0.025 | 增环 | 0.05 | 尺寸环 | 1.000... | 3.414% | 已知 | 正态_3西... | 轴承径向游隙 |
| M13 | | | | 增环 | 0.03 | 形位公... | 1.000... | 2.048% | 已知 | 正态_3西... | 中心轴同轴度 |
| M2 | 0 | 0.03 | -0.03 | 增环 | 0.06 | 尺寸环 | 7.021... | 28.76... | 已知 | 正态_3西... | 固定座底平面垂直度 |
| M3 | 0 | 0.035 | -0.035 | 增环 | 0.07 | 尺寸环 | 1.000... | 4.780% | 已知 | 正态_3西... | 升降座装配误差 |
| M4 | | | | 增环 | 0.03 | 形位公... | 1.000... | 2.048% | 已知 | 正态_3西... | 安装面板小孔位置度 |
| M5 | 0 | 0.04 | -0.04 | 增环 | 0.08 | 尺寸环 | 1.000... | 5.462% | 已知 | 正态_3西... | 固定座与安装面板的装配误差 |
| M6 | | | | 增环 | 0.05 | 形位公... | 1.000... | 3.414% | 已知 | 正态_3西... | 固定座同轴度 |
| M7 | | | | 增环 | 0.04 | 形位公... | 1.000... | 2.731% | 已知 | 正态_3西... | 升降座同轴度 |
| M8 | 0 | 0.039 | -0.039 | 增环 | 0.078 | 尺寸环 | 1.000... | 5.326% | 已知 | 正态_3西... | 固定座与上安装板的装配误差 |
| M9 | | | | 增环 | 0.03 | 形位公... | 1.000... | 2.048% | 已知 | 正态_3西... | 上安装板大孔位置度 |
| M | 0 | 0.73227 | -0.73227 | 闭环 | 1.46... | 尺寸环 | | | 求解值 | 正态_3西... | |

a) 极值法计算结果

| 编号 | 基本尺寸 | 上偏差 | 下偏差 | 增减性 | 公差 | 环类型名 | 传递... | 贡献率 | 求解类型 | 分布状态 | 环说明 |
|---|---|---|---|---|---|---|---|---|---|---|---|
| A1 | 280 | 0.5 | -0.5 | | 1 | 尺寸环 | 0.000... | 0.000% | 已知 | 正态_3西... | 升降座长度（未注M级公差） |
| A2 | 40 | 0.3 | -0.3 | | 0.6 | 尺寸环 | 0.000... | 0.000% | 已知 | 正态_3西... | 升降座长度（未注M级公差） |
| B1 | 646 | 0.04 | -0.04 | | 0.08 | 尺寸环 | 0.000... | 0.000% | 已知 | 正态_3西... | 固定座长度 |
| D1 | 39 | 0.3 | -0.3 | | 0.6 | 尺寸环 | 0.000... | 0.000% | 已知 | 正态_3西... | 升降座底平面直径（未注M级公差） |
| D2 | 92 | 0.3 | -0.3 | | 0.6 | 尺寸环 | 0.000... | 0.000% | 已知 | 正态_3西... | 固定座底平面直径（未注M级公差） |
| M0 | 0 | 0.03 | -0.03 | 增环 | 0.06 | 尺寸环 | 6.153... | 37.85... | 已知 | 正态_3西... | 升降座底平面垂直度 |
| M1 | 0 | 0.05 | -0.05 | 增环 | 0.1 | 尺寸环 | 1.000... | 2.777% | 已知 | 正态_3西... | 升降轴与衬套的装配误差 |
| M10 | 0 | 0.048 | -0.048 | 增环 | 0.096 | 尺寸环 | 1.000... | 2.559% | 已知 | 正态_3西... | 上安装板与轴套的装配误差 |
| M11 | | | | 增环 | 0.02 | 形位公... | 1.000... | 0.111% | 已知 | 正态_3西... | 轴套同轴度 |
| M12 | 0 | 0.025 | -0.025 | 增环 | 0.05 | 尺寸环 | 1.000... | 0.694% | 已知 | 正态_3西... | 轴承径向游隙 |
| M13 | | | | 增环 | 0.03 | 形位公... | 1.000... | 0.250% | 已知 | 正态_3西... | 中心轴同轴度 |
| M2 | 0 | 0.03 | -0.03 | 增环 | 0.06 | 尺寸环 | 7.021... | 49.28... | 已知 | 正态_3西... | 固定座底平面垂直度 |
| M3 | 0 | 0.035 | -0.035 | 增环 | 0.07 | 尺寸环 | 1.000... | 1.361% | 已知 | 正态_3西... | 升降座装配误差 |
| M4 | | | | 增环 | 0.03 | 形位公... | 1.000... | 0.250% | 已知 | 正态_3西... | 安装面板小孔位置度 |
| M5 | 0 | 0.04 | -0.04 | 增环 | 0.08 | 尺寸环 | 1.000... | 1.777% | 已知 | 正态_3西... | 固定座与安装面板的装配误差 |
| M6 | | | | 增环 | 0.05 | 形位公... | 1.000... | 0.694% | 已知 | 正态_3西... | 固定座同轴度 |
| M7 | | | | 增环 | 0.04 | 形位公... | 1.000... | 0.444% | 已知 | 正态_3西... | 升降座同轴度 |
| M8 | 0 | 0.039 | -0.039 | 增环 | 0.078 | 尺寸环 | 1.000... | 1.689% | 已知 | 正态_3西... | 固定座与上安装板的装配误差 |
| M9 | | | | 增环 | 0.03 | 形位公... | 1.000... | 0.250% | 已知 | 正态_3西... | 上安装板大孔位置度 |
| M | 0 | 0.30005 | -0.30005 | 闭环 | 0.60... | 尺寸环 | | | 求解值 | 正态_3西... | |

b) 概率法计算结果

图 5-57　计算结果

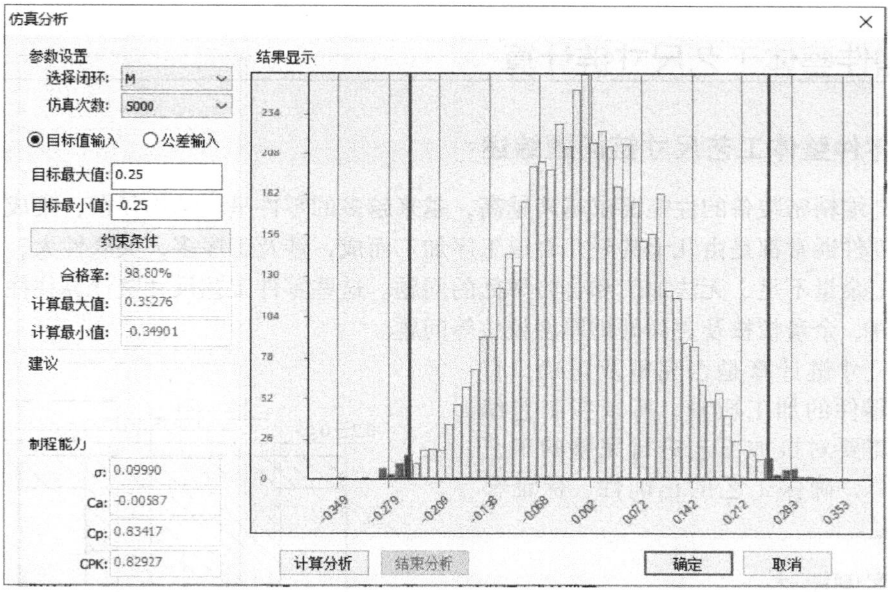


c) 仿真法计算结果

图 5-57　计算结果（续）

## 5.7.4　结论及优化

极值法、概率法及仿真法结果均超差。需要对传递系数及贡献率较大的 *M*0 及 *M*2 两个垂直度严格控制。

将 *M*0 及 *M*2 垂直度误差由 0.03mm 改为 0.02mm，当企业的制造能力为正态 $3\sigma$ 时，仿真法计算结果同轴度合格，如图 5-58 所示。

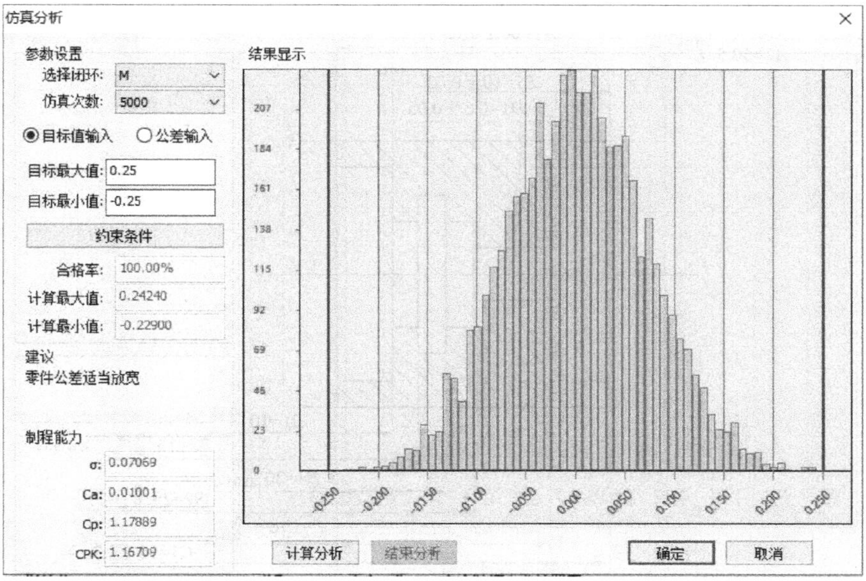


图 5-58　仿真法计算结果

# 5.8 零件整体工艺尺寸链计算

## 5.8.1 零件整体工艺尺寸链问题综述

随着高端精密装备的性能要求越来越高，越来越多的零件呈现结构复杂，集成度高的特点。这种零件通常都是由几十甚至几百道工序加工而成，涉及工序多，关联性大，经常会出现后续加工余量不足、无法加工和合格率低的问题。这些零件工艺尺寸链计算往往会包含基准转换计算、余量校核及表面处理厚度校核等问题。

工艺尺寸链计算是否完整及正确，直接影响了零件的加工质量，所以在工艺编制过程中需要对机加工艺进行完整的工艺尺寸链计算，确保工艺的正确性，保证零件加工质量。

## 5.8.2 案例概述

某盘轴类零件尺寸公差如图 5-59 所示，要求表面处理镀层厚度为（0.2±0.05）mm，该零件机械加工工艺如图 5-60 所示。工序 1，加工尺寸 *A*1、*A*2；工序 2，加工尺寸 *B*1、*B*2、*B*3、*B*4；工序 3，加工尺寸 *C*1、*C*2；工序 4，加工尺寸 *D*1；工序 5，加工尺寸 *E*1。通过工艺尺寸链计算校核工艺正确性，并修正工艺。

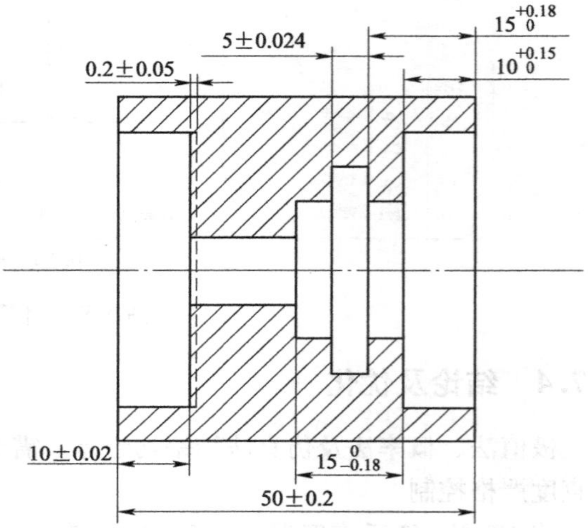


图 5-59　某盘轴类零件工程图

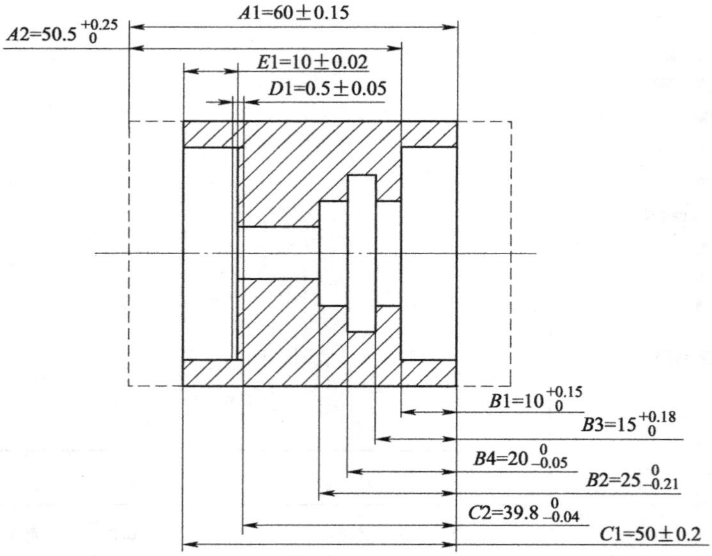


图 5-60　加工工艺示意图

## 5.8.3　案例计算过程

应用 PDCC 工艺尺寸链计算软件进行校核计算，首先绘制工艺流程图，如图 5-61 所示。

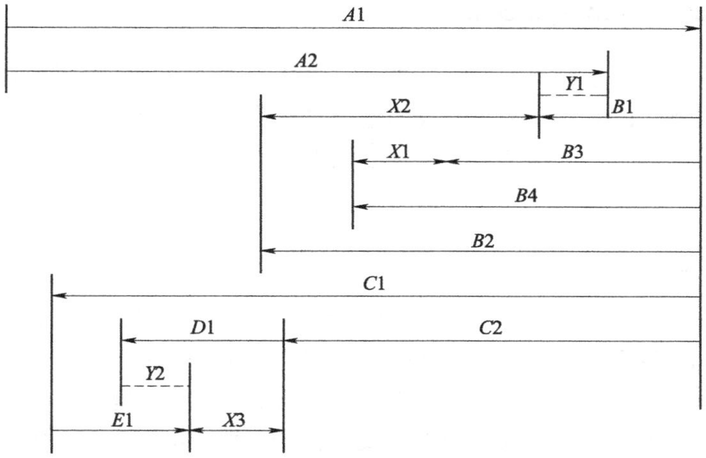


图 5-61　工艺流程图

计算结果如图 5-62 所示。

| 工序号 | 环编号 | 工序尺寸 | | | 实际尺寸 | 余量编号 | 余量 | | | 传递系数 | 贡献率 | 零件尺寸计算结果 | | | 零件检验尺寸 | | |
|---|---|---|---|---|---|---|---|---|---|---|---|---|---|---|---|---|---|
| | | 基本尺寸 | 上偏差 | 下偏差 | | | 公称余量 | 余量公差 | 最小余量 | | | 基本尺寸 | 上偏差 | 下偏差 | 基本尺寸 | 上偏差 | 下偏差 |
| 1 | A1 | 60 | 0.15 | -0.15 | | | | | | | | | | | | | |
| 1 | A2 | 50.5 | 0.25 | 0 | | | | | | | | | | | | | |
| 2 | B1 | 10 | 0.15 | 0 | | Y1 | 0.5 | 0.70000 | 0.35000 | | | | | | 10 | 0.15 | 0 |
| 2 | B3 | 15 | 0.18 | 0 | | | | | | | | | | | 15 | 0.18 | 0 |
| 2 | B4 | 20 | 0.05 | 0 | | | | | | | | | | | | | |
| 2 | B2 | 25 | 0 | -0.21 | | | | | | | | | | | | | |
| 2 | X1 | 5 | 0.024 | -0.024 | | | | | | | | 5 | 0.05 | -0.18 | 5 | 0.05 | -0.18 |
| 2 | X2 | 15 | 0 | -0.18 | | | | | | | | 15 | 0 | -0.36 | 15 | 0 | -0.36 |
| 3 | C1 | 50 | 0.2 | -0.2 | | | | | | | | | | | 50 | 0.2 | -0.2 |
| 3 | C2 | 39.8 | 0 | -0.04 | | | | | | | | | | | | | |
| 4 | D1 | 0.5 | 0.05 | -0.05 | | | | | | | | | | | | | |
| 5 | X3 | 0.2 | 0.05 | -0.05 | | | | | | | | 0.2 | 0.26 | -0.22 | 0.2 | 0.26 | -0.22 |
| 5 | E1 | 10 | 0.02 | -0.02 | | Y2 | 0.3 | 0.58000 | -0.01000 | | | | | | 10 | 0.02 | -0.02 |

图 5-62　工艺校验结果

## 5.8.4　结论及优化

由以上计算结果可知：*X*1、*X*2、*X*3、*Y*2 无法加工合格。

对尺寸 *B*1、*B*2、*B*3、*B*4、*E*1 进行修改，计算结果如图 5-63 所示，该工艺可以保证零件加工合格。

| 工序号 | 环编号 | 工序尺寸 | | | 实际尺寸 | 余量编号 | 余量 | | | 传递系数 | 贡献率 | 零件尺寸计算结果 | | | 零件检验尺寸 | | |
|---|---|---|---|---|---|---|---|---|---|---|---|---|---|---|---|---|---|
| | | 基本尺寸 | 上偏差 | 下偏差 | | | 公称余量 | 余量公差 | 最小余量 | | | 基本尺寸 | 上偏差 | 下偏差 | 基本尺寸 | 上偏差 | 下偏差 |
| 1 | A1 | 60 | 0.15 | -0.15 | | | | | | | | | | | | | |
| 1 | A2 | 50.5 | 0.25 | 0 | | | | | | | | | | | | | |
| 2 | B1 | 10 | 0.08 | 0 | | Y1 | 0.5 | 0.63000 | 0.35000 | | | | | | 10 | 0.08 | 0 |
| 2 | B3 | 15 | 0.024 | 0 | | | | | | | | | | | 15 | 0.024 | 0 |
| 2 | B4 | 20 | 0.024 | 0 | | | | | | | | | | | | | |
| 2 | B2 | 25 | 0 | -0.1 | | | | | | | | | | | | | |
| 2 | X1 | 5 | 0.024 | -0.024 | | | | | | | | 5 | 0.024 | -0.024 | 5 | 0.024 | -0.024 |
| 2 | X2 | 15 | 0 | -0.18 | | | | | | | | 15 | 0 | -0.18 | 15 | 0 | -0.18 |
| 3 | C1 | 50 | 0.01 | -0.03 | | | | | | | | | | | 50 | 0.01 | -0.03 |
| 3 | C2 | 39.8 | 0 | -0.04 | | | | | | | | | | | | | |
| 4 | D1 | 0.5 | 0.05 | -0.05 | | | | | | | | | | | | | |
| 5 | X3 | 0.2 | 0.05 | -0.05 | | | | | | | | 0.2 | 0.05 | -0.05 | 0.2 | 0.05 | -0.05 |
| 5 | E1 | 10 | 0.02 | 0 | | Y2 | 0.3 | 0.20000 | 0.20000 | | | | | | 10 | 0.02 | 0 |

图 5-63　优化后计算结果

# 5.9 受力分析尺寸链计算

## 5.9.1 受力分析尺寸链问题综述

孔轴间隙配合是产品中最常见的结构之一。该结构中，若孔轴之间存在相互作用力，孔轴将在特定方向接触。此时，孔轴中心线的连线将沿着受力方向。对于受力的孔轴间隙配合结构，进行尺寸链计算时，必须考虑孔轴中心线连线的方向，通过绘制受力尺寸链图，可计算孔轴接触方向。

## 5.9.2 案例概述

某型号摩托车的搁脚杆部分的结构如图 5-64 所示，搁脚支架（图 5-65）、搁脚杆（图 5-66）、销轴（图 5-67）装配后要求搁脚杆上翘角度 $\alpha=3°\sim6°$。

问题：请根据现有尺寸及公差计算搁脚杆上表面实际上翘角度？

部分计算参数如下：搁脚支架与搁脚杆之间的摩擦系数取 0.35～0.4；人的重量（单脚）取 250～500N（图 5-68），作用点到销轴孔的距离 100mm（搁脚杆中心位置）。

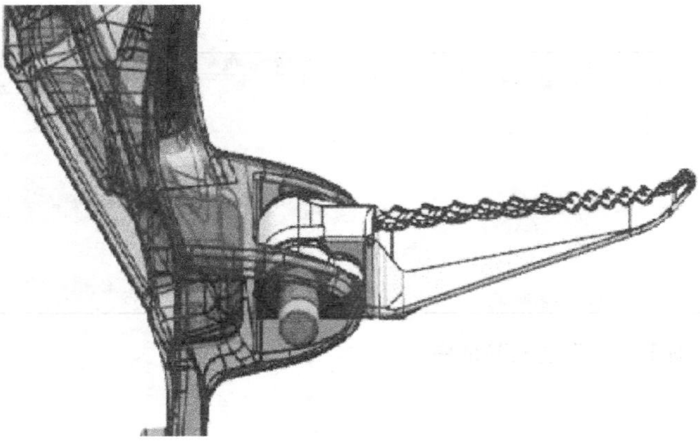

图 5-64 结构示意图

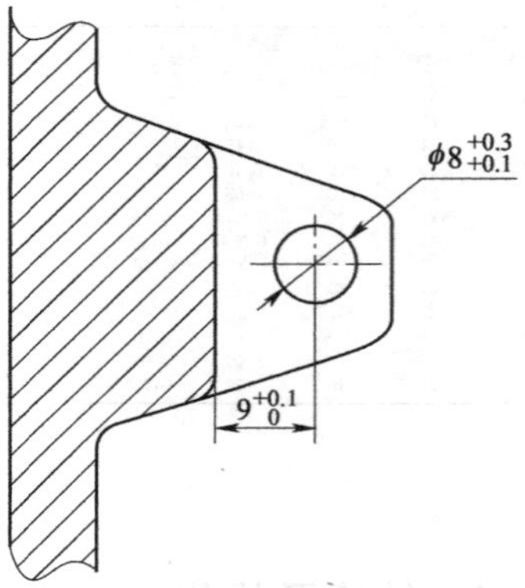


图 5-65 搁脚支架尺寸图

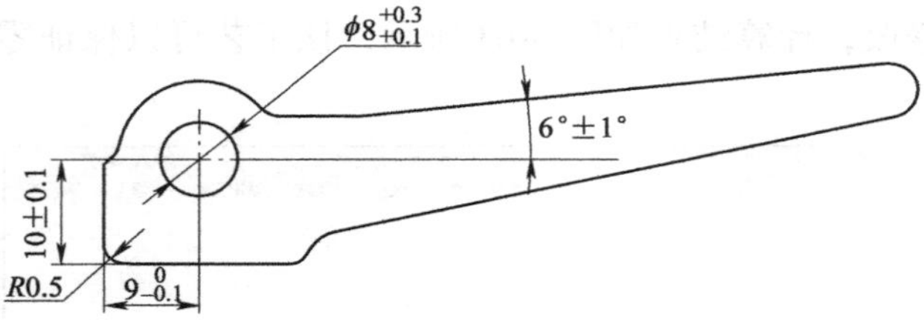


图 5-66 搁脚杆尺寸图

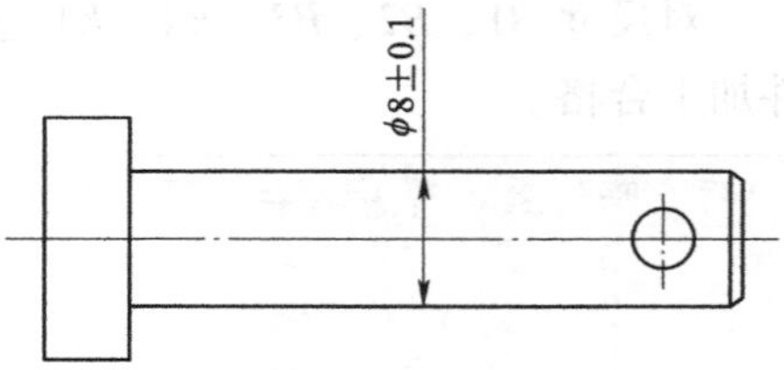


图 5-67 销轴尺寸图

## 5.9.3 案例计算过程

搁脚支架与销轴以及搁脚杆与销轴之间均是间隙配合，以孔销中心为旋转中心，该结构正常工作时（搁脚杆放下，人踩上状态）受力，搁脚支架与销轴以及搁脚杆与销轴之间会在特定方向接触以保持平衡。对搁脚杆进行受力分析，确定搁脚支架与销轴以及搁脚杆与销轴之间力的传递方向。

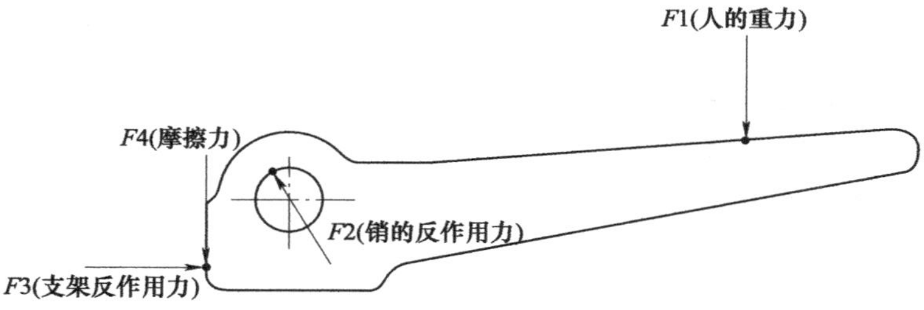


图 5-68　搁脚支架受力图

1）根据搁脚杆在 *F*1、*F*3、*F*4 的作用下绕销轴（*F*2 的作用点）力矩平衡，以及 *F*4 为 *F*3 的反作用力产生的摩擦力，可计算出 *F*3、*F*4 的大小，计算公式如下

$$F1 * N1 - F3 * N3 - F4 * N4 = 0$$

$$F3 * us - F4 = 0$$

其中，*N*1、*N*3、*N*4 分别为 *F*1、*F*3、*F*4 的力臂，简化处理，大小为各作用力到搁脚杆销孔中心的距离，*us* 指搁脚支架与搁脚杆之间的摩擦系数，即 0. 35～0. 40。

2）利用软件方程组扩展功能将方程组输入软件（图 5-69），输入各参数，可计算出可计算出 *F*3、*F*4 的大小，如图 5-70 所示。

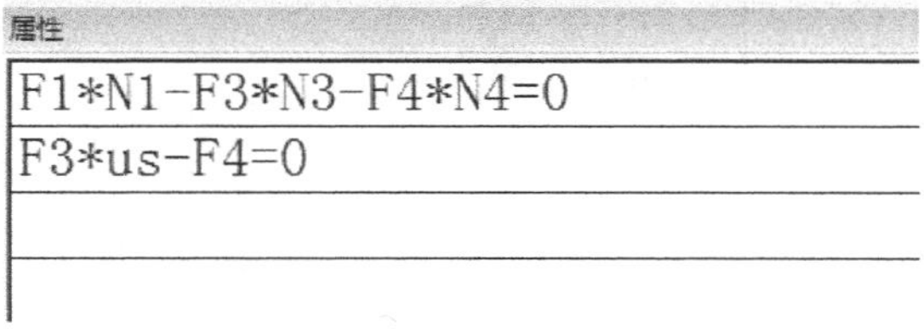


图 5-69　输入力矩平衡方程

| 编号 | 基本尺寸 | 上偏差 | 下偏差 | 增减性 | 公差 | 环类型名 | 传递... | 贡献率 | 求解类型 | 分布状态 |
|---|---|---|---|---|---|---|---|---|---|---|
| F1 | 375 | 125 | -125 | | 250 | 尺寸环 | | | 已知 | 正态_3西格玛 |
| N1 | 100 | | | | | 尺寸环 | | | 已知 | 正态_3西格玛 |
| N3 | 9.5 | | | | | 尺寸环 | | | 已知 | 正态_3西格玛 |
| N4 | 9 | | | | | 尺寸环 | | | 已知 | 正态_3西格玛 |
| us | 0.375 | 0.025 | -0.025 | | 0.05 | 尺寸环 | | | 已知 | 正态_3西格玛 |
| F3 | 2912.62136 | 1039.94781 | -1004.22441 | 闭环 | 2044.1... | 尺寸环 | | | 求解值 | 正态_3西格玛 |
| F4 | 1092.23301 | 434.48455 | -400.5334 | 闭环 | 835.01... | 尺寸环 | | | 求解值 | 正态_3西格玛 |

图 5-70　计算 *F*3、*F*4 的大小

3）根据搁脚杆在 $F1$、$F2$、$F3$、$F4$ 的作用下受力平衡，绘制受力平衡尺寸链图（图 5-71），计算 $F2$ 的大小及方向（图 5-72）。

根据产品结构，绘制尺寸链图，如图 5-73 所示。

极值法计算结果如图 5-74 所示。

概率法计算结果如图 5-75 所示。

仿真分析法计算结果如图 5-76 所示。

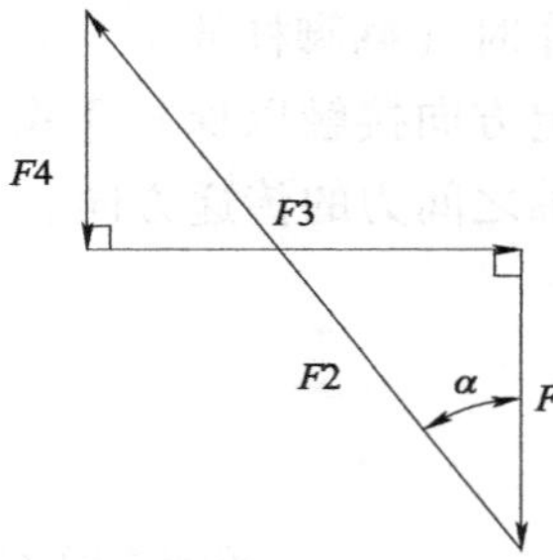


图 5-71 受力平衡尺寸链图

| 编号 | 基本尺寸 | 上偏差 | 下偏差 | 增减性 | 公差 | 环类型名 | 传递... | 贡献率 | 求解类型 | 分布状态 |
|---|---|---|---|---|---|---|---|---|---|---|
| F1 | 375 | 125 | -125 | | 250 | 尺寸环 | | | 已知 | 正态_3西格玛 |
| N1 | 100 | | | | | 尺寸环 | | | 已知 | 正态_3西格玛 |
| N3 | 9.5 | | | | | 尺寸环 | | | 已知 | 正态_3西格玛 |
| N4 | 9 | | | | | 尺寸环 | | | 已知 | 正态_3西格玛 |
| us | 0.375 | 0.025 | -0.025 | | 0.05 | 尺寸环 | | | 已知 | 正态_3西格玛 |
| F3 | 2912.62136 | 1039.94781 | -1004.22441 | 闭环 | 2044.1... | 尺寸环 | | | 求解值 | 正态_3西格玛 |
| F4 | 1092.23301 | 434.48455 | -400.5334 | 闭环 | 835.01... | 尺寸环 | | | 求解值 | 正态_3西格玛 |
| F2 | 3261.30892 | 1117.04643 | -1100.55097 | 闭环 | 2217.5... | 尺寸环 | | | 求解值 | 正态_3西格玛 |
| α | 63.26332 | 75.53286 | -73.89729 | 闭环 | 149.43... | 角度环 | | | 求解值 | 正态_3西格玛 |

图 5-72 计算 $F2$ 的大小及方向 $\alpha$

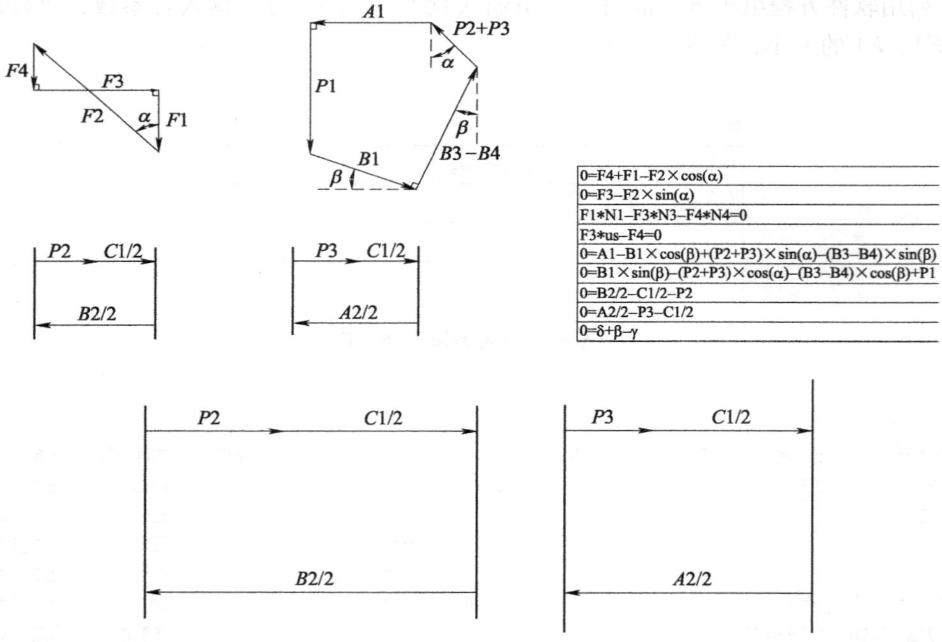


图 5-73 尺寸链图

| 编号 | 基本... | 上偏差 | 下偏差 | 增减性 | 公差 | 环类型名 | 传递... | 贡献率 | 求解类型 | 分布状态 | 环说明 |
|---|---|---|---|---|---|---|---|---|---|---|---|
| A1 | 9 | 0.1 | 0 | 减环 | 0.1 | 尺寸环 | -6.06... | 11.27... | 已知 | 正态_3西格玛 | 搁脚支架 |
| A2 | 8 | 0.3 | 0.1 | 减环 | 0.2 | 尺寸环 | -2.71... | 10.10... | 已知 | 正态_3西格玛 | 搁脚支架 |
| B1 | 9 | 0 | -0.1 | 增环 | 0.1 | 尺寸环 | 6.061... | 11.27... | 已知 | 正态_3西格玛 | 搁脚杆 |
| B2 | 8 | 0.3 | 0.1 | 减环 | 0.2 | 尺寸环 | -2.71... | 10.10... | 已知 | 正态_3西格玛 | 搁脚杆 |
| B3 | 10 | 0.1 | -0.1 |  | 0.2 | 尺寸环 | 0.000... | 0.000% | 已知 | 正态_3西格玛 | 搁脚杆 |
| B4 | 0.5 |  |  |  |  | 尺寸环 | 0.000... | 0.000% | 已知 | 正态_3西格玛 | 搁脚杆圆角 |
| C1 | 8 | 0.1 | -0.1 | 增环 | 0.2 | 尺寸环 | 5.385... | 20.03... | 已知 | 正态_3西格玛 | 销轴 |
| F1 | 375 | 125 | -125 |  | 250 | 尺寸环 | 0.000... | 0.000% | 已知 | 正态_3西格玛 | 人的重力 |
| N1 | 100 |  |  |  |  | 尺寸环 | 0.000... | 0.000% | 已知 | 正态_3西格玛 | F1的力臂 |
| N3 | 9.5 |  |  |  |  | 尺寸环 | 0.000... | 0.000% | 已知 | 正态_3西格玛 | F3的力臂 |
| N4 | 9 |  |  |  | 0 | 尺寸环 | 0.000... | 0.000% | 已知 | 正态_3西格玛 | F4的力臂 |
| us | 0.375 | 0.025 | -0.025 |  | 0.05 | 尺寸环 | 0.000... | 0.000% | 已知 | 正态_3西格玛 | 摩擦系数 |
| γ | 6 | 60 | -60 | 增环 | 120 | 角度环 | 1.000... | 37.19... | 已知 | 正态_3西格玛 | 搁脚杆上翘角度 |
| δ | 6 | 60 | -267.64438 | 闭环 | 327.64... | 角度环 |  |  | 求解值 | 正态_3西格玛 |  |

图 5-74　极值法计算结果

| 编号 | 基本尺寸 | 上偏差 | 下偏差 | 增减性 | 公差 | 环类型名 | 传递... | 贡献率 | 求解类型 | 分布状态 | 环说明 |
|---|---|---|---|---|---|---|---|---|---|---|---|
| A1 | 9 | 0.1 | 0 | 减环 | 0.1 | 尺寸环 | -6.20... | 5.825% | 已知 | 正态_3西格玛 | 搁脚支架 |
| A2 | 8 | 0.3 | 0.1 | 减环 | 0.2 | 尺寸环 | -2.77... | 4.645% | 已知 | 正态_3西格玛 | 搁脚支架 |
| B1 | 9 | 0 | -0.1 | 增环 | 0.1 | 尺寸环 | 6.205... | 5.819% | 已知 | 正态_3西格玛 | 搁脚杆 |
| B2 | 8 | 0.3 | 0.1 | 减环 | 0.2 | 尺寸环 | -2.77... | 4.645% | 已知 | 正态_3西格玛 | 搁脚杆 |
| B3 | 10 | 0.1 | -0.1 | 增环 | 0.2 | 尺寸环 | 0.184... | 0.021% | 已知 | 正态_3西格玛 | 搁脚杆 |
| B4 | 0.5 |  |  | 减环 |  | 尺寸环 | -0.18... | 0.000% | 已知 | 正态_3西格玛 | 搁脚杆圆角 |
| C1 | 8 | 0.1 | -0.1 | 增环 | 0.2 | 尺寸环 | 5.543... | 18.58... | 已知 | 正态_3西格玛 | 销轴 |
| F1 | 375 | 125 | -125 |  | 250 | 尺寸环 | 0.000... | 0.000% | 已知 | 正态_3西格玛 | 人的重力 |
| N1 | 100 |  |  |  |  | 尺寸环 | 0.000... | 0.000% | 已知 | 正态_3西格玛 | F1的力臂 |
| N3 | 9.5 |  |  | 增环 |  | 尺寸环 | 0.004... | 0.000% | 已知 | 正态_3西格玛 | F3的力臂 |
| N4 | 9 |  |  | 增环 | 0 | 尺寸环 | 0.001... | 0.000% | 已知 | 正态_3西格玛 | F4的力臂 |
| us | 0.375 | 0.025 | -0.025 | 增环 | 0.05 | 尺寸环 | 0.485... | 0.009% | 已知 | 正态_3西格玛 | 摩擦系数 |
| γ | 6 | 60 | -60 | 增环 | 120 | 角度环 | 1.000... | 60.45... | 已知 | 正态_3西格玛 | 搁脚杆上翘角度 |
| δ | 4.29549 | 77.16766 | -77.16766 | 闭环 | 154.33... | 角度环 |  |  | 求解值 | 正态_3西格玛 |  |

图 5-75　概率法计算结果

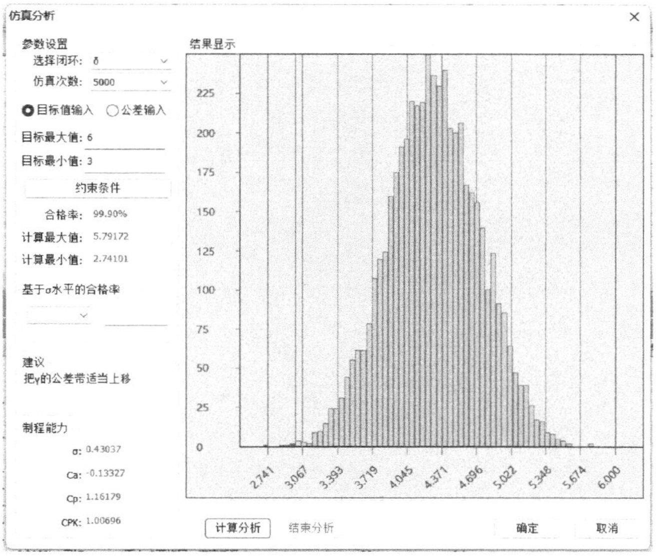


图 5-76　仿真分析法计算结果

### 5.9.4 结论及优化

1）极值法计算出上翘角度的范围为 1.539°~7°，超出了 3°~6°的技术要求范围，说明极限情况可能出现不合格产品。

2）概率法计算出上翘角度的范围为 3.01°~5.58°，在 3°~6°的技术要求范围，同时仿真法计算的合格率为 99.90%，说明批量生产时不合格产品的概率很低。

综上所述：按照现有尺寸公差是比较合理的，批量生产合格率可达 99.90%。

# 附录　诚智鹏尺寸链计算及公差分析软件 V12.5 操作手册

## 1. 手册约定

### 1.1　鼠标操作约定

单击：快速按下并释放鼠标左键。

双击：连续两次快速按下并释放鼠标左键。

菜单：菜单栏中每一项，即为菜单，例如：本系统中的“文件”“编辑”等菜单。

菜单项：菜单的下一级功能，例如：本系统中的“文件”菜单下的“新建”菜单项。

### 1.2　标志约定

本手册采用醒目标志，表示用户在操作过程中应该引起特别注意的地方，标志图形及其意义如下。

| | |
|---|---|
| | 对操作内容的描述进行必要的补充和说明。 |

### 1.3　软件环类型

在本系统中，环（可以是尺寸、角度、过盈量、间隙、漂移量、位移、几何公差等）[㊀]可分为五种类型，分别是：

1）　代表尺寸环。

2）　代表基准中心环。

3）　代表几何公差环。

4）　代表角度环。

5）　代表装配环，含单个装配环和两个装配环。

6）、、、、　绘制尺寸链图的辅助工具，不是环。

## 2. 软件运行环境

### 2.1　计算机的最低硬件要求：

1）1G 及以上的处理器。

2）内存 512M 及以上。

3）10G 硬盘空间。

| | |
|---|---|
| | 磁盘可为 NTFS、FAT 或 FAT32 格式。 |

### 2.2　软件环境

操作系统：Microsoft Windows2000 以上版本，包括 32 位和 64 位操作系统。

㊀ “几何公差”对应的软件中为“形位公差”。

| | |
|---|---|
| | 不支持 Linux 操作系统。 |

### 3. 系统操作界面及功能介绍

#### 3.1 系统操作界面

双击图标，启动后界面如附图 1 所示。

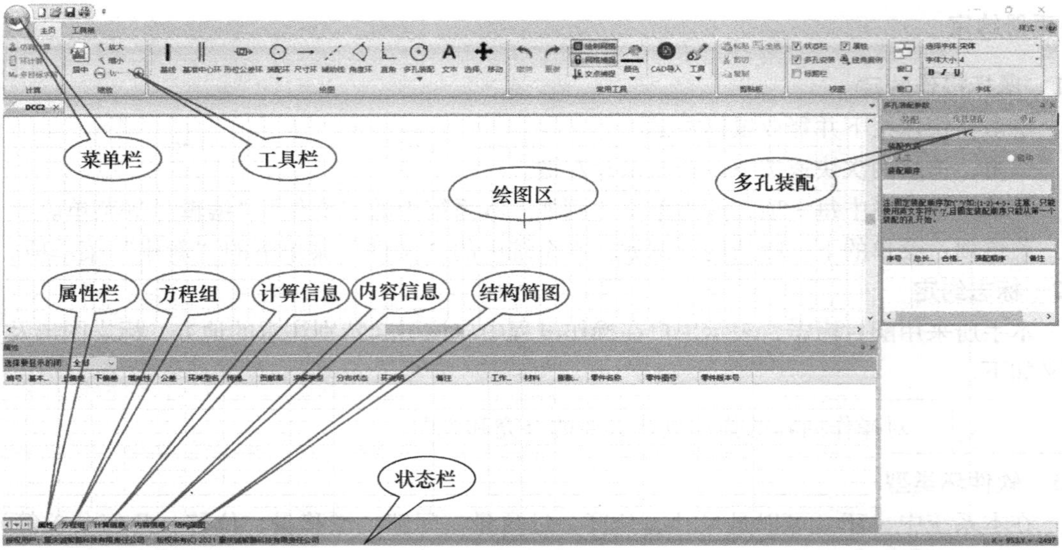


附图 1　系统主界面

系统主界面包括十大部分：菜单栏、工具栏、绘图区、属性栏、方程组、内容信息、计算信息、结构简图、状态栏、多孔装配。

**（1）菜单栏** 包含了系统的常用操作，比如：新建、打开、关闭、保存、计算报告、系统设置等功能。

**（2）工具栏** 包括了常用的计算、缩放、绘图、常用工具、剪贴板、视图、窗口、字体、样式、帮助。

> **注意：** *在视图工具栏，可以设置状态栏、尺寸环属性栏、多孔装配、标题栏的可见状态。*

**（3）绘图区** 系统的主工作区，所有尺寸链图的绘制都在该区域内。

**（4）尺寸环属性栏** 包括属性栏、方程组、内容信息、计算信息、结构简图。属性栏描述了各尺寸环的详细信息；方程组提供了用户输入以及显示计算方程组的界面；内容信息提供了用户输入以及显示尺寸链计算的背景介绍、说明等界面；计算信息提供了用户输入以及显示审批流程界面；结构简图提供了用户插入尺寸链的结构简图，直观地反映了产品结构。

**（5）状态栏** 描述当前系统的状态，可以在状态中查看鼠标当前点的屏幕坐标和逻辑坐标。

**(6) 多孔装配**　用户可在绘图区绘制多孔装配草图，在参数配置区输入相应参数。

## 3.2　系统主要操作介绍

### 3.2.1　常用功能介绍

系统常用功能包括了：

1. 开始菜单

新建、系统设置、语言、打开、保存、另存为、另存为 BMP 文件、计算报告（XYZ）、计算报告（R）、打印、打印预览、打印设置、退出。

开始菜单下的常用功能，这里只介绍“计算报告（R）”和“系统设置”。

**(1) “计算报告（R）”**　其功能把系统中的尺寸链图、已知条件、方程组以及计算结果、结构简图等，导出成 WORD 文档供用户后期处理。“计算报告（R）”功能属于企业版特有功能。

**(2) “系统设置”**　其功能中可以设置系统工作温度，在此工作温度下进行尺寸链计算时不考虑材料热胀冷缩，系统默认工作温度为 20℃；同时，还可以设置几何公差设计系数，公差分配时，系统将按几何公差设计系数自动分配尺寸公差和几何公差。

1. 当用户需要把尺寸链图根据实际情况分开处理时，用户可以使用“组合”功能，把对应的尺寸链图进行分割组合，组合后的图形会根据组合情况，在生成的计算报告中形成单个的尺寸链图。“组合”功能参看“绘图功能介绍”中的“鼠标右键菜单”。

2. 当用户把结构简图插入软件，软件可以自动在计算报告中生成。结构简图功能插入“属性栏”中，单击“结构简图”，单击“插入”命令。

2. 计算工具栏

计算工具栏包括仿真计算、环计算、多目标求解，如附图 2 所示。

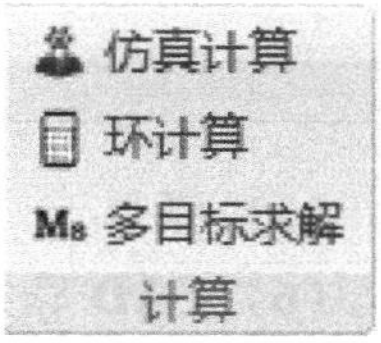

附图 2　计算工具栏

**(1) 仿真计算**　进行尺寸链的仿真法计算分析，只能针对正计算，即公差分析。具体操作见附录中“3.2.7 仿真法计算功能介绍”。

**(2) 环计算**　进行尺寸链的计算，分多闭环和单闭环计算。计算方法包括：极值法和概率法。具体操作见附录中“3.2.6 环计算功能介绍”。

**(3) 多目标求解**　进行中间变量多目标传递系数的求解，具体操作见附录中“3.2.13 多目标求解功能介绍”。

3. 缩放工具栏

缩放工具栏包括放大、缩小和居中，如附图 3 所示。

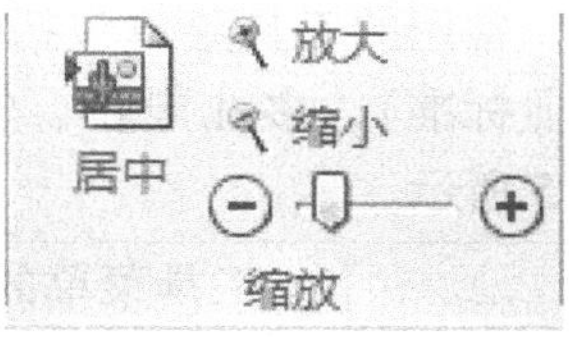

附图 3　缩放工具栏

**(1) 放大**　单击“放大”，用户可以对绘图区域的内容进行放大。

**(2) 缩小**　单击“缩小”，用户可以对绘图区域的内容进行缩小。

**(3) 居中**　单击“居中”，用户可以将所有绘图区域的内容自动缩放至当前绘图区域窗口。

| | |
|---|---|
| | 用户也可直接单击或拖动按钮，实现界绘图区域的缩放。 |

4. 常用工具栏

常用工具栏包含绘制网格、网格捕捉、交点捕捉等绘图辅助功能；撤消、重做、颜色、CAD 导入功能，如附图 4 所示。

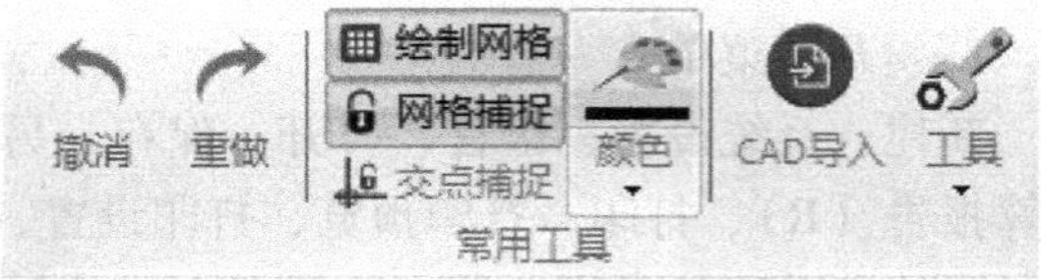


附图 4　常用工具栏

**(1) 撤消**　单击该按钮，可返回上一步操作。

**(2) 重做**　单击该按钮，可返回撤消的步骤。

**(3) 绘制网格**　用户可以通过单击该菜单项设置绘制网格的可用状态，如果绘制网格可用，在该菜单项前面有一个小勾“√”，否则就没有。缺省状态是可用的。

**(4) 网格捕捉和交点捕捉**　用户可以通过单击该菜单项设置绘图捕捉的可用状态，如果绘图捕捉可用，在该菜单项前面有一个小勾“√”，否则就没有。缺省状态是“交点捕捉”可用的。

| | |
|---|---|
| | 1. 当“网格捕捉”状态打开时，绘制直线的起始点和结束点都在网格点或半个网格点上。在使用线型环绘制尺寸链图时，采用“网格捕捉”能提高绘图效率。<br>2. 当“交点捕捉”状态打开时，绘制直线的起始点或结束点如果在某条直线的起始点和结束点附近时，系统会自动捕捉该交点。在使用平面环绘制尺寸链图时，采用“交点捕捉”能提高绘图效率，保证绘图的准确性。<br>3. 修改直线时，关闭“网格捕捉”“交点捕捉”状态，效率更高。 |

**(5) 颜色**　单击该按钮，可更改和选择尺寸链图的颜色。

**(6) CAD 导入**　单击该按钮，可导入从 CAD 软件中提取的环参数。

5. 工具菜单

常用的工具菜单包括孔公差带、轴公差带、配合、HB5800（航空工业标准）、多孔定位、实体要求、实效尺寸、加工数据统计，如附图 5 所示。

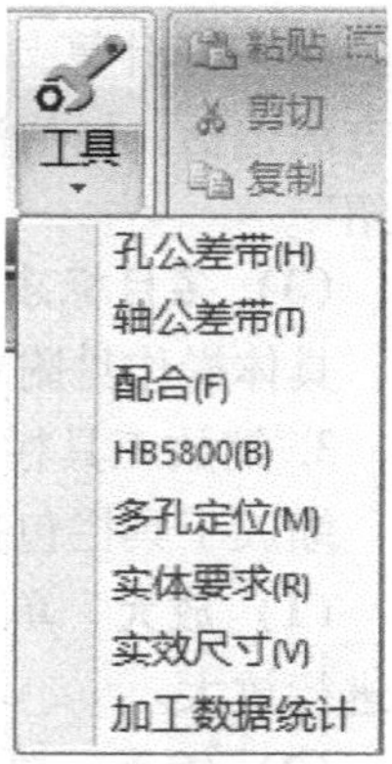


附图 5　工具菜单

| | |
|---|---|
| | 工具菜单的所有功能为 V3.0.0 及以后的版本所新增的功能。 |

**(1)“孔公差带”菜单项**　单击该菜单项会弹出“孔公差带”查询对话框，如附图 6 所示。用户输入孔的公称尺寸或者选择相应的尺寸环得到公称尺寸后，单击界面中的公差带代号，系统会自动查询上极限偏差、下极限偏差以及

公差；用户也可以输入公称尺寸和公差带代号后，单击“查询”按钮查询上极限偏差、下极限偏差以及公差。

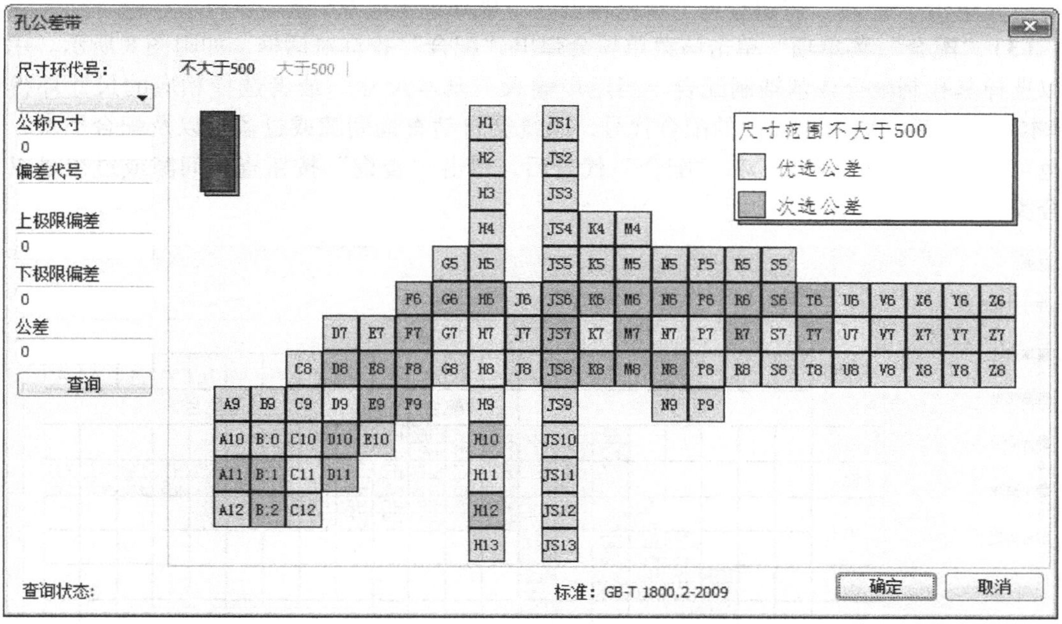


附图 6 孔公差带

**(2)“轴公差带”菜单项** 单击该菜单项会弹出“轴公差带”查询对话框，如附图 7 所

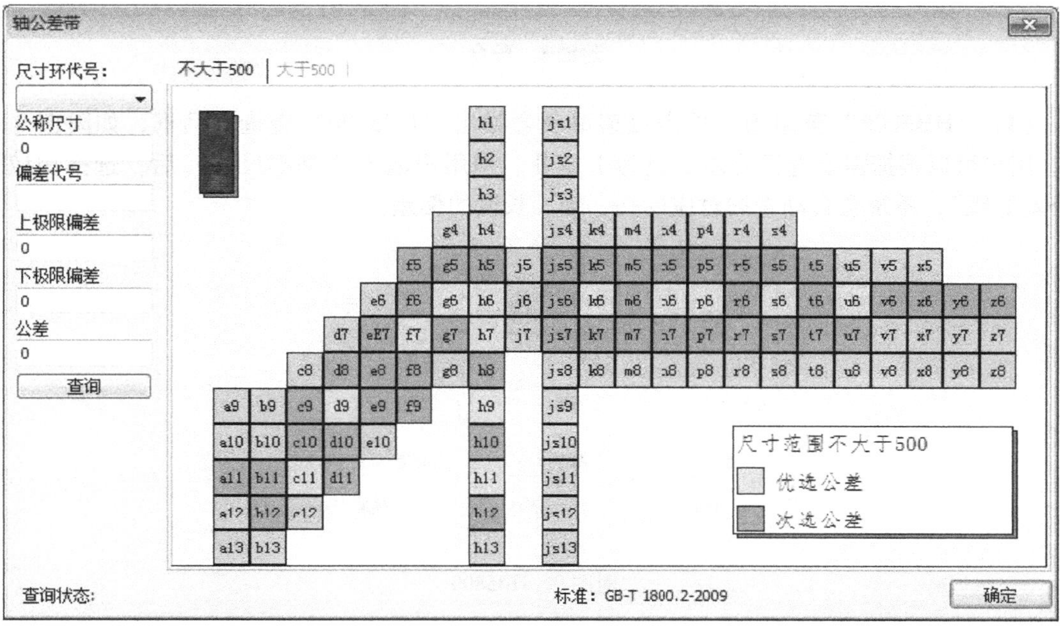


附图 7 轴公差带

示。用户输入轴的公称尺寸或者选择相应的尺寸环得到公称尺寸后，单击界面中的公差带代号，系统会自动查询上极限偏差、下极限偏差以及公差；用户也可以输入公称尺寸和公差带代号后，单击“查询”按钮查询上极限偏差、下极限偏差以及公差。

**(3)“配合”菜单项** 单击该菜单项会弹出“配合”查询对话框，如附图 8 所示。用户可以选择基孔制配合或基轴制配合。当用户输入“基本尺寸”或者选择相应的尺寸环得到“基本尺寸”后，单击界面中的配合代号，系统会自动查询间隙或过盈量以及配合类型；用户也可以输入“基本尺寸”和“配合”代号后，单击“查询”按钮查询间隙或过盈量以及配合类型。

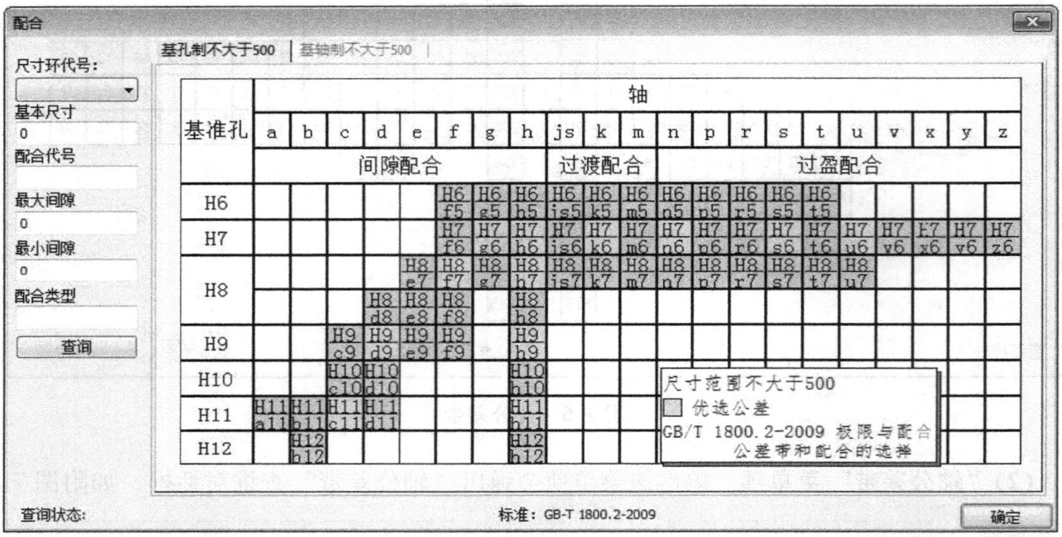


附图 8 配合

**(4)“HB5800”菜单项** 单击该菜单项会弹出“HB5800”查询对话框，如附图 9 所示。用户可以根据需要选择公差等级为 I 或 II。当用户输入“基本尺寸”后，选择相应的“公差等级”，系统会自动查询对应的孔、轴、长度的偏差。

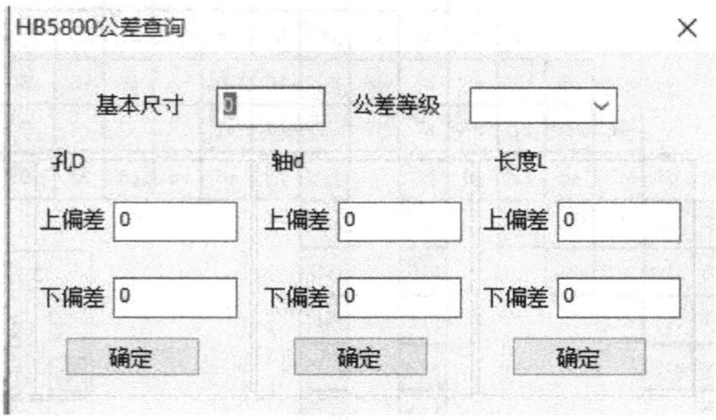


附图 9 HB5800

**(5)“多孔定位”菜单项** 单击该菜单项会弹出“多孔定位”计算的对话框，如附图 10 所示。用户可以输入孔和销的尺寸公差，单击下图中的“仿真分析”按钮，可同时进行计算第一组到第四组的孔销配合在实际装配过程中（仿真 50000 次）的漂移范围（一般用于孔轴间隙配合）。

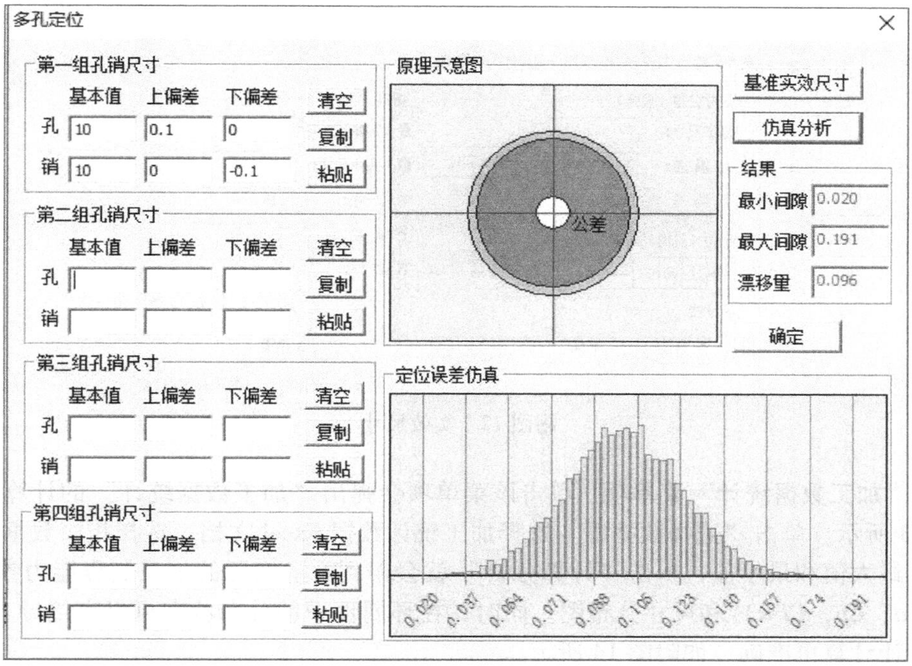


附图 10　多孔定位

**（6）“实体要求”菜单项**　单击该菜单项会弹出“实体要求”的计算对话框，如附图 11 所示。用户可以输入公称尺寸公差和几何公差，先根据实际情况选择“孔类”或“轴类”。然后根据实际情况选择实体要求状态，有“最大实体”“独立原则”“最小实体”按钮，就可以把几何公差直接叠加到“基本尺寸”公差里面进行计算（一般可以计算位置度、垂直度、同心度、同轴度和对称度）。

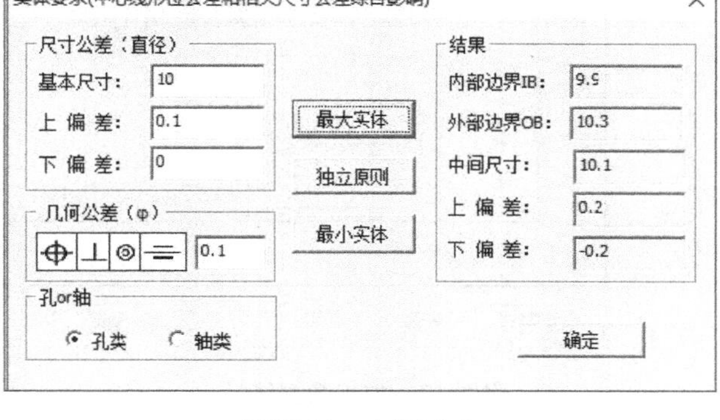


附图 11　实体要求

**（7）“实效尺寸”菜单项**　单击该菜单项会弹出“实效尺寸”的计算对话框，如附图 12 所示。用户可以输入公称尺寸公差和几何公差，先根据实际情况选择“孔类”或“轴类”。最后根据实际情况选择“最大实体”和“最小实体”按钮，就可以直接换算实效尺寸（一般可以计算位置度、垂直度 、同心度、同轴度和对称度）。

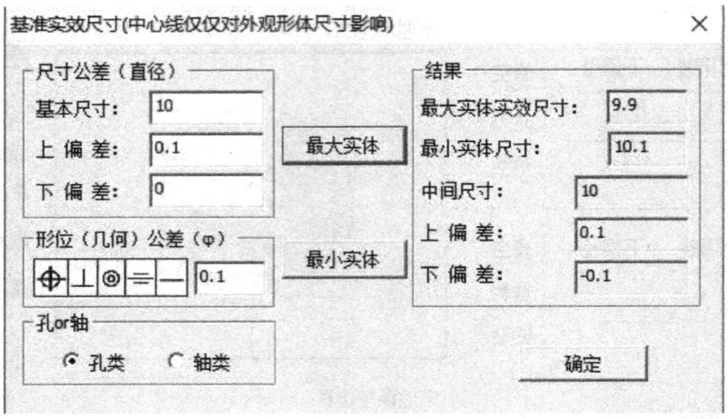


附图 12　实效尺寸

**（8）“加工数据统计”菜单项**　单击该菜单项会弹出“加工数据统计”的计算对话框，如附图 13 所示。单击“选择数据源”选择加工统计数据 Excel 文档，选择相应数据工作簿；输入目标最大值和最小值，单击“计算分析”就会得到企业实际的加工制程能力参数（$E$，$K$，$\sigma$，$Ca$，$Cp$，$CPK$）和尺寸分布图。同时，在环属性中的分布状态可以直接导入实际加工数据，让计算更准确，如附图 14 所示。

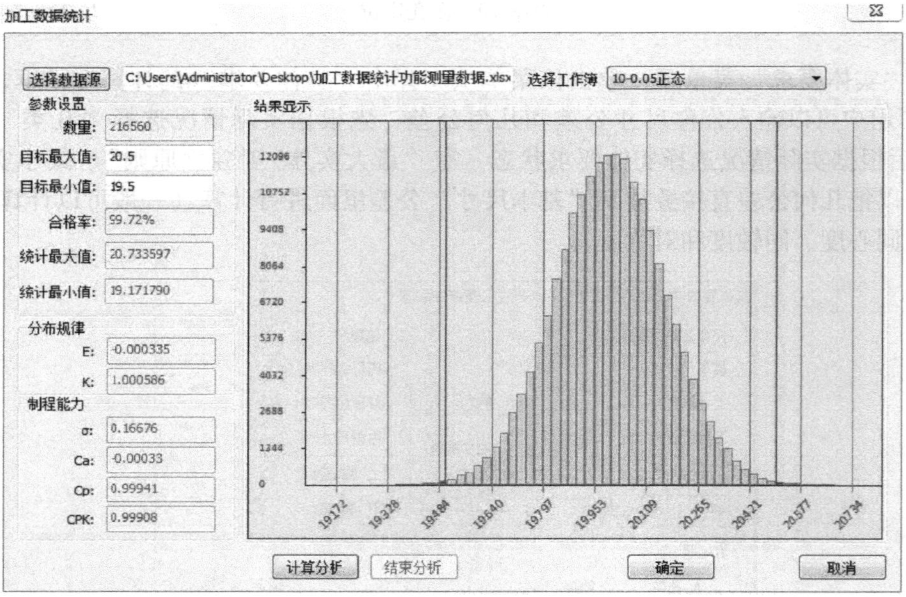


附图 13　加工数据统计

6. 剪切板

剪切板包括：全选、剪切、复制、粘贴。这些功能与其他软件的功能一样，在此就不介绍。

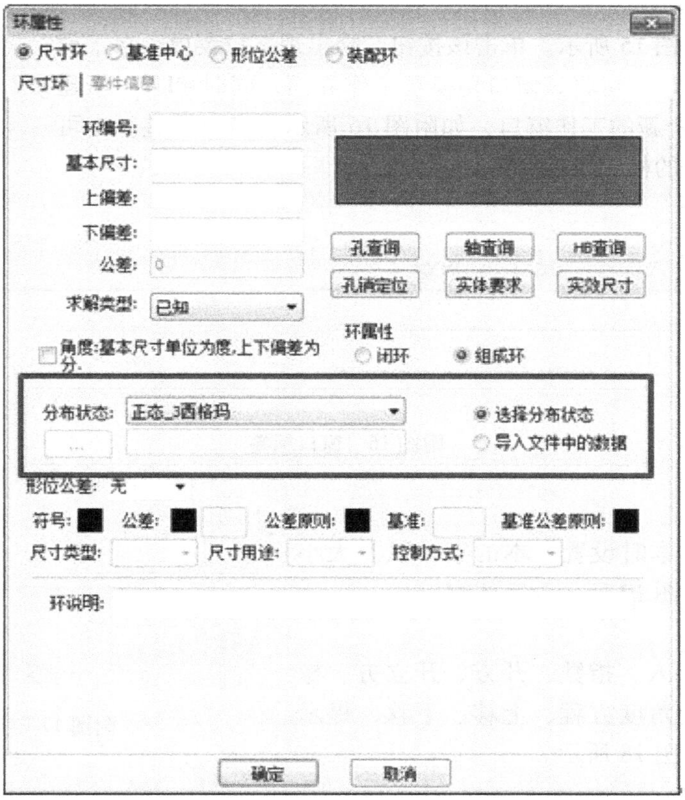


附图 14　尺寸链计算导入实际加工统计数据

| | |
|---|---|
| | 1. 软件也为用户提供了快捷键操作。例如：“删除”操作可以在用户选择图形的情况下，按“Delete”键删除所选图形。<br>2. 本系统包含了“Ctrl+C（复制）、Ctrl+V（粘贴）、Ctrl+Z（撤回）”等快捷键。 |

7. 视图工具

视图工具包括：状态栏、多孔装配、标题栏、尺寸环属性栏。

**(1)“状态栏”项**　用户可以通过单击该菜单项设置状态栏的可见状态，如果状态栏可见，在该菜单项前面有一个小勾“√”，否则就没有。缺省状态是可见的。

**(2)“多孔装配”项**　用户可以通过单击该菜单项设置多孔装配项的可见状态，如果多孔装配项可见，在该菜单项前面有一个小勾“√”，否则就没有。缺省状态是可见的。

**(3)“标题栏”项**　用户可以通过单击该菜单项设置标题栏的可见状态，如果标题栏可见，在该菜单项前面有一个小勾“√”，否则就没有。缺省状态是可见的。

**(4)“尺寸环属性栏”项**　用户可以通过单击该菜单项设置尺寸环属性栏的可见状态，如果尺寸环属性栏可见，在该菜单项前面有一个小勾“√”，否则就没有。缺省状态是可见的。

8. 窗口功能

窗口功能如附图 15 所示。单击该按钮，会出现下拉菜单，在下拉菜单中单击某一窗口，可将该窗口切换至工作界面，同时单击“新建窗口”，可新建一个新的工作窗口，如附图 16 所示为窗口标签。也可以通过选择绘图区的标签切换窗口。

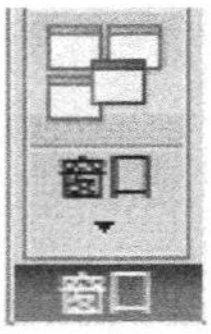


附图 15　窗口

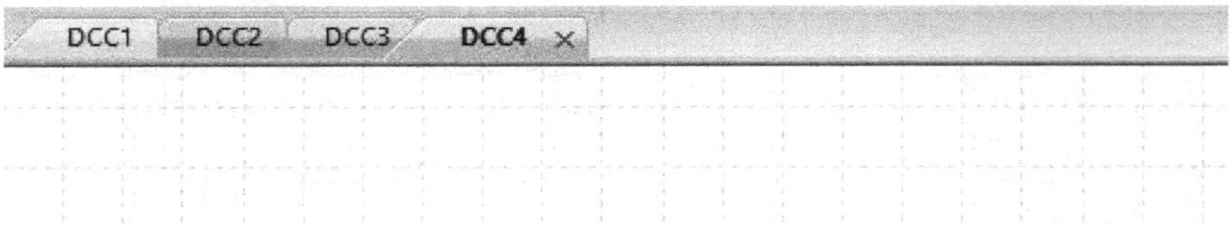


附图 16　窗口标签

9. 字体

在用户输入文本时设置文本的字体以及大小等相关属性，如附图 17 所示为字体窗口。

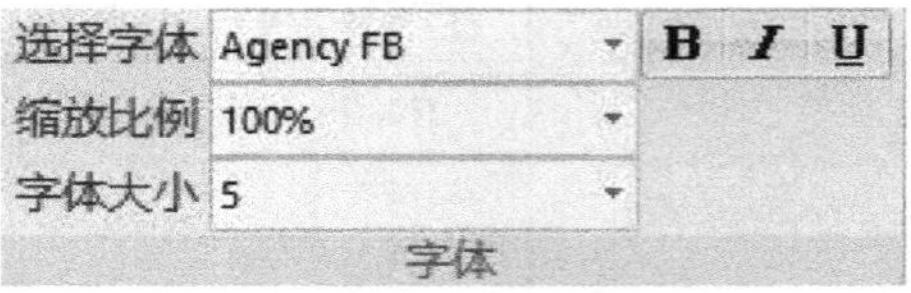


附图 17　字体

10. 工具箱

工具箱包括导入、指数、开方、开立方、橡皮擦、刷新、设置角度方程、上移、下移、提示和中间变量，如附图 18 所示。

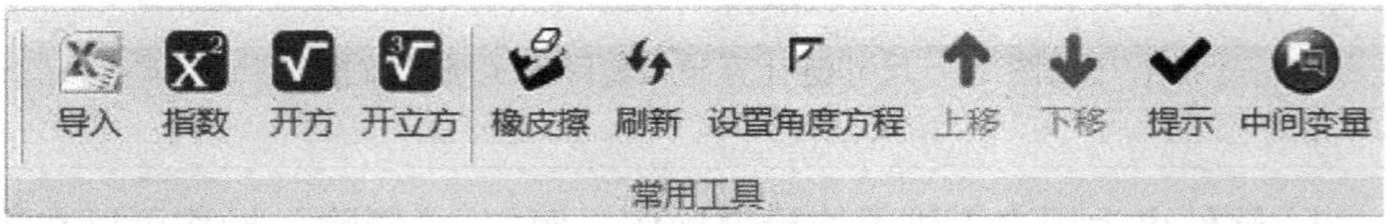


附图 18　工具箱

**（1）导入** 　当用户单击“导入”按钮时，会弹出如附图 19 所示的界面。

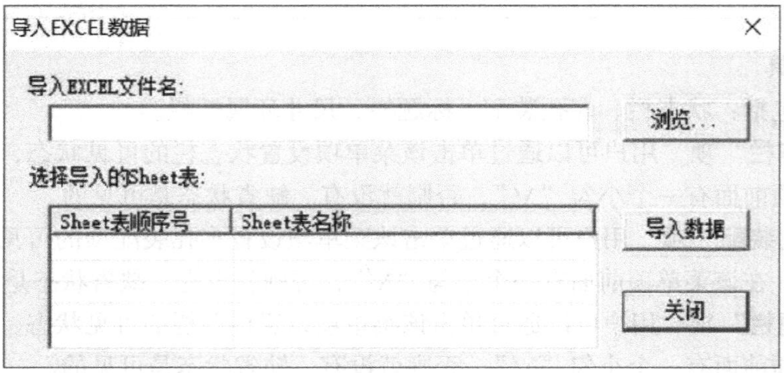


附图 19　导入环属性

**（2）指数、开平方、开立方** 　该功能是提供给用户在输入方程组时使用。当用户打开了“指数”按钮，用户在方程组输入界面输入的信息将代表指数。当用户打开了“开平方”“开立方”按钮，用户在方程组输入界面输入的信息将代表被开方、开立方表达式。

**（3）橡皮擦**　表示清空方程组控件中的所有方程组。

**（4）刷新**　可删除方程组之间的空格行。

**（5）设置角度方程**　单击该按钮后该方程的左上角显示一个红色的三角形。

**（6）上移、下移**↑ ↓　单击按钮，可以上下移动选中的属性中的环的位置。

**（7）提示**✔　可以通过单击按钮弹出对话框查询相关信息。详细信息参考附录“3.2.11”。

**（8）中间变量**　单击会出现当前计算尺寸链的输出文件。

11. 样式

单击该按钮，弹出下拉菜单中会出现不同颜色的软件皮肤供用户选择，如附图 20 所示。

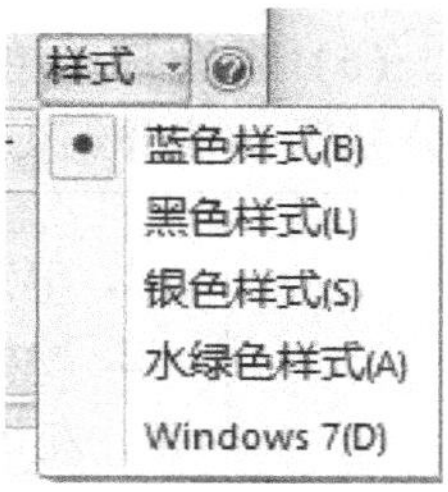


附图 20　样式

12. 帮助菜单

**“关于 DCC”**：用户单击该菜单项后，会弹出一个关于 DCC 软件的对话框，如附图 21 所示。在关于 DCC 对话框中包含了系统的版本信息、联系人以及一些常用的联系方式。

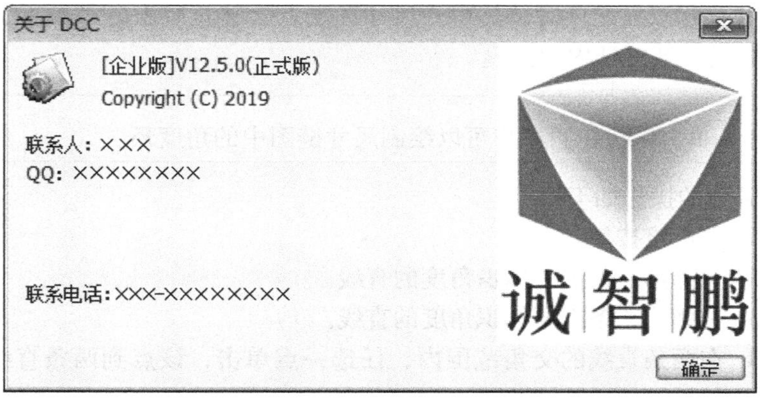


附图 21　关于 DCC 软件

3.2.2　绘图功能介绍

1. 绘图工具栏

绘图工具栏界面如附图 22 所示。

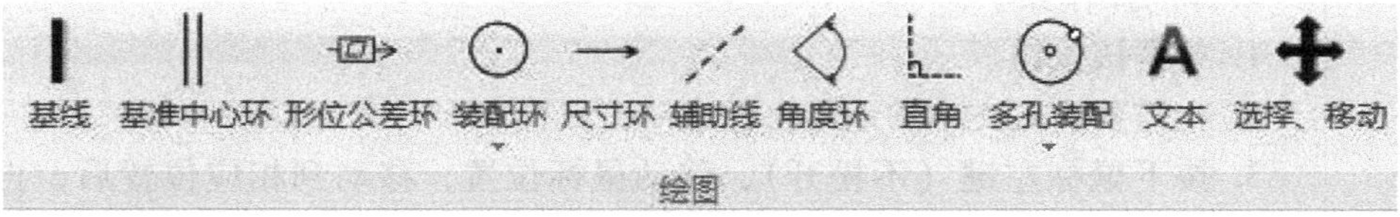


附图 22　绘图工具栏

**（1）基线**　单击该按钮，用户可以绘制尺寸链图中的基线。

**（2）基准中心环**　单击该按钮，用户可以绘制尺寸链图中的基准中心环。

**（3）形位公差环** 单击该按钮，用户可以绘制尺寸链图中的形位公差⊖环。

**（4）尺寸环** 单击该按钮，用户可以绘制尺寸链图中的平面环。“智能几何公差”功能介绍。

**（5）辅助线** 单击该按钮，用户可以绘制尺寸链图中的辅助线。

基线、基准中心环、形位公差环、尺寸环、辅助线的绘制方法为：单击对应的绘制工具后，在绘制图形的起点位置，按下鼠标左键（不要松开），移动鼠标，当鼠标位置移动到指定位置时，松开鼠标左键，则该点位置为直线的终点位置。

**（6）装配环** 单击该按钮，用户可以绘制尺寸链图中的装配环。详细功能见“智能几何公差”功能介绍。

1. 单击装配环，会弹出下拉菜单，选择一个装配环或者两个装配环。

2. 绘制装配环方法：若是先绘制装配环，选择装配环，移动鼠标至指定位置，左键单击绘制装配环（若需在某尺寸环端点上绘制，移动鼠标至端点附近，装配环的中心会自动捕捉尺寸环的端点）；若是尺寸环绘制完成后在两尺寸环交点处添加装配环，添加装配环后，其中一尺寸环端点会移至装配环外圆上（绘制双装配环时，其中一尺寸环端点会移至装配环外圆上，另外一尺寸会移动至装配环内圆上）。

**（7）角度环** 单击该按钮，用户可以绘制尺寸链图中的角度环。

具体的操作如下：

1. 单击该按钮。

2. 选择第一条需要标识角度的直线。

3. 选择第二条需要标识角度的直线。

4. 在两条直线的交角范围内，任选一点单击，该点到两条直线交点的距离为弧线半径。

**（8）直角** 单击该按钮，用户可以绘制两条直线间的直角标识。操作方式和角度环一样。

**（9）文本** 单击该按钮，用户可以绘制文本。

具体的操作如下：

1. 单击该按钮。

2. 在需要输入文本的地方，任意单击鼠标。

3. 按下鼠标左键（不松开），移动鼠标位置，移动到相应位置后，再松开鼠标。

4. 此时会弹出文本输入框，用户可以在该框中，输入所需要的文本信息。

---

⊖ 软件中的“形位公差”对应图标术语为“几何公差”。

**(10) 选择、移动**　单击该按钮，用户可以选择、移动对象。

**(11) 多孔装配**　单击该按钮，包含“背板”和“孔”两个功能。需要先绘制背板才可以绘制孔。

2. 绘图区右键菜单

在绘图区域单击鼠标右键，会弹出如附图 23 所示的菜单。

附图 23　绘图区右键菜单

**(1) 单击“确定”**　绘图工具会自动切换成“移动”工具。

**(2) 单击“组合”**　对所选图形进行组合处理。在生成的计算报告中，该图形就是一张独立的图片，不同的组合形成不同的图片。

**(3) 单击“取消组合”**　对所选图形的组合进行取消组合处理。

**(4) 单击“生成方程组”**　对所选图形生成对应的方程组。

具体操作如下：

1）选择一个完整的平面尺寸链。

2）单击鼠标右键，单击“生成方程组”菜单项。

3）会自动弹出一个对话框，显示该平面尺寸链生成的方程组，单击“确定”后会添加到方程组属性页中。界面如下：

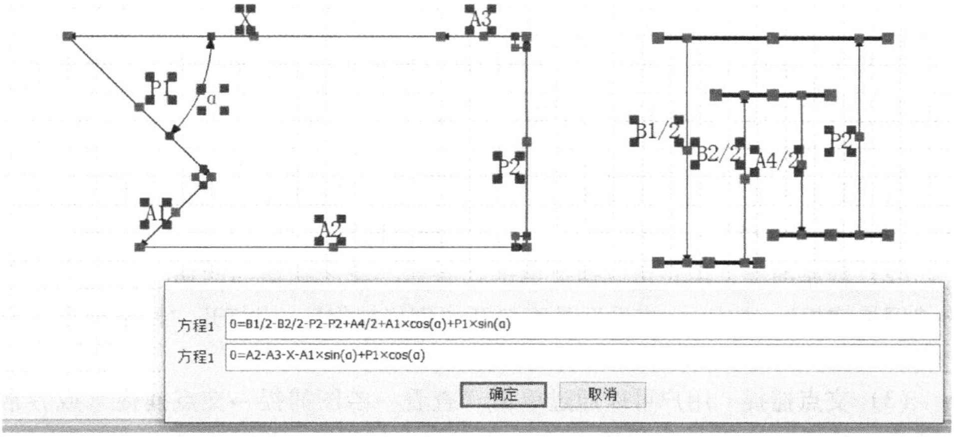


生成方程组需要注意的几点：

1. 只有平面尺寸链才能使用该功能，具体见平面尺寸链定义见“系统约定”。

2. “生成方程组”的过程是通过人工智能的方式实现的，通过 2 个垂直方向的分解来实现。因此，所有垂直的直线必须用直角标识，不能省略。用平面环表示的线型尺寸链除外。

3. 如果系统出现如下图提示，说明辅助线不够。一般是由以下几个原因造成的。

1）忘记绘制直角标识。

2）缺少必要的辅助线。

3）应该平行的直线不平行。

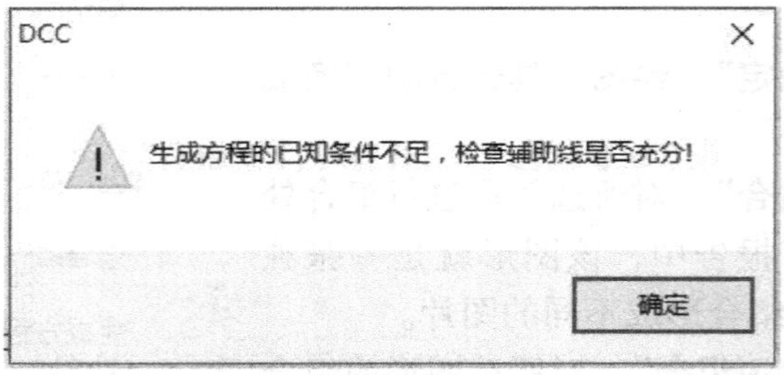


4. 在标准版中，“生成方程”功能不可用。

5. 当已生成方程组的尺寸链图选择再次生成方程时，会提示是“生成新方程”还是“更新”。

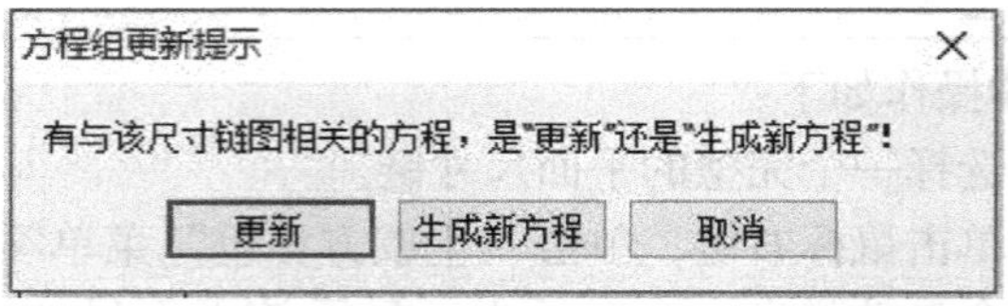


6. 方程组中 czp_r、M1Pn、M2Pn 为系统内部特定参数，增加是为了方程组的求解，不影响计算结果。

单击“生成所有方程组”，对文件中所有图形生成对应的方程组，单击执行，依次确认各图形生成的方程。操作界面如附图 24 所示。

3. 辅助功能

**（1）绘制网格** 用户可以通过单击“查看→绘制网格”或者常用工具栏中的“绘制网格”按钮来设置是否绘制网格。缺省为绘制网格。

**（2）网格捕捉** 用户可以通过单击“查看→绘图捕捉→网格捕捉”或者常用工具栏中的“网格捕捉”。按钮来设置是否打开“网格捕捉”。当打开“网格捕捉”时，用户绘制直线的起止位置为 2.5mm 整数倍位置的点。

**（3）交点捕捉** 用户可以通过单击“查看→绘图捕捉→交点捕捉”或者常用工具栏中的“交点捕捉”按钮来设置是否打开“交点捕捉”。当打开“交点捕捉”时，用户绘制直线的起止位置为其他直线的端点。缺省为“交点捕捉”打开。

“网格捕捉”和“交点捕捉”最多只能有一个打开，系统会自动设置。

**（4）“shift”键** 用户按住“shift”键，当绘制图形时，绘制的图形是 45°、水平、垂直线。

通过绘图工具栏，绘制的尺寸链图如附图 25 所示。

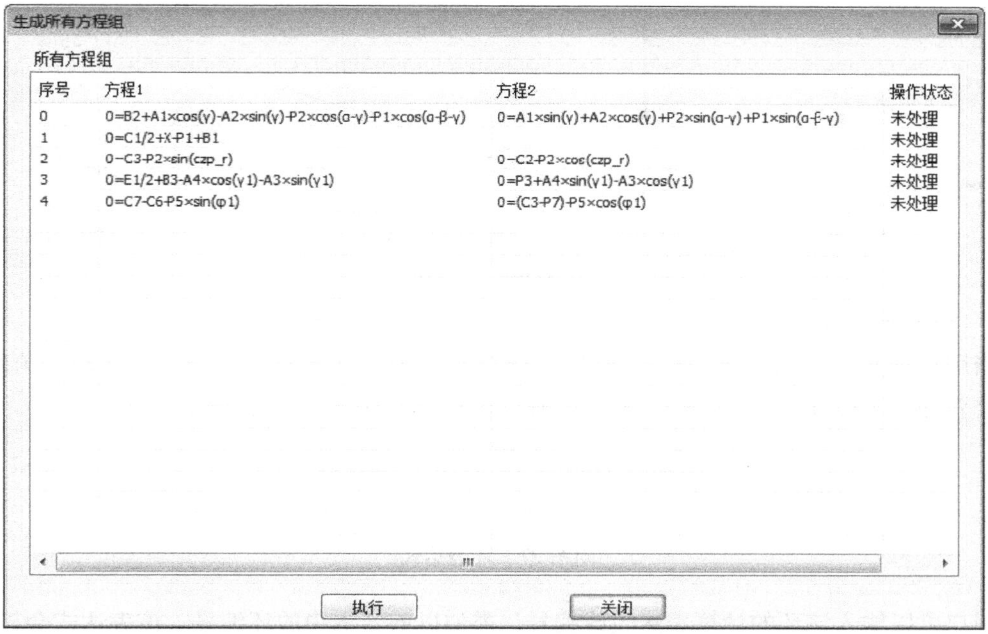


附图 24　生成所有方程组

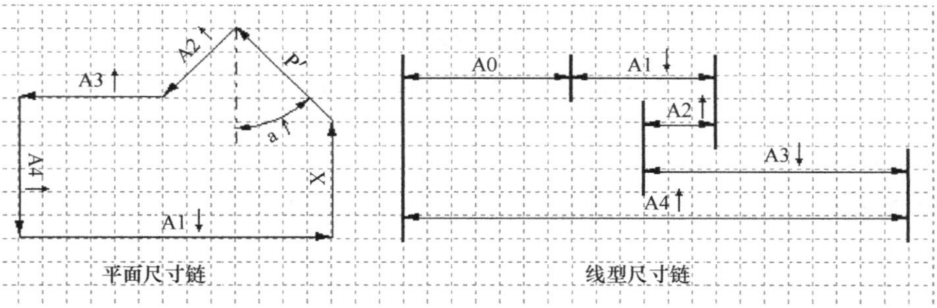


附图 25　尺寸链图

**（5）提示线功能**　当绘制直线时，在某些特殊位置附近，会出现一条红色的提示线，如附图 26 所示。

| | |
|---|---|
| | 合理使用提示线功能，能提高绘图效率。 |

当用户按下“shift”键，选择的新图形，会添加到选择图形里；当用户按下“Ctrl”键，单击已选择的图形，会把该图形从选择图形里取消。

**（6）颜色**　用户可选择尺寸链图的颜色。其使用方法为：选择相应颜色后可以绘制相应颜色的尺寸链图；或者选中尺寸链图（或基线、平面环、辅助线等）后再单击相应颜色，尺寸链图（或基线、平面环、辅助线等）变为相应颜色。

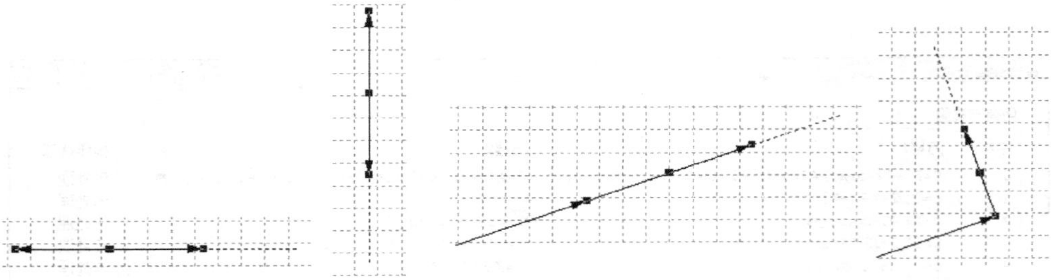

水平提示线　　垂直提示线　　延长线提示线　　直线垂直线提示线

附图 26　提示线

3.2.3　设置环表达式

当用户选择“移动” + 按钮，然后再选择某一个环（基准中心环、尺寸环、角度环、几何公差环、装配环），双击后，弹出如附图 27 所示的环表达式对话框。

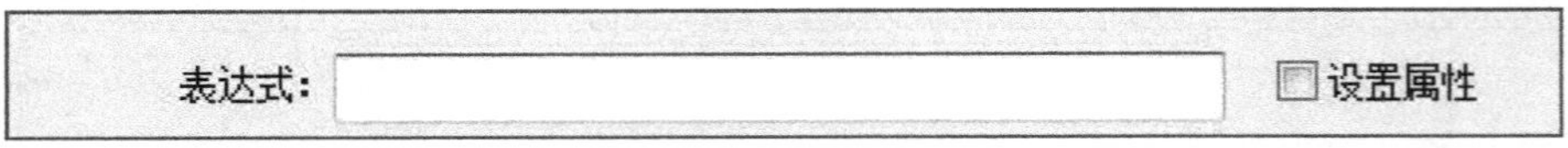


附图 27　环表达式

用户可以输入该环的计算表达式或编号，类似以前版本中的环编号。该表达式会显示在图形上。勾选“设置属性”后，弹出环属性对话框，详见附录“3.2.4 环属性栏介绍”。

1. 该功能是为了增强系统计算性，在 V3.5.0 版本中新加的。
2. 环表达式中，可以输入任意字符。
3. 可以是一个简单表达式，例如：*A*1/2、*A*1-*A*2。

3.2.4　环属性栏介绍

用户在属性栏单击鼠标右键，会出现一个右键菜单，如附图 28 所示。

当用户单击添加环时，弹出环属性对话框，系统默认添加尺寸环（角度环），若需添加其他类型，在工具栏选择相应图标。

**(1) 尺寸环（角度环）**　尺寸环属性如附图 29 所示。

1）尺寸环编号：用户可以给每一个尺寸环输入编号。

2）基本尺寸[㊀]：当前所选尺寸环的公称尺寸，如果是未知条件，则不输入（在 V8.0.0 之前的版本是输入“?”）。

3）上偏差[㊁]：当前所选尺寸环的上极限偏差，如果是未知条件，则不输入（在 V8.0.0 之前的版本是输入“?”）。

4）下偏差[㊂]：当前所选尺寸环的下极限偏差，如果是未知条件，则不输入（在 V8.0.0 之前的版本是输入“?”）。

---

㊀ 软件中的“基本尺寸”对应国标术语为“公称尺寸”。

㊁ 软件中的“上偏差”对应国标术语为“上极限偏差”。

㊂ 软件中的“下偏差”对应国标术语为“下极限偏差”。

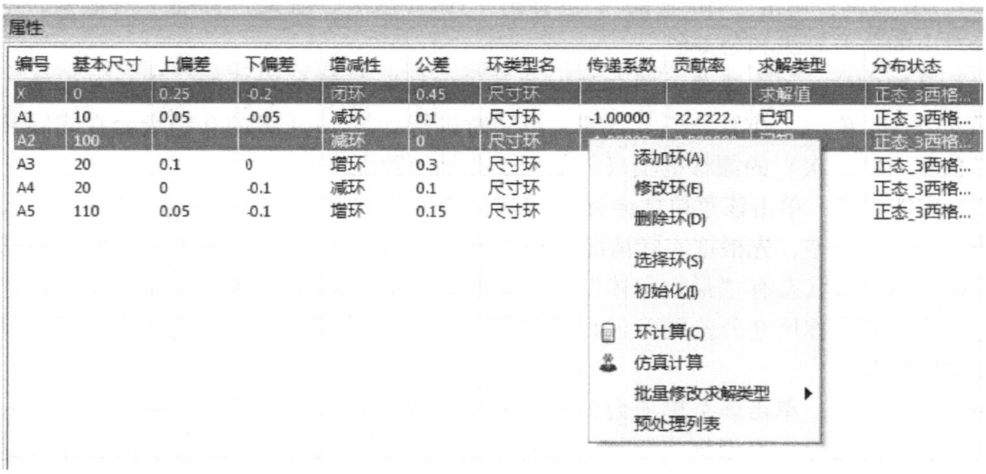


附图 28　环属性右键菜单

5）角度：当该环为角度环时，需要勾选该复选框。

6）求解类型：有三种选择，分别是已知、求解值、公差分配，如果该环是已知条件，则选择“已知”；如果是所求值（包括：公称尺寸、上下极限偏差），则选择“求解值”；如果是需要求解上下极限偏差（知道公称尺寸，需要求解上下极限偏差，反计算时使用），则选择“公差分配”。

7）环属性：默认组成环，用户只需设置闭环，计算完成后系统会自动判断环的增减属性。

8）分布状态：选择该环的分布状态。有正态分布（2σ、3σ、4.5σ、6σ）、三角分布、均匀分布、瑞利分布。具体每个环的分布状态可以根据国标选择，也可以根据企业实际加工统计数据来选择。

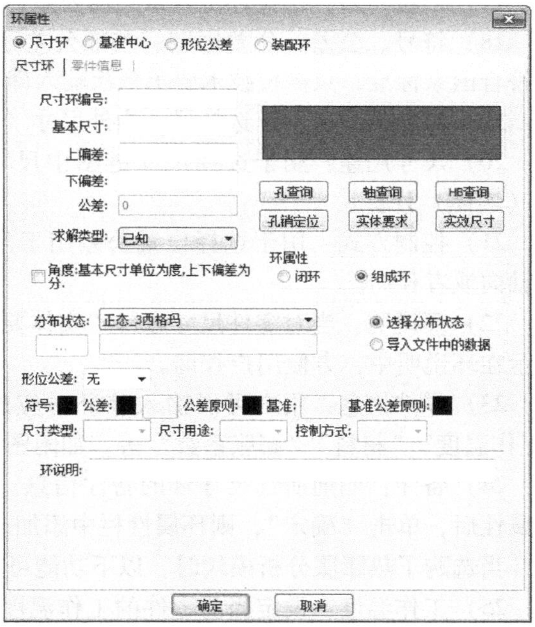


附图 29　尺寸环属性

9）选择分布状态：选择该选项时，可以选择环的分布状态。

10）导入文件中的数据：选择该选项，系统会根据导入文件计算环的分布状态。详见“加工数据导入”功能介绍。

11）孔查询：单击“孔查询”，会弹出“孔公差带”的对话框，用户可以选择孔公差带，查询该环的上下极限偏差。

12）轴查询：单击“轴查询”，会弹出“轴公差带”的对话框，用户可以选择轴公差带，查询上下极限偏差。

13）HB查询：单击“HB查询”，会弹出“HB（航空、航天）标准”对话框，用户可以选择对应的公差等级和公差值。

14）孔销定位：单击该菜单项会弹出“孔销定位”计算的对话框。用户可以输入孔和销的尺寸公差，单击“仿真分析”按钮，可同时进行计算1~4组的孔销配合在实际装配过程中（仿真50000次）的漂移范围（一般用于孔轴间隙配合）。

15）实体要求：单击该菜单项会弹出“实体要求”的计算对话框。用户可以输入公称尺寸公差和几何公差，先根据实际情况选择“孔类”或“轴类”两种类别。然后根据实际情况选择实体要求状态有“最大实体”“独立原则”和“最小实体”按钮，就可以把几何公差直接叠加到公称尺寸公差里面进行计算（一般可以计算位置度、垂直度、同心度、同轴度和对称度）。

16）实效尺寸：单击该菜单项会弹出“实效尺寸”的计算对话框。用户可以输入公称尺寸公差和几何公差，先根据实际情况选择“孔类”或“轴类”。最后根据实际情况选择“最大实体”和“最小实体”按钮，就可以直接换算实效尺寸（一般可以计算位置度、垂直度、同心度、同轴度和对称度）。

17）形位公差：选择环是否带几何公差。

18）符号、公差、公差原则、基准公差原则：若尺寸环带几何公差，选项可选填，选填符合国家标准，只需按技术要求依次输入即可。

19）尺寸类型：用于选择尺寸为外尺寸（轴）或者内尺寸（孔）。

20）尺寸用途：用于选择尺寸链图中尺寸环的用途，用于形状（实效）计算或者位置（实体）计算。

21）控制方式：用于选择位置公差用于角度计算或者方向计算；选择跳动（全跳动）为轴向或者径向。

22）环说明：当对零件尺寸进行“实体要求”、“实效尺寸”操作时，会将相应的操作显示在环说明中，方便用户查询。

23）零件信息：用户可以输入该环对应的“零件名称”“零件图号”“零件版本号”“工作温度”“材料”“膨胀系数”等，如附图30所示。

24）备注：当前所选尺寸环的备注信息。可以输入该环所代表的零件信息。设置尺寸环属性后，单击“确定”，则环属性栏中添加或更新相应尺寸环。

当选购了热膨胀分析模块时，以下功能可用：

25）工作温度：设定当前零件的工作温度，缺省值为20℃。可以在属性栏中的温度项修改。

26）材料：选择当前零件所使用的材料，材料包含了项目实施过程中所输入的所有的“材料热膨胀系数”表中的材料。

27）膨胀系数：根据所选材料、工作温度，在“材料热膨胀系数”表中查询得到当前材料的膨胀系数。软件包含一些常见材料的膨胀系数。不同的温度下，材料的膨胀系数不同。用户也可以自己输入膨胀系数。

**（2）基准中心** 基准中心的环属性界面与尺寸环相似，如附图31所示，其中：

1）基准号：技术要求中标注的基准号。

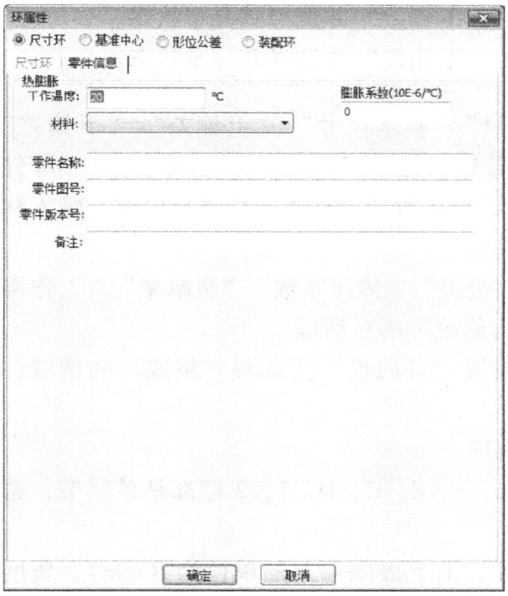


附图 30　尺寸环属性零件信息

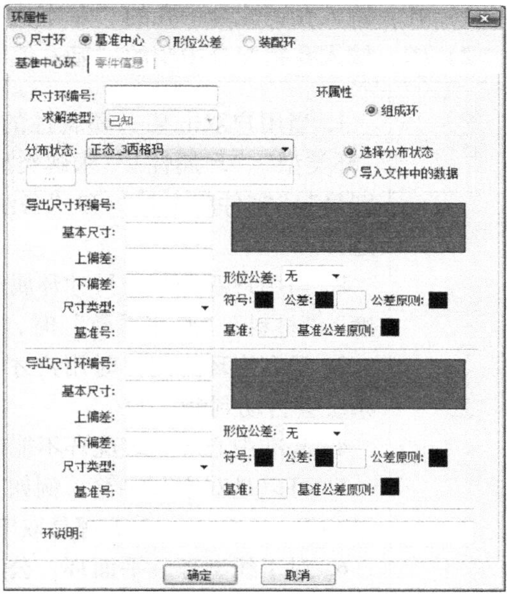


附图 31　基准中心属性

2）导出尺寸环编号：中心线导出尺寸对应的环编号。

3）上偏差：对应导出尺寸的上极限偏差。

4）下偏差：对应导出尺寸的下极限偏差。

**（3）形位公差环**　基准中心的环属性界面与尺寸环相似，如附图 32 所示。

**（4）装配环**

装配环属性如附图 33 所示。

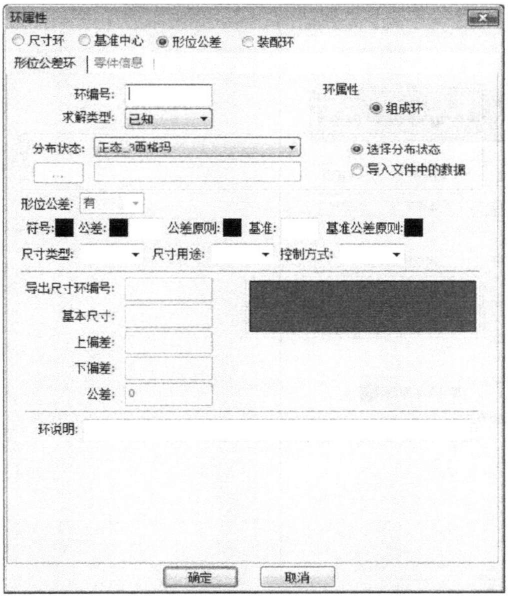


附图 32　形位公差环属性

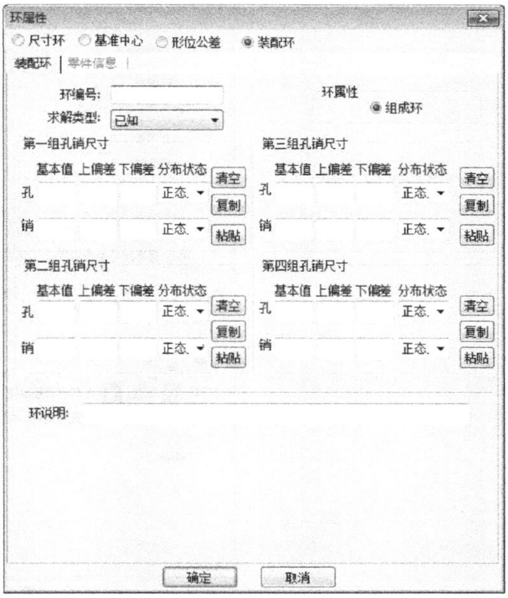


附图 33　装配环属性

1）孔：输入孔销配合中孔的“基本值”和“上下偏差”并选择其分布状态。

2）销：输入孔销配合中销的“基本值”和“上下偏差”并选择其分布状态。

1. 当用户双击某一环属性的“编号”“基本尺寸”“上偏差”“下偏差”“环类型”“环属性”“求解类型”“分布状态”“环说明”“零件名称”“零件图号”“零件版本号”和“备注”时，可以直接对这些项目进行更改、输入和选择。

2. 当用户双击某一尺寸环属性的“公差”“传递系数”“贡献率”“工作温度”“材料”“膨胀系数”时，会弹出修改环的对话框。

3. 只有当环为闭环时用户才需要设置“环属性”为闭环，组成环的增减性系统会自动判断。

4. 基准中心环、装配环不能作为闭环。

5. 可以是双字节字符。例如：a、b、c、d、C、D、1、2 等都是单字节，希腊字母 α、β、γ、δ 等都是双字节。

6. 对于线型环、平面环，公称尺寸、上下极限偏差的单位为（mm）。角度环的公称尺寸的单位为度（°），上下极限偏差的单位为分（′）。

7. 环编号是唯一的，同一位置的同一尺寸应采用同一环编号，输入已有环编号时，系统中会同步其相关信息。

**（5）修改环属性** 当用户选择某个环属性时，鼠标右键菜单中的“修改环”和“删除环”菜单项可用。当用户单击修改环时，可以弹出相应的环属性对话框，用户可对对话框中的内容进行修改，如附图 34 所示。

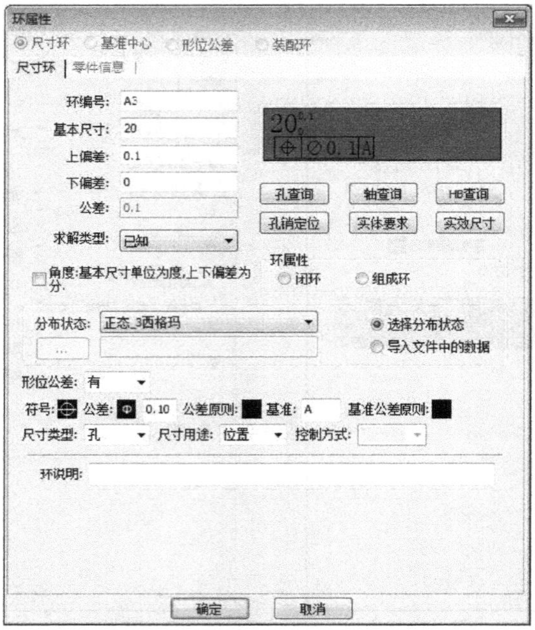


附图 34　尺寸环环属性修改对话框

**（6）删除环操作**　当用户单击“删除环”菜单项时，会弹出提示对话框，如附图 35 所示。

如果用户单击“确定”，则删除该环属性，否则不删除。

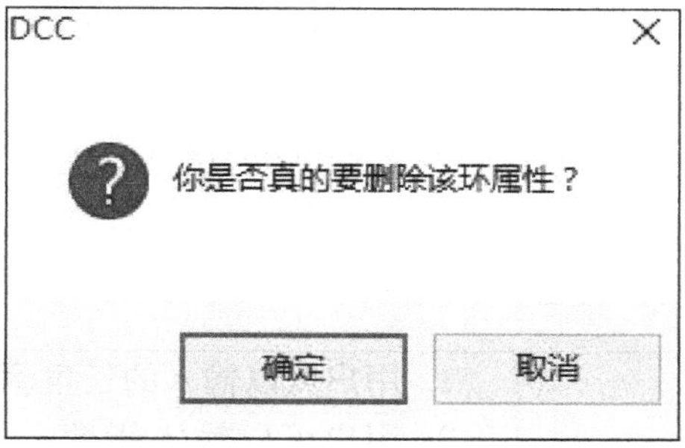


附图 35　删除提示

**（7）导入环属性**　当用户单击“导入”按钮时，会弹出如附图 36 所示的界面。

用户通过“浏览”按钮，选择环属性 EXCEL 文件。当用户选择了 EXCEL 文件后，在“sheet”列表中会自动显示该 EXCEL 文件的“sheet”页，如附图 37 所示。

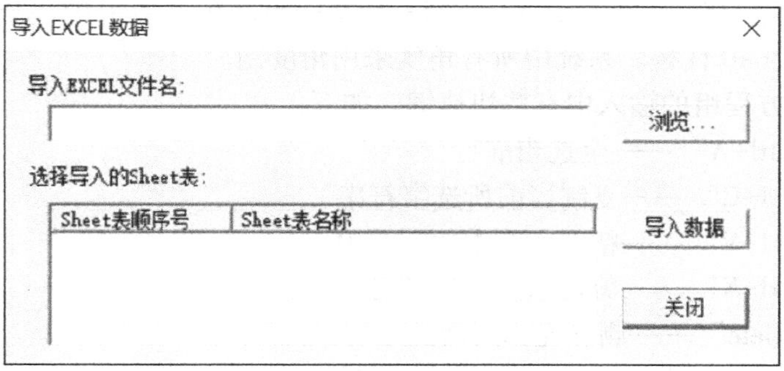


附图 36　导入环属性

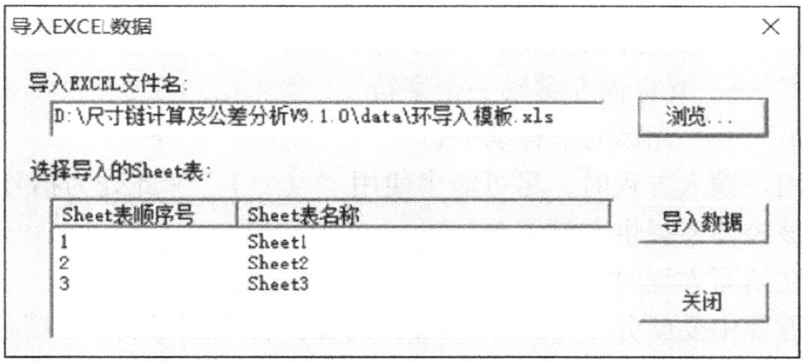


附图 37　导入环属性——选择 sheet 表

用户选择“sheet”表后，单击“导入数据”按钮，系统会导入该 EXCEL 文件的环属性。

| | |
|---|---|
| | 1. EXCEL 文件模板在当前文件夹目录下，名为“环导入模板 .xls”。<br>2. 填写 EXCEL 文件时，编号不能为空，属性只能为“平面”或“角度”。 |

### 3.2.5　输入方程组功能的介绍

对于平面尺寸链的计算，系统会根据尺寸链图自动生成方程（具体操作见“绘图右键操作”）。用户单击尺寸环属性栏中的方程组，进入尺寸环方程组输入界面，如附图 38 所示。

| |
|---|
| 0=P3′-P1×cos(λ1-λ5+λ4) |
| 0=C1-P3×cos(α1-λ1)-P4′×sin(α1-λ1) |
| 0=P3×sin(α1-λ1)-P4′×cos(α1-λ1) |
| 0=P3-C2-X-D5+P2 |

附图 38　方程组

1. 用户可以输入的三角函数有：sin(α)、cos(α)、tan(α)、cot(α) 四个。

2. 用户可以输入指数、开平方、开立方。开平方和开立方不能组合使用，开平方和开立方可以与指数组合使用。

3. 系统最多能输入 30 个方程，方程组中尺寸环的尺寸不要输入实际数值，采用编号代替。例如：$A0=(45\pm0.02)$mm，在方程组中，需要 $A0$ 尺寸的地方，用 $A0$ 代替。系统中所有角度采用角度制。

4. 方程组的输入中有些快捷键，如下：

“Ctrl+A”——全选当前行

“Ctrl+C”——复制当前所选字符串

“Ctrl+V”——粘贴内存中的字符串

“Ctrl+X”——剪切当前所选字符串

“Delete”——删除光标后面的字符串

“Backspace”——删除光标前面字符串

“↑”——光标向上移动一行

“↓”——光标向下移动一行

“→”——光标向右移动一个字符

“←”——光标向左移动一个字符

“Tab”——光标向下移动一行

5. 用户输入方程时，尽可能多使用“（　）”（此处为括号）字符。

6. 该控件还提供右键菜单。

7. 在填写方程时，“*（乘号）”不能省略。

8. 方程中要区分字母的大小写，例如：在环编号为“$A1$”时，同时在输入方程的时候，方程中相对应的环变量也应为“$A1$”。

9. 在本系统中，标准的尺寸链图都可以自动生成方程组。

10. 对于所有的变量都是角度变量的方程，称为角度方程，需要设置方程为角度方程，具体操作如下：

（1）移动光标到该方程上。

α + β =90

（2）单击该 按钮，该方程的左上角显示一个红色的三角形。

α + β =90

### 3.2.6　环（单闭环、多闭环）计算功能介绍

在设置完环属性后，在属性栏中，会列出所有环的求解类型：已知、求解值、分配公差。

> 基准中心环、装配环不能选择公差分配、求解值。

在设置完环属性以及输入或生成计算方程组后，单击鼠标右键，会弹出如附图 39 所示的菜单。

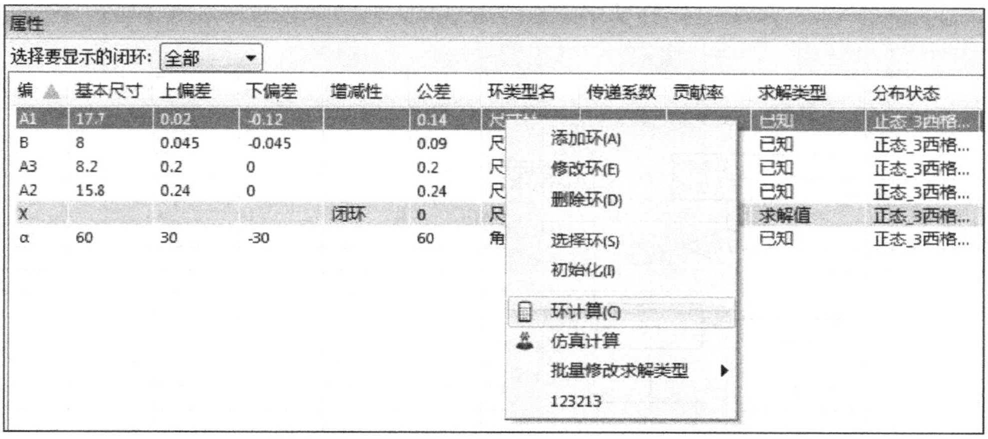


附图 39　属性区右键菜单

用户单击“环计算”或常用工具栏 ▯ 按钮，弹出尺寸链计算向导对话框，如附图 40 所示。

> 1. 软件会自动判断是否为多闭环。
> 2. 若存在多个封闭环时，用户可以选择单闭环或者多闭环计算，但应进行一次完整的多闭环计算。

第一步：设置计算类型、方法，用户在尺寸链计算向导中设置计算类型、计算方法等。

1）系统会根据用户设置的尺寸环属性，判断每一组闭环的计算类型。是正计算、反计算，还是中间计算。

2）计算方法包括：极值法、概率法。两种计算方法计算出来的值不一样，用户可以根据实际情况选择计算方法。

3）如果计算类型为“反计算”，界面如附图 41 所示。

该界面中给出了“反计算的计算方法”，即等公差和等公差等级方法。在反计算类型中，用户根据实际情况，可以选择“等公差”或“等公差等级”方法进行计算。

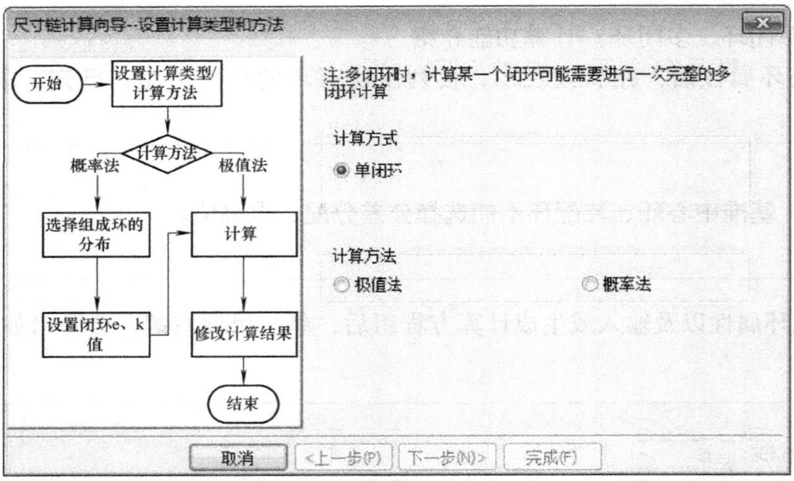


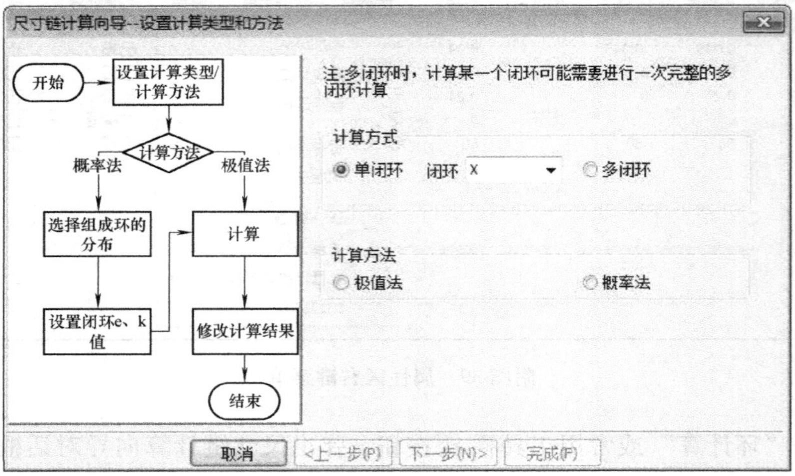


附图 40　尺寸链计算向导

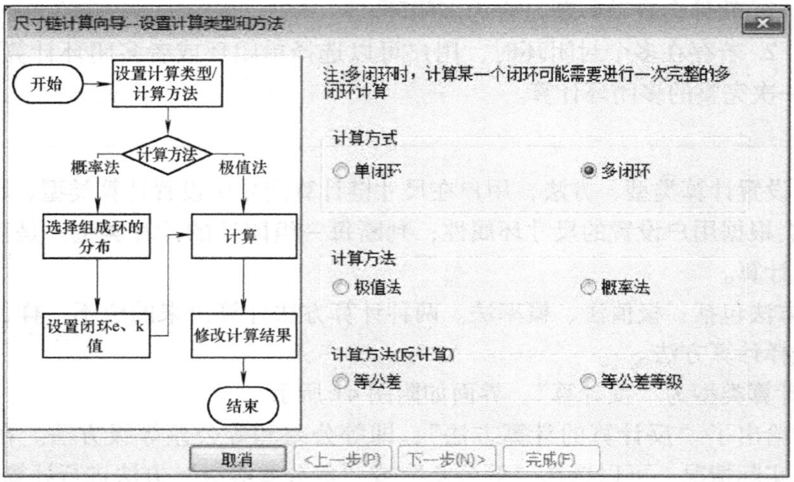


附图 41　尺寸链计算——计算类型为“反计算”

1. 需要分配公差的所有环的尺寸类型相同时，等公差等级可选。
2. 公差分配时，当确定其余需要分配公差的组成环的公称尺寸及上、下极限偏差后，最后一个需要分配公差的组成环的上、下极限偏差会自动计算。

第二步：在设置完计算类型、计算方法后，单击“下一步”按钮，会根据用户选择的计算方法得到不同的下一界面。

如果用户选择“极值法”、“单闭环”时，则直接计算出结果，并将结果返回到属性界面中（附图 42）；选择“多闭环”时会依次计算各闭环，其中正计算和中间计算不显示计算过程的界面，反计算显示分配公差界面，用户分配各环公差后，单击“下一步”按钮，软件开始进行后续闭环计算，直至所有闭环计算完成。

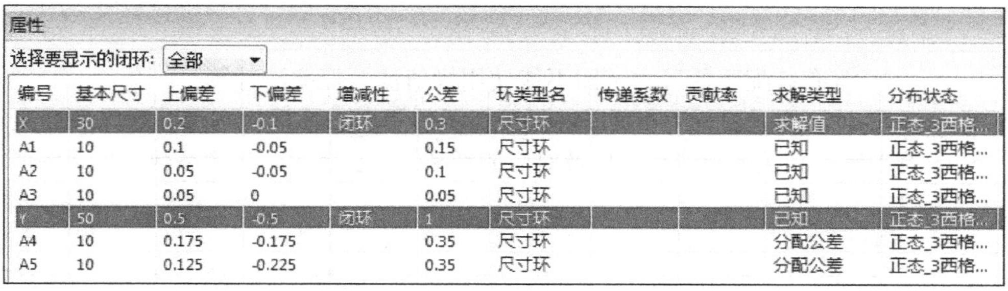
属性

选择要显示的闭环：全部

| 编号 | 基本尺寸 | 上偏差 | 下偏差 | 增减性 | 公差 | 环类型名 | 传递系数 | 贡献率 | 求解类型 | 分布状态 |
|---|---|---|---|---|---|---|---|---|---|---|
| X | 30 | 0.2 | -0.1 | 闭环 | 0.3 | 尺寸环 | | | 求解值 | 正态_3西格... |
| A1 | 10 | 0.1 | -0.05 | | 0.15 | 尺寸环 | | | 已知 | 正态_3西格... |
| A2 | 10 | 0.05 | -0.05 | | 0.1 | 尺寸环 | | | 已知 | 正态_3西格... |
| A3 | 10 | 0.05 | 0 | | 0.05 | 尺寸环 | | | 已知 | 正态_3西格... |
| Y | 50 | 0.5 | -0.5 | 闭环 | 1 | 尺寸环 | | | 已知 | 正态_3西格... |
| A4 | 10 | 0.175 | -0.175 | | 0.35 | 尺寸环 | | | 分配公差 | 正态_3西格... |
| A5 | 10 | 0.125 | -0.225 | | 0.35 | 尺寸环 | | | 分配公差 | 正态_3西格... |

附图 42　极值法计算结果

如果用户选择“概率法”，会进入闭环参数设置页面，用户根据实际情况以及相关原则，设置各闭环目标产品合格率及闭环的计算参数，如附图 43 所示。

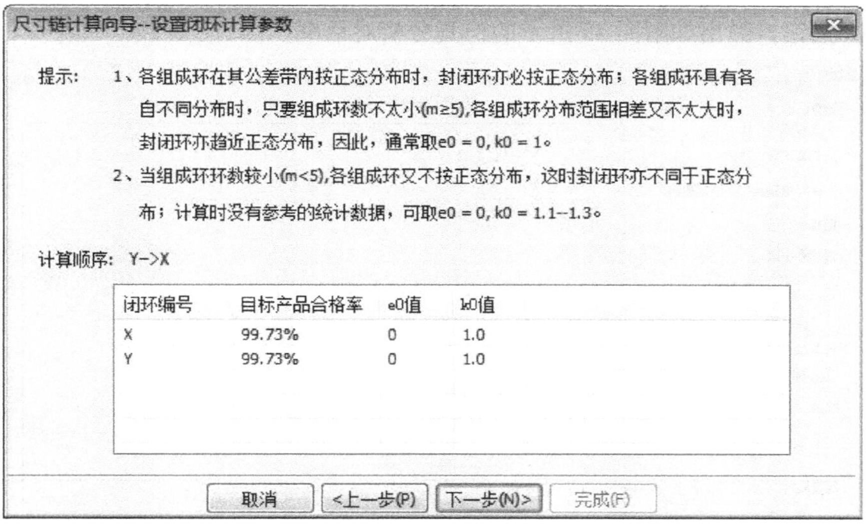


附图 43　计算参数设置

第三步：在设置完闭环计算参数后，单击“下一步”按钮，若为单闭环，则直接计算出结果；若为多闭环，会依次计算各闭环，其中正计算和中间计算不显示计算过程的界面，反计算显示分配公差界面，用户分配各环公差后，单击“下一步”按钮，软件开始进行后续闭环计算，直至所有闭环计算完成。并将结果返回到属性界面中，如附图 44 所示。

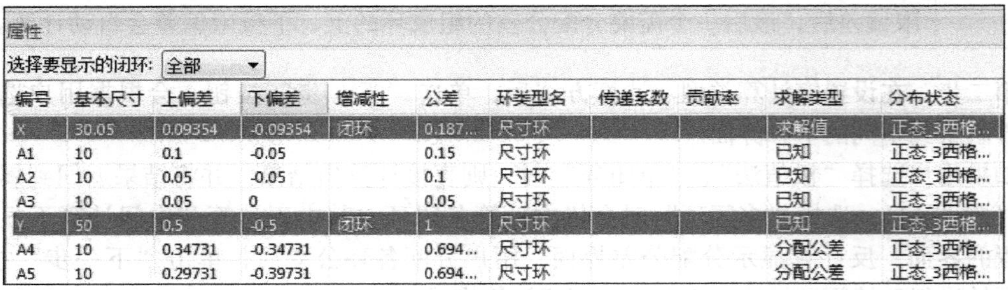


| 编号 | 基本尺寸 | 上偏差 | 下偏差 | 增减性 | 公差 | 环类型名 | 传递系数 | 贡献率 | 求解类型 | 分布状态 |
|---|---|---|---|---|---|---|---|---|---|---|
| X | 30.05 | 0.09354 | -0.09354 | 闭环 | 0.187... | 尺寸环 | | | 求解值 | 正态_3西格... |
| A1 | 10 | 0.1 | -0.05 | | 0.15 | 尺寸环 | | | 已知 | 正态_3西格... |
| A2 | 10 | 0.05 | -0.05 | | 0.1 | 尺寸环 | | | 已知 | 正态_3西格... |
| A3 | 10 | 0.05 | 0 | | 0.05 | 尺寸环 | | | 已知 | 正态_3西格... |
| Y | 50 | 0.5 | -0.5 | 闭环 | 1 | 尺寸环 | | | 已知 | 正态_3西格... |
| A4 | 10 | 0.34731 | -0.34731 | | 0.694... | 尺寸环 | | | 分配公差 | 正态_3西格... |
| A5 | 10 | 0.29731 | -0.39731 | | 0.694... | 尺寸环 | | | 分配公差 | 正态_3西格... |

附图 44　计算结果

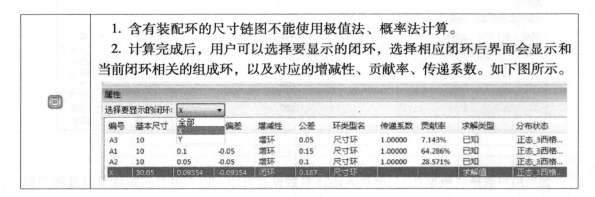

1. 含有装配环的尺寸链图不能使用极值法、概率法计算。

2. 计算完成后，用户可以选择要显示的闭环，选择相应闭环后界面会显示和当前闭环相关的组成环，以及对应的增减性、贡献率、传递系数。如下图所示。

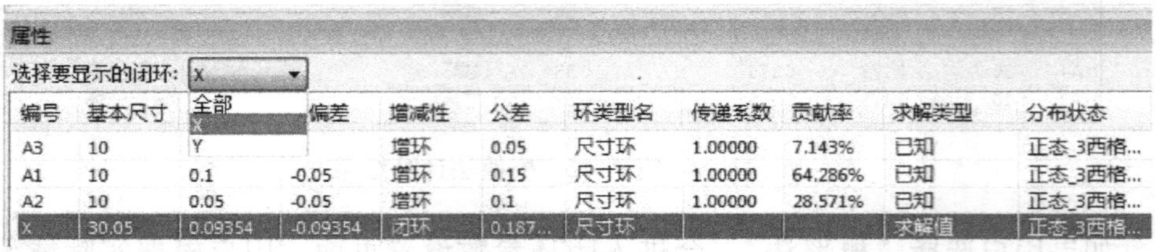


| 编号 | 基本尺寸 | | 偏差 | 增减性 | 公差 | 环类型名 | 传递系数 | 贡献率 | 求解类型 | 分布状态 |
|---|---|---|---|---|---|---|---|---|---|---|
| A3 | 10 | | | 增环 | 0.05 | 尺寸环 | 1.00000 | 7.143% | 已知 | 正态_3西格... |
| A1 | 10 | 0.1 | -0.05 | 增环 | 0.15 | 尺寸环 | 1.00000 | 64.286% | 已知 | 正态_3西格... |
| A2 | 10 | 0.05 | -0.05 | 增环 | 0.1 | 尺寸环 | 1.00000 | 28.571% | 已知 | 正态_3西格... |
| X | 30.05 | 0.09354 | -0.09354 | 闭环 | 0.187... | 尺寸环 | | | 求解值 | 正态_3西格... |

### 3.2.7　仿真计算功能介绍

单击按钮，弹出如附图 45 所示的仿真分析对话框。

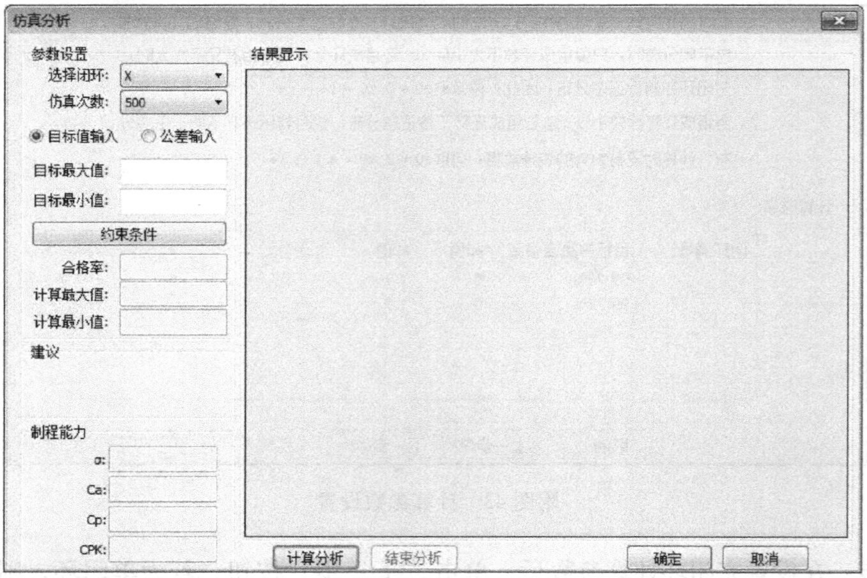


附图 45　仿真分析对话框

选择需要进行仿真分析的闭环。多闭环时，应先进行一次完整的多闭环计算，再进行仿真计算。

选择“仿真次数”，单击仿真次数下拉按钮，仿真次数可根据实际情况在 500~50000 次中进行选择。

确定目标值，选择“目标值输入”可以输入“目标最大值”和“目标最小值”；选择“公差输入”可以按“基本尺寸”+“上、下偏差”的形式输入目标。

> 1. “目标最大值”和“目标最小值”，可以输入也可以不输入，如果输入，计算分析完成后，会显示合格率，否则合格率为缺省的“100.00%”。
> 2. 计算分析时间，和仿真次数以及尺寸链的复杂程度有关，一般为 1~10min。
> 3. 对于某些仿真计算分析，可能会提示“方程组有错”，这是由于在计算分析过程中产生的“随机数”可能导致方程组无解造成的，这属于正常现象，再次单击“计算分析”即可。

输入约束条件，可筛除不符合要求的仿真数据组，筛除后可提高仿真合格率计算的准确性。

> 约束条件的输入形式为：“组成环编号”-（+、x、÷）“组成环编号”>=（<=、>、<）0。

计算分析完成后，计算结果的界面如附图 46 所示。

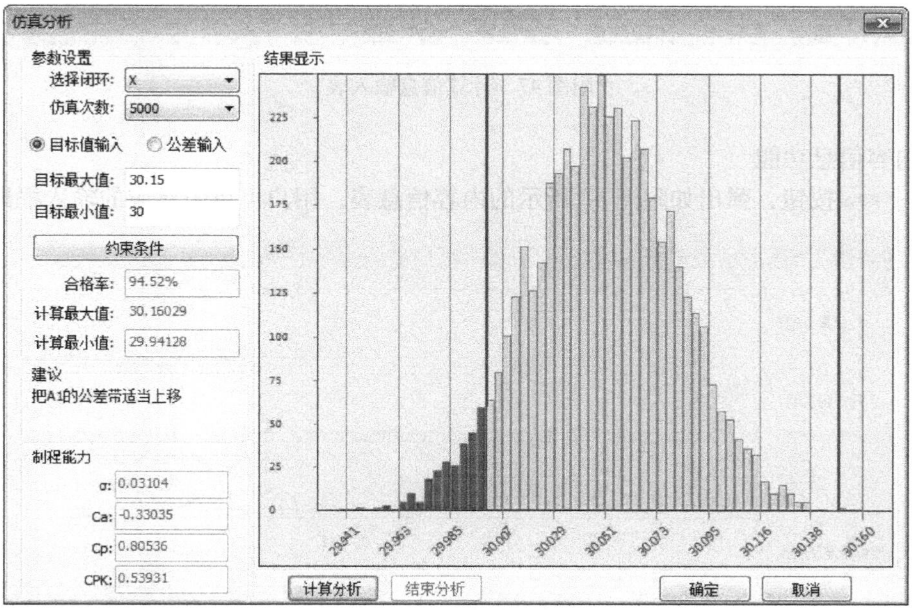


附图 46　仿真分析计算结果

| | |
|---|---|
| | 1. 结果中会显示“合格率”“计算最大值”“计算最小值”及仿真结果的分布状态。<br>2. “结果显示”中，两条红线之间的数据是合格的仿真结果。<br>3. 在仿真分析结果中，还需给出修改建议。<br>4. 仿真分析结果中，显示各制程能力指数大小。 |

用户单击“确定”按钮，将“仿真分析”计算出来的最大、最小值保存到“尺寸环属性栏中”。

### 3.2.8 计算信息

单击计算信息按钮，弹出如附图 47 所示的计算信息表，用户可单击对应的输入框即可输入相应的信息，按〈Tab〉键切换输入框，到最后一个输入框时会自动翻页；按〈Esc〉键或单击主视图可以切换到主视图，可以绘制尺寸链图。

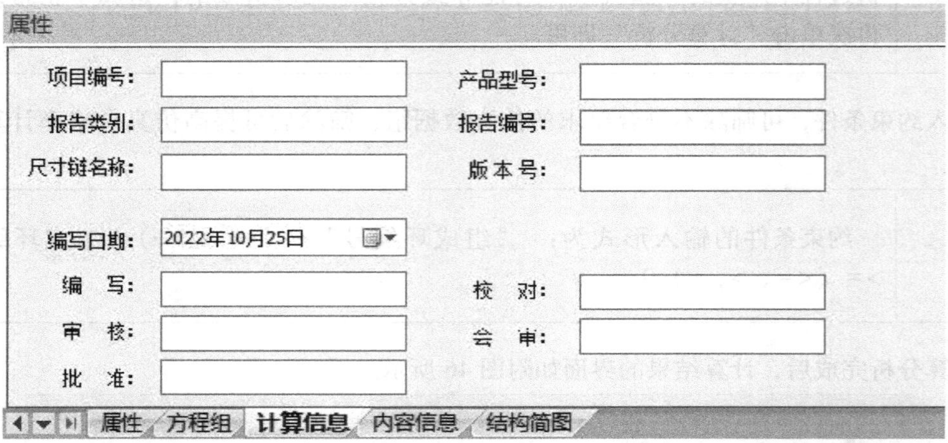


附图 47　计算信息输入表

### 3.2.9 内容信息功能

单击内容信息按钮，弹出如附图 48 所示的内容信息表，用户可单击对应的输入框即可输入

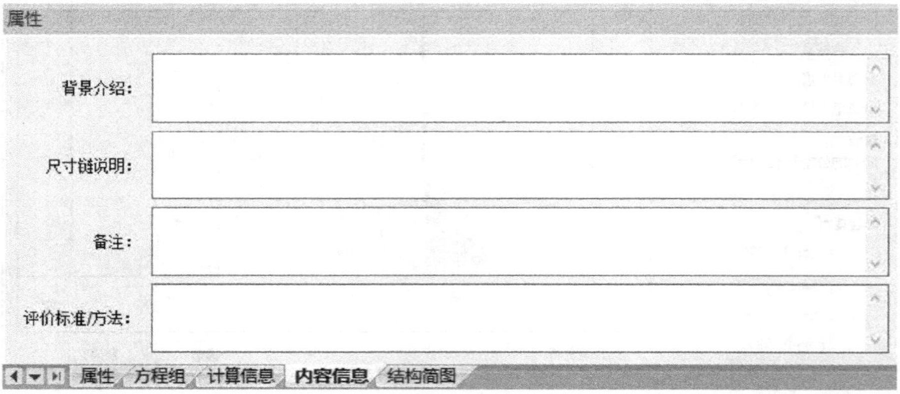


附图 48　内容信息输入表

相应的信息，输入框采用多行文本输入，按〈Ctrl+Enter〉换行。按〈Tab〉键时切换输入框，到最后一个输入框时会自动翻页。〈Esc〉键或单击主视图可以切换到主视图绘制尺寸链图。

### 3.2.10　结构简图功能

单击结构简图按钮，弹出如附图 49 所示的界面。用户可以单击“插入”，接着找到需要插入的图片，单击图片就可以插入。〈Esc〉键或单击主视图可以切换到主视图绘制尺寸链图。

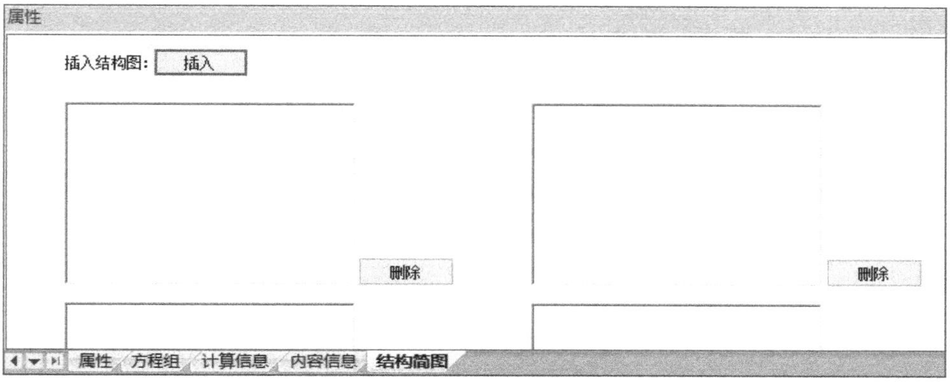


附图 49　结构简图插入

### 3.2.11　提示信息功能

单击✔按钮，出现如附图 50 所示的对话框，在关键字输入框中输入相关信息后，单击“查询”，可以查询相关信息。

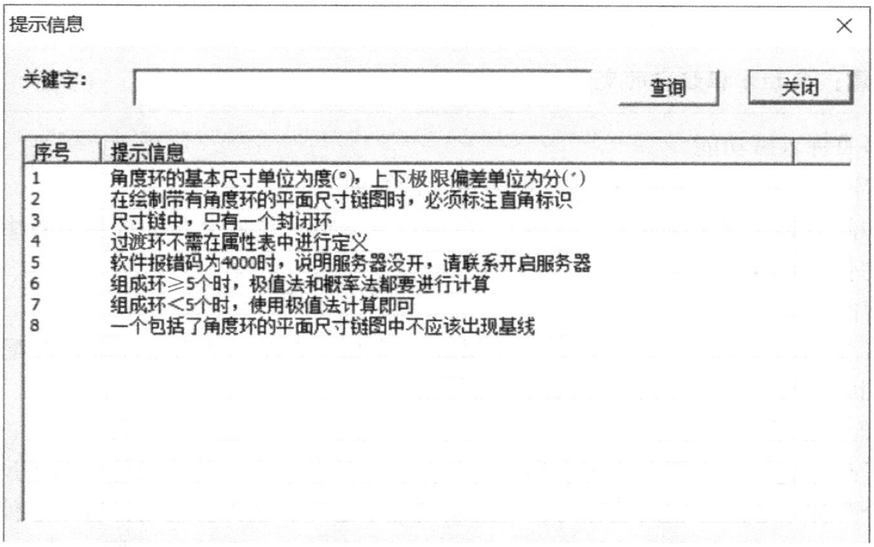


附图 50　提示信息表

### 3.2.12　中间变量功能

单击后会打开如附图 51 所示的文件。

```
dcc - 记事本
文件(F) 编辑(E) 格式(O) 查看(V) 帮助(H)
;Copyright@2016 Chengzhipeng Tech Inc. All rights reserved
;Dimeter Chain Calculation Log File

----------------Begin of Eqution Information------------
1    :    0=A0-A1/2-A3/2+A2/2
2    :    0=B2-X-B1+czp_v_0*@cos(czp_v_1)-C1*@sin(czp_v_1)
3    :    0=A0-czp_v_0*@sin(czp_v_1)-C1*@cos(czp_v_1)
----------------End of Eqution Information-------------

----------------Begin of Known Conditions Information-------------
A1              =        130.00000
A2              =        121.00000
A3              =        121.00000
B1              =        10.00000
B2              =        41.04000
C1              =        15.00000
X               =        66.00037
czp_v_1         =        0.8726645931
----------------End of Known Conditions Information-------------

----------------Begin of Base Size Calculation Information-------------
[Calculation Status : Right.   A feasible solution was found that may, or may not, be the
optimal solution]

                                            Variable           Value
                                                  A0        65.00000
                                                  A1        130.0000
                                                  A3        121.0000
                                                  A2        121.0000
                                                  B2        41.04000
                                                   X        66.00037
                                                  B1        10.00000
                                              CZP_V_0       72.26498
```

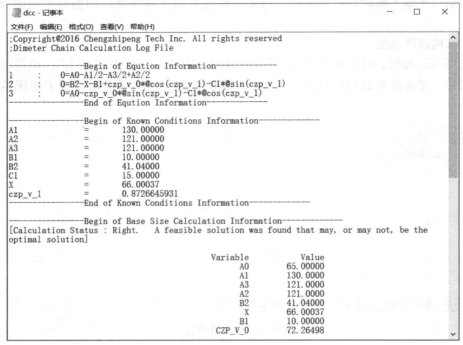

附图 51　中间计算文件

这个文件只是当前计算尺寸链的输出文件，计算结果仅仅是基于公称尺寸的参考值。所有“英文字符”的变量名都以 CZP_V_…开头。

**注意：**要和方程组中的变量名一一对应。

### 3.2.13　多目标求解功能

单击 Ms 后会出现如附图 52 所示的多目标计算列表。

选择中间变量（最多选择 4 个变量），单击计算分析，软件会自动计算出各中间变量相对于各环的传递系数。

### 3.2.14　智能几何公差

在 V11.0 版本基础上，智能几何公差增加了基准中心环、几何公差环、装配环三种绘图工具，同时在尺寸环中嵌入智能几何公差模块。

1. 基准中心环

解决了尺寸链计算中因实体要求和几何公差引起的基准中心偏移问题，即当尺寸链图中需考虑两个形体中心线存在的偏移时，可绘制基准中心环，软件会自动计算中心偏移量。附图 53 所示，因几何公差原因（位置度）内孔实际中心线允许和小端外圆（基准）不重合，此时就可绘制基准中心环 A0 代替中心线的偏移量。

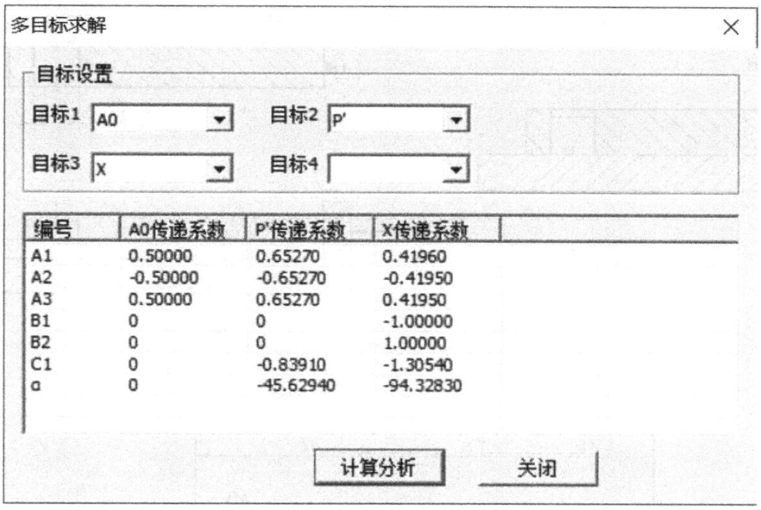


| 编号 | A0传递系数 | P'传递系数 | X传递系数 |
|---|---|---|---|
| A1 | 0.50000 | 0.65270 | 0.41960 |
| A2 | -0.50000 | -0.65270 | -0.41950 |
| A3 | 0.50000 | 0.65270 | 0.41950 |
| B1 | 0 | 0 | -1.00000 |
| B2 | 0 | 0 | 1.00000 |
| C1 | 0 | -0.83910 | -1.30540 |
| α | 0 | -45.62940 | -94.32830 |

附图 52　多目标计算列表

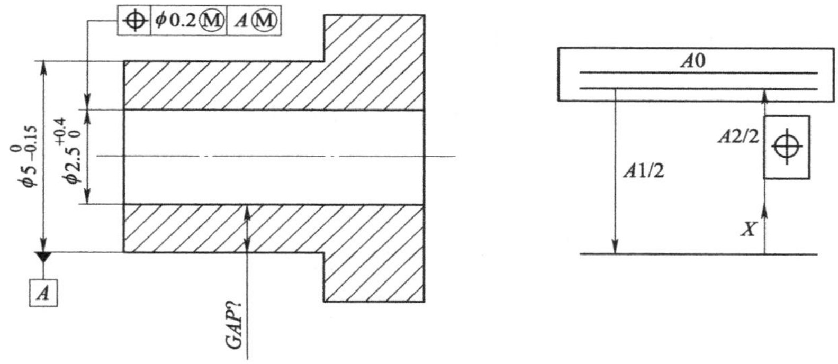


附图 53　基准中心环的使用

基准要素存在综合几何公差，可使用基准中心环。综合几何公差包括基准要素自身（给定）的几何公差和实体要求补偿的几何公差。

2. 几何公差环

解决了独立几何公差智能处理的问题，如附图 54 所示，求解两个零件装配以后，图中标识位置的最大间隙。图中存在一个独立的位置度几何公差，即可绘制一个几何公差环代替位置度对结果的影响。

3. 装配环

解决了装配误差对产品质量性能的影响，同时解决了孔销连接在受力方向不确定状态下对装配精度的影响，即在尺寸链计算中需要考虑孔销连接在受力方向不确定状态下，孔轴线与销（孔）轴线的位置关系时，可绘制装配环。“单个装配环”和“两个装配环”的典型结构如附图 55 所示。

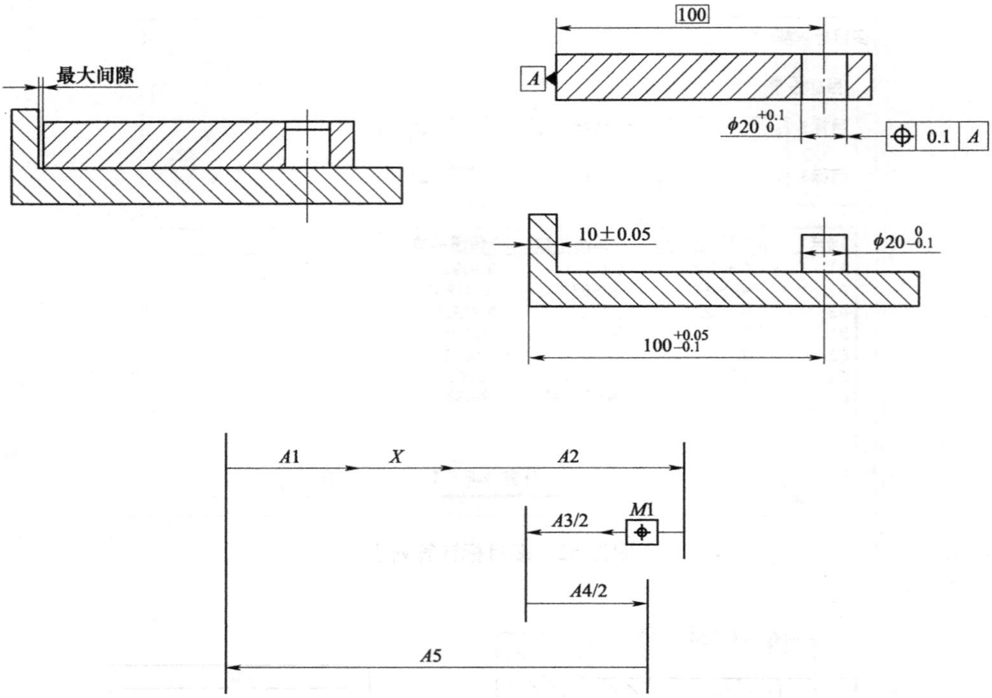


附图 54　基准中心环的使用

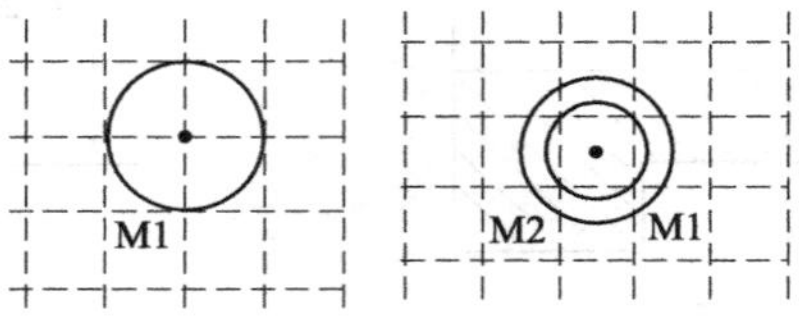


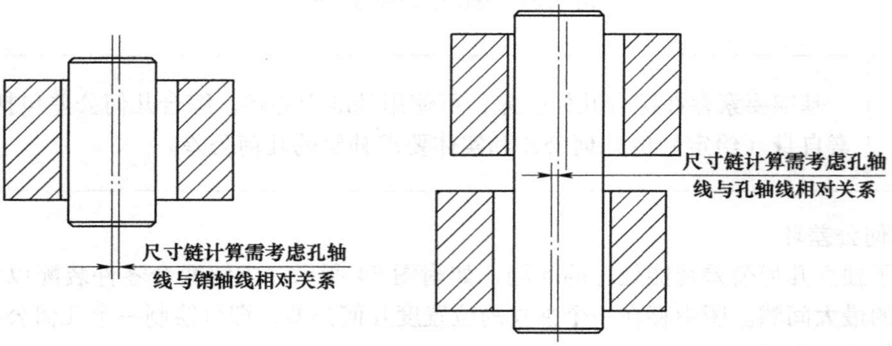


附图 55　装配环对应结构

**注意**：根据装配环的特点，装配环只能使用仿真计算。

# 参 考 文 献


[1] 吴方才 . 基于蒙特卡罗仿真和遗传算法的公差设计［D］. 武汉：武汉理工大学，2005.

[2] 刘超 . 计算机辅助公差分析与设计计算研究［D］. 南京：南京理工大学，2008.

[3] 刘之生 . 尺寸链理论及应用［M］. 北京：兵器工业出版社 . 1990.

[4] R Weill. Tolerancing for Function［J］. CIRP Annals Manufacturing Technology. 1988，37（2）：603-610.

[5] 吴昭同，杨将新 . 计算机辅助公差优化设计［M］. 杭州：浙江大学出版社，1999.

[6] 黄美发，徐振高，李柱 . 一种工序公差的并行优化分配方法［J］. 工程设计学报，2000（4）：39-42.

[7] 彭和平，蒋向前，徐振高，等 . 基于多重相关特征质量损失函数的公差优化设计［J］. 中国机械工程，2008，19（5）：590-594.

[8] 张根保 . 计算机辅助公差设计综述［J］. 中国机械工程，1996，7（5）：47-50.

[9] 李斌，张根保，徐宗俊 . 公差设计中敏感度系数的张量求法［J］. 重庆大学学报，1999，22（4）：6-12.

[10] 蒋庄德 . 机械精度设计［M］. 西安：西安交通大学出版社，2000.

[11] 张宇 . 面向质量目标的统计公差的表达方式及应用分析［J］. 中国机械工程，2006，17（24）：2595-2599.

[12] 徐旭松 . 基于新一代 GPS 的功能公差设计理论与方法研究［D］. 杭州：浙江大学，2008.

[13] 庞学慧，武文革，成云平 . 互换性与测量技术基础［M］. 北京：国防工业出版社，2007.

[14] 刘品，李哲 . 机械精度设计与检测基础 .［M］. 5 版 . 哈尔滨：哈尔滨工业大学出版社，2007.